普通高校"十二五"规划教材

材 料 力 学

戴葆青　等编著

北京航空航天大学出版社

内 容 简 介

本书是根据教育部高等学校力学教学指导委员会——力学基础课程教学指导分委员会编制的"理工科非力学专业力学基础课程教学基本要求"编写的面向21世纪的课程教材。书中注意了对原有经典教材内容的改革,并积极引入面向21世纪的新内容。

本教材的主要内容包括绪论、平面图形的几何性质、轴向拉伸与压缩、剪切与挤压、扭转、弯曲内力、弯曲应力及弯曲强度计算、梁的弯曲变形及其刚度计算、应力状态分析及强度理论、组合变形构件的强度计算、压杆稳定、交变应力、能量法、动荷应力、*断裂损伤力学初步,共计15章。其中打"*"的章节为选学内容,可根据学时要求及具体的教学需要选用。

本教材适用于高等工科院校的机械、机电、土木建筑、采矿工程等专业(65～85学时),也可供其他专业和有关工程技术人员选用。

图书在版编目(CIP)数据

材料力学 / 戴葆青等编著. --北京:
北京航空航天大学出版社,2010.12
ISBN 978-7-5124-0239-3

Ⅰ. ①材… Ⅱ. ①戴… Ⅲ. ①材料力学－高等学校－教材 Ⅳ. ①TB301

中国版本图书馆 CIP 数据核字(2010)第 196806 号

材 料 力 学

戴葆青 等编著

责任编辑:金友泉

*

北京航空航天大学出版社出版发行

北京市海淀区学院路 37 号(邮编 100191) http://www.buaapress.com.cn
发行部电话:(010)82317024 传真:(010)82328026
读者信箱: goodtextbook@126.com 邮购电话:(010)82316936
涿州市新华印刷有限公司印装 各地书店经销

*

开本:787×960 1/16 印张:19.25 字数:431 千字
2010 年 12 月第 2 版 2013 年 8 月第 2 次印刷 印数:5 001～9 000 册
ISBN 978-7-5124-0239-3 定价:28.00 元

再版前言

本教材是在第一版出版后，听取了部分兄弟院校和读者意见的基础上修编而成的。

一版教材是根据国家教育部高等学校力学教学指导委员会最新颁布的《理工科非力学专业力学基础课程教学基本要求》，结合目前普通工科学校《材料力学》教材及教学现状，在参考多本优秀教材（见参考文献）的基础上编写的。

为了方便教学，此次修编维持了原教材的体系，只在各章的具体内容方面进行了修改，也订正了一版中的印刷错误。

在本次的教材修编过程中，得到了浙江大学庄表中教授的指导和帮助，庄表中教授提供了许多宝贵的素材并提出了许多宝贵的建议，在此表示衷心的感谢！

本教材由山东科技大学的戴葆青主持修编，参加修编的有：山东科技大学的戴葆青（第1、9、11章）、青岛理工大学的姚文莉（第8、15章）、山东科技大学的郭新柱（第10、13章）、马长青（第3、5章）、孟娜（第6章）、李翠赟（第7章）、闫承俊（第2章）、贺云花（第4章）、田建国（第12章）、邹爱英（第14章）。

本书呈冯锡兰教授审阅，提供了不少宝贵意见，特此致谢。

本教材虽经修改，但因为水平所限，缺点和错误仍在所难免，衷心的希望大家批评、指正。

编　者
2013年6月

《材料力学》编著人员

主　编　戴葆青　姚文莉

副主编　郭新柱　马长青

参　编　孟　娜　李翠赟　闫承俊
　　　　邹爱英　贺云花　田建国

目 录

第 1 章 绪 论

    1.1 材料力学概述 1
    1.2 变形固体的基本假设 3
    1.3 外力及其分类 4
    1.4 杆件基本变形形式 4
    1.5 内力、截面法和应力 6
    思 考 题 8

第 2 章 平面图形的几何性质

    2.1 形心和面矩 9
    2.2 惯性矩和惯性半径 11
    2.3 组合图形的惯性矩 15
    *2.4 转轴公式与主惯性轴 18
    思 考 题 21
    习 题 22

第 3 章 轴向拉伸与压缩

    3.1 轴向拉伸与压缩的概念 24
    3.2 拉伸与压缩时横截面上的内力——轴力 24
    3.3 轴向拉伸与压缩时横截面上的应力 27
    3.4 拉伸与压缩时斜截面上的应力 28
    3.5 拉伸与压缩时的变形 29
    3.6 静定结构节点的位移计算 32
    3.7 材料的力学性质 36
    3.8 轴向拉伸与压缩时的强度计算 42
    3.9 拉(压)杆的超静定问题 45
    3.10 应力集中的概念 52
    3.11 轴向拉伸与压缩的变形能 53
    思 考 题 55
    习 题 57

第4章 剪切与挤压

4.1 概　述 ·· 63
4.2 剪切和挤压的实用计算 ··· 64
4.3 应用举例 ·· 66
思考题 ·· 70
习　题 ·· 71

第5章 扭　转

5.1 圆轴扭转的概念 ·· 73
5.2 扭矩和扭矩图 ·· 74
5.3 纯剪切 ·· 76
5.4 圆轴扭转时横截面上的应力 ··· 78
5.5 圆轴扭转时的变形 ·· 82
5.6 圆轴扭转时的强度和刚度计算 ··· 83
*5.7 非圆轴扭转时的切应力 ·· 87
思考题 ·· 89
习　题 ·· 90

第6章 弯曲内力

6.1 平面弯曲的概念和梁的计算简图 ··· 94
6.2 弯曲时横截面上的内力——剪力和弯矩 ······································ 96
6.3 剪力方程和弯矩方程、剪力图和弯矩图 ······································ 100
6.4 载荷集度、剪力和弯矩之间的关系 ··· 103
思考题 ·· 107
习　题 ·· 108

第7章 弯曲应力及弯曲强度计算

7.1 纯弯曲梁横截面上的正应力 ··· 111
7.2 弯曲切应力 ·· 117
7.3 弯曲梁的强度计算 ·· 122
7.4 提高梁的弯曲强度的措施 ··· 125
思考题 ·· 131
习　题 ·· 132

第 8 章　梁的弯曲变形及其刚度计算

- 8.1　工程中的弯曲变形问题 ··· 136
- 8.2　挠曲线近似微分方程 ·· 137
- 8.3　用积分法求梁的挠度和转角 ··· 139
- 8.4　用叠加法求挠度和转角 ·· 148
- 8.5　梁的刚度计算 ··· 149
- 8.6　提高梁的刚度的措施 ·· 152
- *8.7　超静定梁 ·· 154
- 思 考 题 ··· 157
- 习　　题 ··· 158

第 9 章　应力状态分析及强度理论

- 9.1　点的应力状态及其分类 ·· 162
- 9.2　二向应力状态分析 ··· 164
- 9.3　三向应力状态简介 ··· 176
- 9.4　广义胡克定律 ··· 178
- 9.5　四个基本强度理论及莫尔强度理论 ·· 182
- 思 考 题 ··· 186
- 习　　题 ··· 187

第 10 章　组合变形构件的强度计算

- 10.1　组合变形与力的独立作用原理 ·· 191
- 10.2　拉伸(压缩)与弯曲组合变形的强度计算 ······································· 192
- 10.3　弯曲与扭转组合变形的强度计算 ·· 197
- 思 考 题 ··· 202
- 习　　题 ··· 203

第 11 章　压杆稳定

- 11.1　压杆稳定的概念 ·· 207
- 11.2　细长压杆的临界力 ·· 211
- 11.3　临界应力及临界应力总图 ··· 215
- 11.4　压杆的稳定计算 ·· 219
- 11.5　提高压杆稳定性的措施 ··· 221

思考题 …………………………………………………………………………………… 224
习　题 …………………………………………………………………………………… 225

第 12 章　交变应力

12.1　交变应力的概念 …………………………………………………………………… 228
12.2　交变应力的循环特性及其类型 …………………………………………………… 228
12.3　材料在交变应力下的疲劳破坏 …………………………………………………… 231
12.4　材料的持久极限 …………………………………………………………………… 232
12.5　影响构件持久极限的主要因素 …………………………………………………… 234
12.6　对称循环交变应力下构件的强度校核 …………………………………………… 236
12.7　提高构件疲劳强度的措施 ………………………………………………………… 238
思考题 …………………………………………………………………………………… 239
习　题 …………………………………………………………………………………… 240

第 13 章　能　量　法

13.1　概　述 ……………………………………………………………………………… 241
13.2　变形能的计算 ……………………………………………………………………… 241
13.3　莫尔定理 …………………………………………………………………………… 247
13.4　莫尔定理的应用举例 ……………………………………………………………… 251
*13.5　卡氏定理 ………………………………………………………………………… 255
*13.6　图乘法 …………………………………………………………………………… 258
13.7　功的互等定理和位移互等定理 …………………………………………………… 261
*13.8　用能量法解超静定问题 ………………………………………………………… 262
思考题 …………………………………………………………………………………… 265
习　题 …………………………………………………………………………………… 265

第 14 章　动荷应力

14.1　动载荷与动应力的概念 …………………………………………………………… 270
14.2　构件作匀加速直线运动和匀速转动时的应力计算 ……………………………… 270
14.3　冲击应力 …………………………………………………………………………… 274
14.4　提高构件抗冲击能力的措施 ……………………………………………………… 278
思考题 …………………………………………………………………………………… 280
习　题 …………………………………………………………………………………… 280

* 第 15 章　断裂、损伤力学初步
  15.1　概　述 …………………………………………………………… 284
  15.2　裂纹扩展形成·应力强度因子 …………………………………… 285
  15.3　材料的断裂韧度 …………………………………………………… 287
  15.4　断裂判据的应用 …………………………………………………… 288

附录　型刚表 ………………………………………………………………… 290

参考文献 ……………………………………………………………………… 296

第1章 绪 论

本章介绍材料力学的任务、研究对象,变形固体的基本假设、杆件的基本变形形式以及内力、应力等材料力学的一些基本概念,使读者对本课程有一个概要的认识。

1.1 材料力学概述

1.1.1 对构件的正常工作要求

各种机器设备和工程结构,都是由若干构件组成的。工作时,构件将受到力的作用。在理论力学中,曾将构件视为刚体,并讨论了它的运动分析和外力的计算等问题。在工程设计问题中,还须进一步选择构件的材料,确定其合理的截面形状和尺寸。因而在解决构件设计问题时,不再采用"刚体"这一理想模型,而将构件视为受力后尺寸和形状都将发生变化的固体——**变形固体**,并要解决如下几个问题。

1. 强度问题

构件抵抗破坏的能力称为**强度**。如果构件的尺寸、材料的性能与载荷不相适应,那就有可能发生破坏。譬如吊起水泥板的绳索若太细(见图1-1),那么水泥板太重时,绳索就有可能发生断裂,导致无法正常工作,甚至造成灾难性的事故。因而首先要解决如何使构件具有足够的强度,以保证在载荷作用下不致破坏。

图1-1

2. 刚度问题

构件抵抗变形的能力称为**刚度**。在载荷作用下,构件必然产生形状与尺寸的变化,也就是**变形**。对于有些构件来说,如车床主轴 AB[见图1-2(a)],若受力后变形过大[见图1-2(b)],就会影响加工精度,破坏齿轮的正常啮合,同时引起轴承的不均匀磨损,从而造成机器不能正常工作。因此,在设计时,还要解决如何使构件具有足够的刚度问题,以保证其变形量不超过正常工作所允许的限度。

图 1-2

3. 稳定问题

受压的细长杆和薄壁构件,当载荷增加时,还可能出现突然失去初始平衡形式的现象,称为**丧失稳定**(简称**失稳**)。例如顶起汽车的千斤顶螺杆[见图 1-3(a)],油缸中的长活塞杆 CD[见图 1-3(b)],有时会突然变弯,或因变弯而折断,从而丧失工作能力,造成严重事故。因此,对这类构件还须考虑如何使其具有足够的抵抗失去初始平衡形式的能力,即足够的稳定性问题。

图 1-3

1.1.2 材料力学的任务

当设计的构件具有足够的强度、刚度和稳定性时,就能保证其在载荷作用下安全、可靠地工作,也就是说设计满足了安全性的要求。但是合理的设计还要求符合经济节约的原则,尽可能地减少材料的消耗,以降低成本,或减轻构件自重。这两个要求是相互矛盾的,前者往往需要加大构件的尺寸,采用好的材料;而后者则要求少用材料,用价格较低的材料。这一矛盾促使了材料力学这门学科的产生和发展。

材料力学是一门研究构件强度、刚度和稳定性计算的科学。它为解决以上矛盾提供理论基础。它的任务是:在保证构件既安全适用又经济的前提下,为构件选择合适的材料,确定合理的截面形状和尺寸,提供必要的计算方法和实验技术。

在材料力学中，实验研究是建立理论的重要手段。17世纪，意大利科学家伽利略解决了船只和水闸所需梁的尺寸问题；英国科学家胡克建立了胡克定律，都是运用了实验来建立理论、验证理论正确性的科学方法，为本学科奠定了基础。此外，构件的强度、刚度和稳定性与材料的力学性能有关，而材料的力学性能必须通过实验来测定。更重要的是由于生产技术的发展，很多复杂的实际问题，还无法通过理论计算来确定，因此必须依靠实验来解决。所以，实验研究在材料力学中具有很重要的地位。

1.2 变形固体的基本假设

材料力学研究的是变形固体，而变形固体是多种多样的，其具体组成和微观结构更是十分的复杂。为了使问题的研究得以简化，以便于对构件的强度、刚度和稳定性进行分析，现根据材料的主要性能，对变形固体作如下基本假设。

1. 连续均匀性假设

假定材料的内部没有任何空隙，整个体积内充满了物质，且各处的力学性质完全相同。但材料的物质结构理论指出，材料是有空隙的，然而这些空隙与构件尺寸相比极其微小，故将它们忽略不计，从而认为材料是均匀密实的。

采用这个假设使问题的研究大为简化，并且可以把实验中所得到的材料力学性质应用到构件的分析中去。

2. 各向同性假设

假定材料沿各个方向都具有相同的力学性质。工程上常用的金属材料就其每一晶粒来讲，其力学性质是具有方向性的。但是由于构件中所含晶粒数量极多，而且排列又是不规则的，因此，从统计理论分析，可以认为材料是各向同性的。钢、铁、混凝土以及玻璃等都可以看作各向同性的材料。根据这个假设，在研究了材料任一个方向的力学性质后，就可以认为其结论对其他方向也都适用。但也有一些材料如轧制的钢材、木材等，其力学性质有方向性，称为各向异性材料。根据上述假设建立的理论，用于各向异性材料时，只能得到近似的结果，故仍然可以有条件地使用。

实验证明，变形固体在卸载后，具有恢复原形的性质，称为**弹性**。卸载后消失的变形称为**弹性变形**。一般工程材料，当载荷未超过某极限值时，仅产生弹性变形，称为完全弹性体；当外力超过某极限时，卸载后，变形只能部分地复原，不能恢复而残留下来的变形称为**塑性变形**。这类变形固体称为**弹塑性体**。材料力学主要研究完全弹性体的小变形问题。小变形是指变形量远远小于构件原始尺寸的变形。由于变形小，在确定构件的外力和运动时，可认为外力作用点和方向不随构件变形而改变，构件的尺寸可按变形前的尺寸计算。这样使实际计算大为简化，而引起的误差是极微小的。

1.3 外力及其分类

作用于构件上的外力又可称为载荷,是一物体对另一物体的作用力。按外力作用的方式可分为**体积力**和**表面力**。体积力是作用在物体内所有各质点上的外力,如物体的自重和惯性力等。体积力的单位为 N/m^3。表面力是作用于物体表面上的力,又可分为分布力和集中力。沿某一面积或长度连续作用于结构上的外力,称为**分布力**或**分布载荷**。分布在一定面积上的分布力,单位为 Pa(帕)或 MPa。如作用于油缸内壁的油压力,作用于船体上的水压力等均为沿表面的分布力。沿长度分布的分布力单位为 N/m 和 kN/m。如楼板对屋梁的作用力,即以沿梁轴线每单位长度内作用多少力来度量。若外力分布的面积远小于物体的整体尺寸,或沿长度的分布力其分布长度远小于轴线的长度,则这样的外力可看成是作用于一点的集中力。如火车轮子对钢轨的压力和轴承对轴的反力等都是集中力。集中力的单位分别为 N 和 kN。

按载荷随时间变化的情况,又可把外力分成**静载荷**和**动载荷**。若载荷由零缓慢地增加到某一定值,以后即保持不变,则这样的载荷就称为静载荷;而随时间变化的载荷则称为动载荷。动载荷又可分为交变载荷和冲击载荷。随时间作周期性变化的载荷称为**交变载荷**。如齿轮转动时轮齿的受力即为交变载荷。物体的运动在瞬时内发生突然变化所引起的载荷称为**冲击载荷**。如急刹车时飞轮的轮轴、锻造时汽锤的锤杆所受的载荷都是冲击载荷。

1.4 杆件基本变形形式

实际构件形状多种多样,大致可简化归纳为杆、板、壳和块 4 类(见图 1-4)。

(a) 变截面曲杆 (b) 等直杆

(c) 板   (d) 壳   (e) 块

图 1-4

凡长度尺寸远大于其他两方向尺寸的构件称为杆。杆的几何形状可用其轴线（截面形心的连线）和横截面（垂直于轴线的平面）表示。轴线是直线时称为直杆[见图1-4(a)]；轴线是曲线时称为曲杆[见图1-4(b)]。各横截面相同的直杆称为等直杆，它是本课程的主要研究对象。

杆件受到不同载荷作用时，将产生不同的变形，其基本形式有以下4种。

1. 轴向拉伸或压缩

杆件受到沿轴线的拉力或压力作用时，杆件沿轴向伸长或缩短，如图1-5(a)、(b)所示。

2. 剪切

构件受到一对大小相等、方向相反且作用线很近的横向力作用时，杆件在两力间的截面发生相对错动，如图1-5(c)所示。

3. 扭转

杆件受到一对大小相等、转向相反且作用面与轴线垂直的力偶作用时，两力偶作用面间的各横截面绕轴线产生相对转动，如图1-5(d)所示。

4. 弯曲

杆件受到垂直于轴线的横向力或作用在杆件纵向对称面的一对转向相反的力偶作用时，杆件的轴线由直线变成曲线，如图1-5(e)所示。

在工程实际中，杆件的变形都比较复杂，但可以看成是由两种或两种以上基本变形组合而成的。

图 1-5

1.5 内力、截面法和应力

1.5.1 内力的概念

构件内各部分之间存在着相互作用的内力,它维持构件各部分之间的联系及构件的形状和尺寸。当构件受到载荷作用时,其形状和尺寸都将发生变化,构件内力也将随之改变。这一因外力作用而引起构件内力的改变量,称为附加内力,简称**内力**。其大小随外力的改变而改变。内力的大小及其在构件内部的分布规律与构件的强度、刚度和稳定性密切相关。若内力超过一定限度,构件将不能正常工作。因此,内力分析是解决构件强度等问题的基础。

1.5.2 内力的求法——截面法

为显示和计算内力,通常运用截面法。其一般步骤如下:

(1) 截开 在欲求内力的截面,假想将杆件截成两部分。

(2) 代替 任取其中一部分作为研究对象,画出受力图,在截面上用内力代替另一部分对该部分的作用。按照连续均匀假设,内力在截面上是连续分布的,可用内力向截面形心的简化结果来表示整个截面上的内力。

(3) 平衡 根据平衡条件,由已知外力求内力。

这种假想的用一个截面将物体一截为二,并对截开后的任一部分建立平衡方程式,以确定内力的方法称为截面法。

截面法是求内力的基本方法,各种基本变形的内力,均用此法求得。下面举例说明:

例 1-1 一柱塞在 F_1、F_2 与 F_3 作用下处于平衡状态,如图 1-6(a)所示。若 $F_1 = 60$ kN,$F_2 = 35$ kN,$F_3 = 25$ kN,试求指定截面上的内力。

解:(1) 求 1-1 截面上的内力

① 取研究对象 为了显示 1-1 截面上的内力,并使内力成为作用于研究对象上的外力,假想沿 1-1 截面将柱塞截成两部分,取其左段为研究对象。

② 画受力图 内力可用其合力表示;内力符号用 F_N 表示。由于研究对象处于平衡状态,所以 1-1 截面的内力 F_{N1} 与 F_1 共线,如图 1-6(b)所示。

③ 列平衡方程

$$\sum F_x = 0, \quad F_1 - F_{N1} = 0$$

得

$$F_{N1} = F_1 = 60 \text{ kN}$$

由此,1-1 截面的内力,也可以将右段为研究对象[图 1-6(c)]求出,即由平衡方程

得
$$\sum F_x = 0, \qquad F'_{N1} - F_2 - F_3 = 0$$
$$F'_{N1} = F_2 + F_3 = 25 \text{ kN} + 35 \text{ kN} = 60 \text{ kN}$$

F'_{N1} 与 F_{N1} 是互为作用与反作用的关系,其数值相等,同为 1-1 截面上的内力。因此,求内力时,为使计算方便,可取受力情况简单的一段为研究对象。

(2) 求 2-2 截面上的内力

取 2-2 截面的右段为研究对象,并画出其受力图,如图 1-6(d)所示。列平衡方程
$$\sum F_x = 0, \qquad F_{N2} - F_3 = 0$$
解得
$$F_{N2} = F_3 = 25 \text{ kN}$$

图 1-6

1.5.3 应力的概念

用截面法只能求得截面上内力的总和,不能求出截面上某一点的内力。为了解决杆件强度等问题,不但要知道杆件可能沿哪个截面破坏,而且还要知道从哪一点开始破坏。因此,仅仅知道截面上的内力总和是不够的,还必须知道内力在截面上各点的分布情况,故需引入应力的概念。应力是单位面积上的内力,即内力在某一点的集度,它表示某点受力的强弱程度。

研究某截面 $m-m$ 上的任意点 K 处的内力时,可在该面上 K 点的周围取一微小面积 ΔA,设 ΔA 面积上的内力的合力为 ΔF[见图 1-7(a)]。则微小面积 ΔA 上的平均应力 p 为
$$p = \frac{\Delta F}{\Delta A}$$

平均应力是作用在单位面积上的内力,它只能表示 ΔA 上各点内力的平均值。由于在一般情况下沿截面上内力的分布并非均匀,欲求截面上某一点应力的大小 p,可令 $\Delta A \to 0$,即
$$p = \lim_{\Delta A \to 0} \frac{\Delta F}{\Delta A} = \frac{dF}{dA}$$

p 为截面上某一点的总应力或全应力。它常用两个分量表示:一个是沿着截面法线方向的分量,称为正应力或法向应力,以 σ 表示;另一个分量是沿着截面切线方向的分量,称为切应力,以 τ 表示[见图 1-7(b)]。

图 1-7

在国际单位制中,应力的单位是帕(Pa)(1 Pa=1 N/m²),常用的单位是兆帕(MPa)(1 MPa=1 N/mm²),吉帕(GPa)(1 GPa=1 kN/mm²)。

思 考 题

1. 变形体的基本假设是什么?
2. 什么是强度、刚度和稳定性?
3. 材料力学的主要任务是什么?
4. 构件的基本变形形式有几种?试举例说明。
5. 何为内力、截面法及应力?用截面法求内力有哪几个步骤?
6. 何为弹性变形和塑性变形?
7. 杆件受轴向拉力(见图 1-8)。若 $F=F'$,试分析截面 1-1、2-2、3-3 的内力是否相同?若设内力沿截面均匀分布,应力是否相同?

图 1-8

第 2 章 平面图形的几何性质

杆件的横截面都是具有一定几何形状的平面图形,其面积 A、极惯性矩 I_p、抗扭截面模量 W_T 等,都是与平面图形的形状和尺寸有关的几何量,这称为平面图形的几何性质。这些表征截面几何性质的量是确定杆件强度、刚度和稳定性的重要参数,因此有必要对截面的几何性质作专门讨论。

2.1 形心和面矩

确定平面图形的形心,是确定其几何性质的基础。

在理论力学中,用合力矩定理建立物体重心坐标的计算公式。譬如均质等厚度薄板(见图 2-1),若其截面积为 A,厚度为 t,体积密度为 ρ,则微块的重力为

$$dG = dAt\rho g$$

整个薄板重力为 $G = At\rho g$

其重心 C 的坐标为

$$x_c = \frac{\int_A x \, dG}{G} = \frac{\int_A x \, dAt\rho g}{At\rho g}, \qquad y_c = \frac{\int_A y \, dG}{G} = \frac{\int_A y \, dAt\rho g}{At\rho g}$$

图 2-1

由于是均质等厚度,t、ρ、g 为常量,故上式可改写为

$$x_c = \frac{\int_A x \, dA}{A}, \qquad y_c = \frac{\int_A y \, dA}{A} \tag{2-1}$$

由式(2-1)确定的 C 点,其坐标只是与薄板的截面形状及大小有关,称为平面图形的**形心**,它是平面图形的几何中心。具有对称中心、对称轴的图形的形心必然在对称中心和对称轴上。形心与重心的计算公式虽然相似,但意义不同。重心是物体重力的中心,其位置决定于物体重力大小的分布情况,只有均质物体的重心才与形心重合。

式(2-1)中,$y\,dA$ 和 $x\,dA$ 分别为微面积 dA 对 x 轴和 y 轴的**面矩**(静矩)。它们对整个平面图形面积的定积分

$$S_x = \int_A y \, dA, \qquad S_y = \int_A x \, dA \tag{2-2}$$

分别为整个平面图形对于 x 轴和 y 轴的面矩。由式(2-2)可看出,同一平面图形对不同的坐标轴,

其面矩不同。面矩是代数值,可为正或负,也可能为零。常用单位立方米(m^3)或立方毫米^3(mm^3)。

将式(2-2)代入式(2-1),平面图形的形心坐标公式可写为

$$x_C = \frac{S_y}{A}, \qquad y_C = \frac{S_x}{A} \tag{2-3}$$

由此可得平面图形的面矩为

$$S_x = A y_C, \qquad S_y = A x_C \tag{2-4}$$

即平面图形对某轴的面矩等于其面积与形心坐标(形心至该轴的距离)的乘积。当坐标轴通过图形的形心(简称形心轴)时,面矩便等于零;反之,图形对某轴面矩等于零,则该轴必通过图形的形心。

构件截面的图形往往是由矩形、圆形等简单图形组成,称为组合图形。根据图形面矩的定义,组合图形对某轴的面矩等于各简单图形对同一轴面矩的代数和,即

$$\left. \begin{array}{l} S_x = A_1 y_{C_1} + A_2 y_{C_2} + \cdots + A_i y_{C_i} = \sum_{i=1}^{n} A_i y_{C_i} \\ S_y = A_1 x_{C_1} + A_2 x_{C_2} + \cdots + A_i x_{C_i} = \sum_{i=1}^{n} A_i x_{C_i} \end{array} \right\} \tag{2-5}$$

式中:x_{C_i}、y_{C_i}和A_i分别表示各简单图形的形心坐标和面积,n为组成组合图形的简单图形的个数。

将式(2-5)代入式(2-3),可得组合图形形心坐标计算公式为

$$\left. \begin{array}{l} x_C = \dfrac{S_y}{A} = \dfrac{\sum_{i=1}^{n} x_{C_i} A_i}{\sum_{i=1}^{n} A_i} \\ \\ y_C = \dfrac{S_x}{A} = \dfrac{\sum_{i=1}^{n} y_{C_i} A_i}{\sum_{i=1}^{n} A_i} \end{array} \right\} \tag{2-6}$$

例2-1 试计算图2-2所示平面图形形心的坐标及对两坐标轴的面矩。

解 此图形有一个垂直对称轴,取该轴为y轴,顶边AB为x轴。由于对称关系,形心C必在y轴上,因此只需计算形心在y轴上的位置。此图形可看成是由矩形$ABCD$减去矩形$abcd$。设矩形$ABCD$的面积为A_1,$abcd$的面积为A_2,则

$$A_1 = 100 \text{ mm} \times 160 \text{ mm} = 16\,000 \text{ mm}^2$$

$$y_{C_1} = \frac{-160 \text{ mm}}{2} = -80 \text{ mm}$$

图2-2

$$y_{C_2} = \frac{-(160-30)\,\text{mm}}{2} + (-30)\,\text{mm} = -95\,\text{mm}$$

$$A_2 = -(130\,\text{mm} \times 60\,\text{mm}) = -7\,800\,\text{mm}^2$$

$$y_C = \frac{\sum_{i=1}^{n} A_i y_{C_i}}{\sum_{i=1}^{n} A_i} = \frac{y_{C_1} A_1 - y_{C_2} A_2}{A_1 - A_2} =$$

$$\frac{(-80)\,\text{mm} \times 16 \times 10^3\,\text{mm}^2 - (-95)\,\text{mm} \times 7\,800\,\text{mm}^2}{(16 \times 10^3 - 7\,800)\,\text{mm}^2} = -65.73\,\text{mm}$$

$$S_x = A y_c = 8\,200\,\text{mm}^2 \times (-65.73)\,\text{mm} = -538\,986\,\text{mm}^3$$

$$S_y = A x_c = 0$$

2.2 惯性矩和惯性半径

2.2.1 惯性矩

在平面图形中取一微面积 $\mathrm{d}A$(见图 2-3),$\mathrm{d}A$ 与其坐标平方的乘积 $y^2\mathrm{d}A$、$x^2\mathrm{d}A$ 分别称为该微面积 $\mathrm{d}A$ 对 x 轴和 y 轴的**惯性矩**,而定积分

$$\left. \begin{aligned} I_x &= \int_A y^2 \mathrm{d}A \\ I_y &= \int_A x^2 \mathrm{d}A \end{aligned} \right\} \quad (2-7)$$

图 2-3

分别称为整个平面图形对 x 轴和 y 轴的惯性矩。式中 A 是整个平面图形的面积。微面积 $\mathrm{d}A$ 与它到坐标原点距离平方的乘积对整个面积的积分

$$I_p = \int_A \rho^2 \mathrm{d}A \quad (2-8)$$

称为平面图形对坐标原点的**极惯性矩**。

由上述定义可知,同一图形对不同坐标轴的惯性矩是不相同的,由于 y^2、x^2 和 ρ^2 恒为正值,故惯性矩与极惯性矩也恒为正值,它们的单位为四次方米(m^4)或四次方毫米(mm^4)。

从图 2-3 可见 $\rho^2 = x^2 + y^2$,因此

$$I_p = \int_A \rho^2 \mathrm{d}A = \int_A (x^2 + y^2) \mathrm{d}A = I_x + I_y \quad (2-9)$$

式(2-9)表明平面图形对位于图形平面内某点的任一对相互垂直坐标轴的惯性矩之和是一常量,恒等于它对该两轴交点的极惯性矩。

2.2.2 惯性半径

工程中,常将图形对某轴的惯性矩,表示为图形面积 A 与某一长度平方的乘积,即

$$\left.\begin{array}{l}I_x = i_x^2 A \\ I_y = i_y^2 A\end{array}\right\} \quad (2-10)$$

式中:i_x、i_y 分别称为平面图形对 x 轴和 y 轴的**惯性半径**,单位为米(m)或毫米(mm)。由式(2-10)可知,惯性半径愈大,则图形对该轴的惯性矩也愈大。若已知图形面积 A 和惯性矩 I_x、I_y,则惯性半径为

$$i_x = \sqrt{\frac{I_x}{A}}, \quad i_y = \sqrt{\frac{I_y}{A}} \quad (2-11)$$

2.2.3 简单图形的惯性矩

下面举例说明简单图形惯性矩的计算方法。

例 2-2 设圆的直径为 d(见图 2-4);圆环的外径为 D,内径为 d,$\alpha = \dfrac{d}{D}$(见图 2-5)。试计算它们对圆心和形心轴的惯性矩,以及圆对形心轴的惯性半径。

图 2-4   图 2-5

解:(1)圆的惯性矩和惯性半径 如图 2-4 所示,在距圆心 O 为 ρ 处取宽度为 $\mathrm{d}\rho$ 的圆环作为面积元素,其面积为

$$\mathrm{d}A = 2\pi\rho\mathrm{d}\rho$$

由式(2-8)得圆心 O 的极惯性矩为

$$I_\mathrm{p} = \int_A \rho^2 \mathrm{d}A = \int_0^{\frac{d}{2}} 2\pi\rho^3 \mathrm{d}\rho = \frac{\pi d^4}{32}$$

由圆的对称性可知,$I_x = I_y$,按式(2-9)得圆形对形心轴的惯性矩为

$$I_x = I_y = \frac{1}{2} I_\mathrm{p} = \frac{\pi d^4}{64}$$

按式(2-11),可得圆形对形心轴的惯性半径为

$$i_x = i_y = \sqrt{\frac{I_x}{A}} = \sqrt{\frac{\pi d^4}{64} \times \frac{4}{\pi d^2}} = \frac{d}{4}$$

(2) 圆环形（见图 2-5）的惯性矩为

$$I_p = \int_{\frac{d}{2}}^{\frac{D}{2}} 2\pi\rho^3 \mathrm{d}\rho = \frac{\pi}{32}(D^4 - d^4) = \frac{\pi D^4}{32}(1-\alpha^4)$$

$$I_x = I_y = \frac{1}{2}I_p = \frac{\pi D^4}{64}(1-\alpha^4)$$

式中 $\alpha = \dfrac{d}{D}$。

例 2-3 试计算矩形对其形心轴的惯性矩 I_x 和 I_y。

解：（1）取平行于 x 轴的微面积（见图 2-6）

$$\mathrm{d}A = b\mathrm{d}y$$

$$I_x = \int_A y^2 \mathrm{d}A = \int_{-\frac{h}{2}}^{\frac{h}{2}} by^2 \mathrm{d}y = \frac{bh^3}{12}$$

(2) 取平行于 y 轴的微面积（见图 2-6）

$$\mathrm{d}A = h\mathrm{d}x$$

$$I_y = \int_A x^2 \mathrm{d}A = \int_{-\frac{b}{2}}^{\frac{b}{2}} hx^2 \mathrm{d}x = \frac{hb^3}{12}$$

图 2-6

为便于计算时查用，在表 2-1 中列出了一些简单的常用平面图形的几何性质。

表 2-1 常用平面图形的几何性质

截面形状和形心位置	面积 A	惯性矩 I	抗弯截面模量 W
矩形	$A = bh$	$I_z = \dfrac{bh^3}{12}$ $I_y = \dfrac{hb^3}{12}$	$W_z = \dfrac{bh^2}{6}$ $W_y = \dfrac{hb^2}{6}$
圆形	$A = \dfrac{\pi d^2}{4}$	$I_x = I_y = \dfrac{\pi d^4}{64}$	$W_z = W_y = \dfrac{\pi d^3}{32}$

续表 2-1

截面形状和形心位置	面积 A	惯性矩 I	抗弯截面模量 W
(空心圆)	$A = \dfrac{\pi}{4}(D^2 - d^2)$	$I_z = I_y = \dfrac{\pi D^4}{64}(1-\alpha^4)$ $\alpha = \dfrac{d}{D}$	$W_z = W_y = \dfrac{\pi D^3}{32}(1-\alpha^4)$
(带键槽圆)	$A \approx \dfrac{\pi d^2}{4} - bt$	$I_z \approx \dfrac{\pi d^4}{64} - \dfrac{bt}{4}(d-t)^2$	$W_z = \dfrac{\pi d^2}{32} - \dfrac{bt(d-t)^2}{2d}$
(花键)	$A = \dfrac{\pi d^2}{4} + zb\dfrac{(D-d)}{2}$ z — 花键齿数	$I_z = \dfrac{\pi d^4}{64} + \dfrac{zb}{64}(D-d)(D+d)^2$	$W_z = \dfrac{\pi d^4 + zb(D-d)(D+d)^2}{32D}$
(空心矩形)	$A = HB - hb$	$I_z = \dfrac{BH^3 - bh^3}{12}$ $I_y = \dfrac{HB^3 - hb^3}{12}$	$W_z = \dfrac{BH^3 - bh^3}{6H}$ $W_y = \dfrac{HB^3 - hb^3}{6B}$

2.2.4 惯性积

在平面图形的坐标 (y, z) 处，取微面积 dA（见图 2-7），遍及整个图形面积 A 的积分

$$I_{y,z} = \int_A yz\, dA \tag{2-12}$$

定义为图形对 y、z 轴的**惯性积**。

由于坐标乘积 yz 可能为正或负，因此，$I_{y,z}$ 的数值可能为正，可能为负，也可能等于零。例如当整个图形都在第一象限内时（见图 2-7）。由于所有微面积 dA 的 y、z 坐标均为正值，所以图形对这两个坐标轴的惯性积也必为正值。又如当整个图形都在第二象限内时，由于所有微面积

dA 的 z 坐标为正,而 y 坐标为负,因而图形对这两个坐标轴的惯性积必为负值。惯性积的量纲是长度的四次方。

若坐标轴 y 或 z 中有一个是图形的对称轴,例如图 2-7 中的 z 轴。这时,如在 z 轴两侧对称位置处,各取一微面积 dA,显然,两者的 z 坐标相同,y 坐标则数值相等但符号相反。因而两个微面积与坐标 y、z 的乘积,数值相等而符号相反,它们在积分中互相抵消。所有微面积与坐标的乘积都两两相消,最后导致

$$I_{y,z} = \int_A yz\,\mathrm{d}A = 0$$

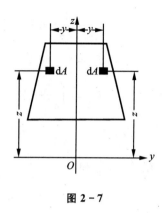

图 2-7

所以,坐标系的两个坐标轴中只要有一个为图形的对称轴,则图形对这一坐标系的惯性积等于零。

2.3 组合图形的惯性矩

2.3.1 平行移轴公式

同一平面图形对于平行的两对坐标轴的惯性矩或惯性积,并不相同。当其中一对轴是图形的形心轴时,它们之间有比较简单的关系。现介绍这种关系的表达式。

在图 2-8 中,C 为图形的形心,y_C 和 z_C 是通过形心的坐标轴。图形对形心轴 y_C 和 z_C 的惯性矩和惯性积分别记为

$$\left. \begin{aligned} I_{y_C} &= \int_A z_C^2\,\mathrm{d}A \\ I_{z_C} &= \int_A y_C^2\,\mathrm{d}A \\ I_{y_C z_C} &= \int_A y_C z_C\,\mathrm{d}A \end{aligned} \right\} \quad (2-13)$$

图 2-8

若 y 轴平行于 y_C,且两者的距离为 a;z 轴平行于 z_C,且两者的距离为 b,图形对 y 轴和 z 轴的惯性矩和惯性积应为

$$I_y = \int_A z^2\,\mathrm{d}A, \quad I_z = \int_A y^2\,\mathrm{d}A, \quad I_{yz} = \int_A yz\,\mathrm{d}A \qquad (2-14)$$

由图 2-8 显然可以看出

$$y = y_C + b, \quad z = z_C + a \qquad (2-15)$$

以式(2-15)代入式(2-14),得

$$I_y = \int_A z^2 dA = \int_A (z_C + a)^2 dA = \int_A z_C^2 dA + 2a\int_A z_C dA + a^2 \int_A dA$$

$$I_z = \int_A y^2 dA = \int_A (y_C + b)^2 dA = \int_A y_C^2 dA + 2b\int_A y_C dA + b^2 \int_A dA$$

$$I_{yz} = \int_A yz dA = \int_A (y_C + b)(z_C + a) dA =$$

$$\int_A y_C z_C dA + a\int_A y_C dA + b\int_A z_C dA + ab\int_A dA$$

在式 I_y、I_z 和 I_{yz} 中，$\int_A z_C dA$ 和 $\int_A y_C dA$ 分别为图形对形心轴 y_C 和 z_C 的静矩，其值等于零。$\int_A dA = A$，如再应用式(2-13)，则式 I_y、I_z 和 I_{yz} 简化为

$$\left. \begin{aligned} I_y &= I_{y_C} + a^2 A \\ I_z &= I_{z_C} + b^2 A \\ I_{yz} &= I_{y_C z_C} + abA \end{aligned} \right\} \tag{2-16}$$

式(2-16)为惯性矩和惯性积的平行移轴公式。利用这一公式可使惯性矩和惯性积的计算得到简化。在使用平行移轴公式时，要注意 a 和 b 是图形的形心在 Oyz 坐标系中的坐标，所以它们是有正负的。

2.3.2 组合图形的惯性矩

由惯性矩定义可知，组合图形对某轴的惯性矩就等于组成它的各简单图形对同一轴惯性矩的和。简单图形对本身形心轴的惯性矩可通过积分或查表求得，再利用平行移轴公式便可求得它对组合图形形心轴的惯性矩。这样就可较方便地计算组合图形的惯性矩。下面举例说明。

图 2-9

例 2-4 试计算图 2-9 所示的组合图形对形心轴的惯性矩。

解：（1）计算形心 C 的位置。该图形有垂直对称轴 y_C，形心必在此轴上，只须计算形心在此轴上的坐标。取底边为参考轴 x'，设形心 C 到此轴的距离为 y_C，将图形分为两个矩形 I、II。它们对 x' 轴的面矩分别为

$$S_1 = 40 \text{ mm} \times 20 \text{ mm} \times \left(\frac{40}{2} + 20\right) \text{ mm} = 32\,000 \text{ mm}^3$$

$$S_2 = 60 \text{ mm} \times 20 \text{ mm} \times \frac{20}{2} \text{ mm} = 12\,000 \text{ mm}^3$$

整个图形对 x' 轴的面矩为
$$S_{x'} = S_1 + S_2 = (32\ 000 + 12\ 000)\text{mm}^3 = 44 \times 10^3\ \text{mm}^3$$
整个图形的面积为
$$A = A_1 + A_2 = (40 \times 20 + 60 \times 20)\ \text{mm}^2 = 2\ 000\ \text{mm}^2$$
按式(2-6)得
$$y_C = \frac{S_{x'}}{A} = \frac{44 \times 10^3\ \text{mm}^3}{2 \times 10^3\ \text{mm}^2} = 22\ \text{mm}$$

过形心 C 作垂直于 y_C 轴的 x_C 轴，x_C 和 y_C 轴为图形的形心轴。

(2) 计算图形对形心轴 x_C 和 y_C 的惯性矩 I_x, I_y。

首先分别求出矩形 I、II 对 x_C、y_C 轴的惯性矩 I_{xI}、I_{yI}、I_{xII}、I_{yII}。由平行移轴公式得

$$I_{xI} = \left[\frac{20 \times 40^3}{12} + \left(\frac{40}{2} + 20 - 22\right)^2 \times 40 \times 20\right]\text{mm}^4 = 3\ 659 \times 10^2\ \text{mm}^4$$

$$I_{xII} = \left[\frac{60 \times 20^3}{12} + \left(22 - \frac{20}{2}\right)^2 \times 60 \times 20\right]\text{mm}^4 = 2\ 128 \times 10^2\ \text{mm}^4$$

$$I_{yI} = \left(\frac{40 \times 20^3}{12}\right)\text{mm}^4 = 2\ 667 \times 10\ \text{mm}^4$$

$$I_{yII} = \left(\frac{20 \times 60^3}{12}\right)\text{mm}^4 = 3\ 600 \times 10^2\ \text{mm}^4$$

整个图形对 x_C、y_C 轴的惯性矩为
$$I_x = I_{xI} + I_{xII} = (365\ 900 + 212\ 800)\ \text{mm}^4 = 57.9 \times 10^4\ \text{mm}^4$$
$$I_y = I_{yI} + I_{yII} = (26\ 670 + 360\ 000)\text{mm}^4 = 38.7 \times 10^4\ \text{mm}^4$$

工程中广泛采用各种型钢，或用型钢组成的构件。型钢的几何性质可从有关手册中查得，本书附录中列有我国标准的等边角钢、工字钢和槽钢等截面的几何性质。由型钢组合的构件，也可用上述方法计算其截面的惯性矩。

例 2-5 求图 2-10 组合图形对形心轴 x_C、y_C 的惯性矩。

解：(1) 计算形心 C 的位置 取轴 x' 为参考轴，轴 y_C 为该截面的对称轴，$x_C = 0$，只须计算 y_C。由附录型钢表中查得：

16 号槽钢
$A_1 = 25.16\ \text{cm}^2$, $I_{x1} = 83.4\ \text{cm}^4$,
$I_{y1} = 935\ \text{cm}^4$, $z_0 = 1.75\ \text{cm}$ C_1 为其形心

16 号工字钢
$A_2 = 26.13\ \text{cm}^2$, $I_{x2} = 1\ 130\ \text{cm}^4$, $I_{y2} = 93.1\ \text{cm}^4$
$h = 160\ \text{mm}$, C_2 为其形心

图 2-10

$$y_C = \frac{\left(25.16 \times 10^2 (160+17.5) + 26.13 \times 10^2 \times \frac{160}{2}\right) \text{mm}^3}{(25.16 \times 10^2 + 26.13 \times 10^2) \text{mm}^2} = 127.9 \text{ mm}$$

(2) 计算整个图形对形心轴的惯性矩 I_x、I_y 可由平行移轴公式求得

$$I_x = I_{x_{11}} + (z_0 + h - y_C)^2 A_1 + I_{x_2} + \left(y_2 - \frac{h}{2}\right)^2 A_2 =$$
$$83.4 \times 10^4 \text{ mm}^4 + (17.5 + 160 - 127.9)^2 \times 25.16 \times 10^2 \text{ mm}^4 +$$
$$1\,130 \times 10^4 \text{ mm}^4 + \left(127.9 - \frac{160}{2}\right)^2 \times 26.1 \times 10^2 \text{ mm}^4 = 243 \times 10^5 \text{ mm}^4$$
$$I_y = I_{y_1} + I_{y_2} = (935 \times 10^4 + 93.1 \times 10^4) \text{ mm}^4 = 103 \times 10^5 \text{ mm}^4$$

在图形平面内,通过形心可以作无数根形心轴,图形对各轴惯性矩的数值各不相同。可以证明:平面图形对各通过形心轴的惯性矩中,必然有一极大值与极小值;具有极大值惯性矩的形心轴与具有极小值惯性矩的形心轴互相垂直;当互相垂直的两根形心轴有一根是图形的对称轴时,则图形对该对形心轴的惯性矩一为极大值,另一为极小值。如上例中对轴 x_C 的惯性矩为极大值,对轴 y_C 的惯性矩为极小值。

*2.4 转轴公式与主惯性轴

任意平面图形(见图 2-11)对 y 轴和 z 轴的惯性矩和惯性积为

$$I_y = \int_A z^2 \text{d}A, \quad I_z = \int_A y^2 \text{d}A, \quad I_{yz} = \int_A yz \text{d}A \qquad (2-17)$$

若将坐标轴绕 O 点旋转 α 角,且以逆时针转向为正,旋转后得新的坐标轴 y_1、z_1,而图形对 y_1、z_1 轴的惯性矩及惯性积则分别为

$$I_{y_1} = \int_A z_1^2 \text{d}A, \quad I_{z_1} = \int_A y_1^2 \text{d}A, \quad I_{y_1 z_1} = \int_A y_1 z_1 \text{d}A$$
$$(2-18)$$

现在研究图形对 y 轴、z 轴和对 y_1、z_1 轴的惯性矩及惯性积之间的关系。

由图 2-11 中的面积 $\text{d}A$ 在新旧两个坐标系中的坐标 (y_1, z_1) 和 (y, z) 之间的关系为

$$\left. \begin{array}{l} y_1 = y\cos\alpha + z\sin\alpha \\ z_1 = z\cos\alpha - y\sin\alpha \end{array} \right\} \qquad (2-19)$$

图 2-11

把 z_1 代入式(2-19)中的第一式,得

$$I_{y_1} = \int_A z_1^2 \text{d}A = \int_A (z\cos\alpha - y\sin\alpha)^2 \text{d}A =$$

$$\cos^2\alpha \int_A z^2 dA + \sin^2\alpha \int_A y^2 dA - 2\sin\alpha\cos\alpha \int_A yz\, dA =$$
$$I_y \cos^2\alpha + I_z \sin^2\alpha - I_{yz} \sin 2\alpha$$

以 $\cos^2\alpha = \frac{1}{2}(1+\cos 2\alpha)$ 和 $\sin^2\alpha = \frac{1}{2}(1-\sin 2\alpha)$ 代入上式,得出

$$I_{y_1} = \frac{I_y + I_z}{2} + \frac{I_y - I_z}{2}\cos 2\alpha - I_{yz}\sin 2\alpha \qquad (2-20)$$

同理,由式(2-18)的第二式和第三式可以求得

$$I_{z_1} = \frac{I_y + I_z}{2} - \frac{I_y - I_z}{2}\cos 2\alpha + I_{yz}\sin 2\alpha \qquad (2-21)$$

$$I_{y_1 z_1} = \frac{I_y - I_z}{2}\sin 2\alpha + I_{yz}\cos 2\alpha \qquad (2-22)$$

I_{y_1}、I_{z_1}、$I_{y_1 z_1}$ 随 α 角的改变而变化,它们都是 α 的函数。

式(2-20)、式(2-21)、式(2-22)即为惯性矩和惯性积的转轴公式。

将式(2-20)对 α 取导数,后得

$$\frac{dI_{y_1}}{d\alpha} = -2\left(\frac{I_y - I_z}{2}\sin 2\alpha + I_{yz}\cos 2\alpha\right) \qquad (2-23)$$

若 $\alpha = \alpha_0$ 时,能使导数 $\frac{dI_{y_1}}{d\alpha} = 0$,则对 α_0 所确定的坐标轴、图形的惯性矩为最大值或最小值。以 α_0 代入式(2-23),并令其等于零,得到

$$\frac{I_y - I_z}{2}\sin 2\alpha_0 + I_{yz}\cos 2\alpha_0 = 0 \qquad (2-24)$$

由此求得

$$\tan 2\alpha_0 = -\frac{2I_{yz}}{I_y - I_z} \qquad (2-25)$$

由式(2-25)可以求出相差 90°的两个角度 α_0,从而确定了一对坐标轴 y_0 和 z_0。图形对这一对轴中的其一轴的惯性矩为最大值 $I_{\max}$,而对另一个轴的惯性矩则为最小值 $I_{\min}$。比较式(2-24)和式(2-22),可见使导数 $\frac{dI_{y_1}}{d\alpha} = 0$ 的角度 α_0 恰好使惯性积等于零。所以,当坐标轴绕 O 点旋转到某一位置 y_0 和 z_0 时,图形对这一对坐标轴的惯性积等于零,这一对坐标轴称为**主惯性轴**,简称主轴。对主惯性轴的惯性矩称为主惯性矩。如上所述,对通过 O 点的所有轴来说,对主轴的两个主惯性矩,一个是最大值,而另一个是最小值。

通过图形形心 C 的主惯性轴称为**形心主惯性轴**,简称形心主轴。图形对该轴的惯性矩就称为**形心主惯性矩**。如果这里所说的平面图形是杆件的横截面,则截面的形心主惯性轴与杆件轴线所确定的平面,称为形心**主惯性平面**。杆件横截面的形心主惯性轴、形心主惯性矩和杆件的形心主惯性平面,在杆件的弯曲理论中有重要意义。截面对于对称轴的惯性积等于零,截

面形心又必然在对称轴上,所以截面的对称轴就是形心主惯性轴,它与杆件轴线所确定的纵向对称面就是形心主惯性平面。

由式(2-25)求出角度 α_0 的数值,代入式(2-20)和式(2-21)就可以求得图形的主惯性矩。为了方便计算,下面导出直接计算主惯性矩的公式。由式(2-25)可以求得

$$\cos 2\alpha_0 = \frac{1}{\sqrt{1+\tan^2 2\alpha_0}} = \frac{I_y - I_z}{\sqrt{(I_y - I_z)^2 + 4I_{yz}^2}}$$

$$\sin 2\alpha_0 = \tan 2\alpha_0 \cdot \cos 2\alpha_0 = \frac{-2I_{yz}}{\sqrt{(I_y - I_z)^2 + 4I_{yz}^2}}$$

将以上两式代入式(2-20)和式(2-21),经简化后得出主惯性矩的计算公式是

$$\left. \begin{aligned} I_{y_0} &= \frac{I_y + I_z}{2} + \frac{1}{2}\sqrt{(I_y - I_z)^2 + 4I_{yz}^2} \\ I_{z_0} &= \frac{I_y + I_z}{2} - \frac{1}{2}\sqrt{(I_y - I_z)^2 + 4I_{yz}^2} \end{aligned} \right\} \quad (2-26)$$

例 2-6 试确定图 2-12 所示图形的形心主惯性轴的位置,并计算形心主惯性矩。

解: 首先确定图形的形心。由于图形有一对称中心 C,C 即为图形的形心。选取通过形心的水平轴及垂直轴作为 y 和 z 轴。把图形看作是由 I、II 和 III 的 3 个矩形所组成。矩形 I 的形心坐标为 $(-35, 74.5)$,矩形 III 的形心坐标为 $(35, -74.5)$,矩形 II 的形心与 C 点重合。利用平行移轴公式分别求出各矩形对 y 轴和 z 轴的惯性矩和惯性积,则:

图 2-12

矩形 I

$$I_y^{\rm I} = \left[\frac{1}{12} \times 0.059 \times 0.011^3 + 0.074\,5^2 \times 0.011 \times 0.059\right] {\rm m}^4 = 3.607 \times 10^{-6}\ {\rm m}^4$$

$$I_z^{\rm I} = \left[\frac{1}{12} \times 0.059 \times 0.011^3 + (-0.035)^2 \times 0.011 \times 0.059\right] {\rm m}^4 = 0.982 \times 10^{-6}\ {\rm m}^4$$

$$I_{yz}^{\rm I} = [0 + (-0.035) \times 0.074\,5 \times 0.011 \times 0.059] {\rm m}^4 = -1.69 \times 10^{-6}\ {\rm m}^4$$

矩形 II

$$I_y^{\rm II} = \left(\frac{1}{12} \times 0.011 \times 0.16^3\right) {\rm m}^4 = 3.76 \times 10^{-6}\ {\rm m}^4$$

$$I_z^{\rm II} = \left(\frac{1}{12} \times 0.16 \times 0.011^3\right) {\rm m}^4 = 0.017\,8 \times 10^{-6}\ {\rm m}^4$$

$$I_{yz}^{\rm II} = 0$$

矩形 III

$$I_y^{\rm III} = \left[\frac{1}{12} \times 0.059 \times 0.011^3 + (-0.074\,5)^2 \times 0.011 \times 0.059\right] {\rm m}^4 = 3.607 \times 10^{-6}\ {\rm m}^4$$

$$I_z^{\text{III}} = \left(\frac{1}{12} \times 0.011 \times 0.059^3 + 0.035^2 \times 0.011 \times 0.059\right) \text{m}^4 = 0.982 \times 10^{-6} \text{ m}^4$$

$$I_{yz}^{\text{III}} = [0 + (-0.035) \times 0.074\ 5 \times 0.011 \times 0.059] \text{m}^4 = -1.69 \times 10^{-6} \text{ m}^4$$

整个图形对 y 轴和 z 轴的惯性矩和惯性积为

$$I_y = I_y^{\text{I}} + I_y^{\text{II}} + I_y^{\text{III}} = (3.607 + 3.76 + 3.607) \times 10^{-6} \text{ m}^4 = 10.97 \times 10^{-6} \text{ m}^4$$

$$I_z = I_z^{\text{I}} + I_z^{\text{II}} + I_z^{\text{III}} = (0.982 + 0.017\ 8 + 0.982) \times 10^{-6} \text{ m}^4 = 1.98 \times 10^{-6} \text{ m}^4$$

$$I_{yz} = I_{yz}^{\text{I}} + I_{yz}^{\text{II}} + I_{yz}^{\text{III}} = (-1.69 + 0 - 1.69) \times 10^{-6} \text{ m}^4 = -3.38 \times 10^{-6} \text{ m}^4$$

将 I_y、I_z 和 I_{yz} 代入式(2-25)得 $\tan 2\alpha_0 = \dfrac{-2I_{yz}}{I_y - I_z} = \dfrac{-2(-3.38 \times 10^{-6})}{10.97 \times 10^{-6} - 1.98 \times 10^{-6}} = 0.752$

$$2\alpha_0 \approx 37° \text{ 或 } 217°, \qquad \alpha_0 \approx 18°30' \text{ 或 } 108°30'$$

α_0 的两个值分别确定了形心主惯性轴 y_0 和 z_0 的位置。以 α_0 的两个值分别代入式(2-20),求出图形的形心主惯性矩为

$$I_{y_0} = \frac{10.97 \times 10^{-6} \text{ m}^4 + 1.98 \times 10^{-6} \text{ m}^4}{2} + \frac{10.97 \times 10^{-6} \text{ m}^4 - 1.98 \times 10^{-6} \text{ m}^4}{2} \cos 37° -$$

$$(-3.38 \times 10^{-6}) \text{m}^4 \sin 37° = 12.1 \times 10^{-6} \text{ m}^4$$

$$I_{z_0} = \frac{10.97 \times 10^{-6} \text{ m}^4 + 1.98 \times 10^{-6} \text{ m}^4}{2} + \frac{10.97 \times 10^{-6} \text{ m}^4 - 1.98 \times 10^{-6} \text{ m}^4}{2} \cos 217° -$$

$$(-3.38 \times 10^{-6}) \text{m}^4 \sin 217° = 0.85 \times 10^{-6} \text{ m}^4$$

也可以把 $2\alpha_0 = 37°$ 代入式(2-21)求出 I_{z_0}。

在求出 I_y、I_z 和 I_{yz} 后,还可按另外一种方法计算形心主惯性矩,确定形心主惯性轴。这时,由式(2-26)求得形心主惯性矩为

$$\left.\begin{array}{c} I_{y_0} \\ I_{z_0} \end{array}\right\} = \frac{I_y + I_z}{2} \pm \frac{1}{2}\sqrt{(I_y - I_z)^2 + 4I_{yz}^2} = \frac{10.97 \times 10^{-6} \text{ m}^4 + 1.98 \times 10^{-6} \text{ m}^4}{2} \pm$$

$$\frac{1}{2}\sqrt{(10.97 \times 10^{-6} - 1.98 \times 10^{-6})^2 \text{ m}^4 + 4(-3.38 \times 10^{-6})^2} \text{ m}^4 = \begin{cases} 12.1 \times 10^{-6} \text{ m}^4 \\ 0.85 \times 10^{-6} \text{ m}^4 \end{cases}$$

当确定主惯性轴的位置时,如约定 I_y 代表较大的惯性矩(即 $I_y > I_z$),则由式(2-25)算出的两个角度 α_0 中,由绝对值较小的 α_0 确定的主惯性轴对应的主惯性矩为最大值。例如,在现在讨论的例题中,由 $\alpha_0 = 18°30'$ 所确定的形心主惯性轴,对应着最大的形心主惯性矩,即 $I_{y_0} = 12.1 \times 10^{-6} \text{ m}^4$。

思 考 题

1. 什么叫截面对一轴的静矩?怎样利用它来确定截面形心的位置?
2. 什么叫截面对一轴的惯性矩?它与哪些因素有关?

3. 什么叫主轴？什么叫形心主轴？

4. 试述计算对称组合图形主惯性矩的方法与步骤？

习 题

2-1 试计算题 2-1 图的图形对形心轴的惯性矩 I_x 和 I_y。

答：(a) $I_x = 494 \times 10^7$ mm^4, $I_y = 25.7 \times 10^7$ mm^4;

(b) $I_x = 146 \times 10^5$ mm^4, $I_y = 259 \times 10^4$ mm^4;

(c) $I_x = 974 \times 10^4$ mm^4, $I_y = 102 \times 10^6$ mm^4;

(d) $I_x = 408 \times 10^4$ mm^4, $I_y = 102 \times 10^6$ mm^4;

(e) $I_x = 252 \times 10^4$ mm^4, $I_y = 108 \times 10^6$ mm^4;

(f) $I_x = 761 \times 10$ cm^4, $I_y = 447$ cm^4。

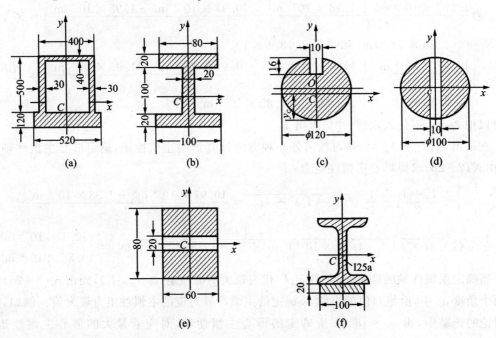

题 2-1 图

2-2 由题 2-2 图示中的两个 20 号槽钢组合而成的两种截面，试比较它们对形心轴的惯性矩 I_x 和 I_y 的大小，并说明原因。

答：(a) $I_x = 3\,820$ cm^4, $I_y = 537$ cm^4;   (b) $I_x = 3\,820$ cm^4, $I_y = 2\,310$ cm^4。

2-3 试用积分法求题 2-3 图中各图形的 I_y 值。

答：(a) $\dfrac{bh^3}{12}$，(b) $\dfrac{2ah^3}{15}$。

题 2-2 图

题 2-3 图

2-4 计算题 2-4 的图形对 y、z 轴的惯性矩 I_y、I_z 以及惯性积 I_{yz}。

答：$I_y = \dfrac{bh^3}{3}$，$I_z = \dfrac{hb^3}{3}$，$I_{yz} = -\dfrac{b^2h^2}{4}$。

2-5 试确定题 2-5 所示图形通过坐标原点 O 的主惯性轴的位置，并计算主惯性矩 I_{y_0} 和 I_{x_0} 之值。

答：$\alpha_0 = -13°30'$ 或 $76°30'$，$I_{y_0} = 16.1 \times 10^4 \text{ mm}^4$，$I_{z_0} = 19.9 \times 10^4 \text{ mm}^4$。

题 2-4 图

题 2-5 图

*2-6 试计算题 2-5 中图形的形心主惯性矩，并确定形心主惯性轴的位置。

答：$\alpha_0 = 22°30'$ 或 $112°30'$，$I_{yc} = 34.9 \times 10^4 \text{ mm}^4$，$I_{zc} = 6.61 \times 10^4 \text{ mm}^4$。

第3章 轴向拉伸与压缩

本章通过直杆的轴向拉伸与压缩,阐述材料力学的一些基本概念和基本方法。主要讨论拉压杆的内力、应力、变形和胡克定律;材料拉压时的主要力学性能及强度计算;静定结构节点的位移计算及拉压超静定问题。

3.1 轴向拉伸与压缩的概念

在工程实际中,许多构件受到轴向拉伸和压缩的作用。如图 3-1 所示的三角支架中,横杆 AB 受到轴向拉力的作用,杆件沿轴线产生拉伸变形;斜杆 BC 受到轴向压力的作用,杆件沿轴线产生压缩变形。另外,起吊重物的绳索、内燃机上的连杆、千斤顶的顶杆以及连接钢板的螺栓等,都是拉伸和压缩的实例。

图 3-1

图 3-1 所示杆件受力的共同特点是:外力沿杆的轴线作用,其变形特点是杆件沿轴线方向伸长或缩短。这种变形形式称为**轴向拉伸或压缩**,这类杆件称为拉(压)杆。

3.2 拉伸与压缩时横截面上的内力——轴力

3.2.1 横截面上的内力——轴力

一拉杆如图 3-2(a)所示,两端受轴向力 $F'(F'=-F)$ 的作用。欲求截面 $m-m$ 上的内力,可用截面法。沿截面 $m-m$ 将杆截成两段并取左段[见图 3-2(b)]为研究对象,将右段对左段的作用以截面上的内力 F_N 代替。由平衡方程

第3章 轴向拉伸与压缩

$$\sum F_X = 0, \quad F - F_N = 0$$

得

$$F_N = F$$

由于内力 F_N 的作用线与杆件的轴线相重合,故称为**轴向内力**,简称轴力。轴力可为拉力也可为压力。为了表示轴力方向,区别两种变形,对轴力正负号规定如下:当轴力方向与截面的外法线方向一致时,杆件受拉,轴力为正;反之,轴力为负。计算轴力时均按正向假设,若得负号则表明杆件受压。

图 3-2

采用这一符号规定,如取右段为研究对象[见图 3-2(c)],则所求的轴力大小及正负号与上述结果相同。

当杆件受到多个轴向外力作用时,应分段使用截面法来计算各段的轴力。

3.2.2 轴力图

为了形象地表示轴力沿杆件轴线的变化情况,可绘制出轴力随横截面变化的图线,这一图线称为轴力图。

例 3-1 试绘出图 3-3 所示杆的轴力图。已知 $F_1 = 10$ kN, $F_2 = 30$ kN, $F_3 = 50$ kN。

解:(1)计算支座反力 设固定端的反力为 F_R,则由整个杆的平衡方程

$$\sum F_x = 0, \quad -F_1 + F_2 - F_3 + F_R = 0$$

得

$$F_R = F_1 - F_2 + F_3 = (10 - 30 + 50) \text{ kN} = 30 \text{ kN}$$

(2)分段计算轴力 由于截面 B 和 C 处有外力作用,故将杆分为三段。设各段轴力均为拉力,用截面法取如图 3-3(b)、(c)、(d)所示的研究对象后,得

图 3-3

$$F_{N1} = F_1 = 10 \text{ kN}$$
$$F_{N2} = F_1 - F_2 = (10-30)\text{kN} = -20 \text{ kN}$$
$$F_{N3} = F_R = 30 \text{ kN}$$

在计算 F_{N3} 时若取左侧为研究对象,则同样可得 $F_{N3} = F_1 - F_2 + F_3 = 30$ kN,结果与取右侧时相同,但不涉及 F_R。也就是说,若杆一端为固定端,可取无固定端的一侧为研究对象来计算杆的内力,而不必求出固定端的反力。

(3) 画轴力图　根据上述轴力值,作轴力图见图 3-3(e)。由图可见,绝对值最大的轴力为

$$|F_{N,\max}| = 30 \text{ kN}$$

例 3-2　竖柱 AB 如图[3-4(a)]所示,其横截面为正方形,边长为 a,柱高为 h,材料的体积密度为 ρ;柱顶受载荷 F 作用。试作出其内力图。

图 3-4

解:　由受力特点可知 AB 为轴向压缩,由于考虑柱子的自重载荷,以竖向的 x 坐标表示横截面位置,则该柱各横截面的轴力为 x 的函数。对任意截面可以取上段为研究对象,如图[3-4(b)]所示。图中 $F_N(x)$ 是任意 x 截面的轴力;$G = \rho a^2 gx$ 是该段研究对象的自重。由

$$\sum F_x = 0, \quad F_N(x) + F + G = 0$$

得

$$F_N(x) = -F - \rho a^2 gx \quad (0 < x < h)$$

上式为该柱的轴力方程,为 x 的一次函数,故只须求解两点的轴力并连成直线即得轴力图,如图[3-4(c)]所示。

当 $x \to 0$ 时,$F_N = -F$;当 $x \to h$ 时,$F_N = -F - \rho a^2 gh$。

由上述各例可得出如下结论:杆的轴力等于截面一侧所有外力的代数和,其中离开截面的外力取正号,指向截面的外力取负号。利用这一结论求杆件任一截面上的内力时,不必将杆截

开,即可直接得出内力的值。

3.3 轴向拉伸与压缩时横截面上的应力

3.3.1 实验观察与假设

为了求得截面上任意一点的应力,必须了解内力在截面上的分布规律,为此可通过实验观察来研究。

取一等直杆,如图3-5(a)所示,在杆上画出与轴线垂直的横线 ab 和 cd,在杆上画上与杆轴线平行的纵向线,然后在杆的两端沿轴线施加一对力 F 和 F',使杆产生拉伸变形。为此通过分析,可作如下假设:变形前为平面的横截面,变形后仍为平面,且仍与杆的轴线垂直。该假设称为**平面假设**。

3.3.2 横截面上的应力

根据平面假设可以认为任意两个横截面之间的所有纵向线段的伸长都相同,即杆件横截面内各点的变形相同。由材料均匀连续假设,可以推断出内力在横截面上是均匀分布的,即横截面上各点的应力大小相等,方向垂直于横截面,即横截面任一点的正应力为

$$\sigma = \frac{F_N}{A} \tag{3-1}$$

式中:A 为杆体横截面面积,F_N 为横截面上的轴力;正应力 σ 的符号与轴力 F_N 的符号相对应,即拉应力为正,压应力为负。

例3-3 一横截面为正方形的砖柱分上下两段,所受之力为轴力,各段长度及横截面尺寸如图3-6(a)所示。已知 $F=50$ kN,试求载荷引起的最大工作应力。

解:(1)画轴力图 上段轴力等于截面以上外力代数和(保留上部),因 F 力与截面外法线同向,故 $F_{NI}=-F=-50$ kN。同理可得下段轴力

$$F_{N\text{II}} = -3F = -3 \times 50 \text{ kN} = -150 \text{ kN}$$

于是可画出轴力图,如图3-6(b)所示。

(2)求各段应力 上段横截面上的应力为

$$\sigma_1 = \frac{F_{NI}}{A_1} = \frac{-50 \times 1\,000 \text{ N}}{240 \times 240 \text{ mm}^2} = -0.87 \text{ MPa}$$

下段横截面上的应力为

$$\sigma_{\text{II}} = \frac{F_{N\text{II}}}{A_{\text{II}}} = \frac{-150 \times 1\,000 \text{ N}}{370 \times 370 \text{ mm}^2} = -1.1 \text{ MPa}$$

由计算结果可知,砖柱的最大工作应力在下段,其值为1.1 MPa,是压应力。

图 3-5   图 3-6

3.4 拉伸与压缩时斜截面上的应力

前面讨论了轴向拉伸与压缩时横截面上的应力,但有时杆件的破坏并不沿着横截面发生,例如铸铁压缩时沿着与轴线约成 45°角的斜截面发生破坏,为此有必要研究轴向拉伸(压缩)时,杆件斜截面上的应力状况。

现以图 3-7(a)所示的拉杆为例,研究任意斜截面 $m-m$ 上的应力。杆两端受轴向拉力 $F=-F'$,横截面面积为 A,斜截面 $m-m$ 与横截面的夹角为 α,斜截面面积为 A_α。利用截面法,假想将杆件沿着截面 $m-m$ 切开,以左段为研究对象,如图 3-7(b)所示,由平衡条件 $\sum F_x = 0$,得斜截面上的内力为 $F_{N\alpha}=F$。

在研究横截面的正应力时,已知杆件内各点的纵向变形相同,故斜截面上的全应力也是均匀分布的,即斜截面上任意一点的全应力 p_α 为

$$p_\alpha = \frac{F_{N\alpha}}{A_\alpha} = \frac{F}{A_\alpha}$$

因

$$A_\alpha = \frac{A}{\cos \alpha}$$

故代入上式得
$$p_\alpha = \frac{F\cos\alpha}{A} = \sigma\cos\alpha$$

式中 σ 为横截面上的正应力。

将斜截面上的全应力 p_α 分解为垂直于斜截面上的正应力 σ_α 和在斜截面内的切应力 τ_α [见图 3-7(c)]，可得

$$\left.\begin{array}{l}\sigma_\alpha = p_\alpha\cos\alpha = \sigma\cos^2\alpha \\ \tau_\alpha = p_\alpha\sin\alpha = \dfrac{\sigma}{2}\sin 2\alpha\end{array}\right\} \tag{3-2}$$

图 3-7

由式(3-2)可见，斜截面上的正应力 σ_α 和切应力 τ_α 都是 α 的函数。这表明，过杆内同一点的不同斜截面上的应力是不同的。

注　意：

(1) 当 $\alpha=0°$ 时，横截面上的正应力达到最大值 $\sigma_{\max}=\sigma$；

(2) 当 $\alpha=45°$ 时，切应力达到最大值 $\tau_{\max}=\dfrac{\sigma}{2}$；

(3) 当 $\alpha=90°$ 时，σ_α 和 τ_α 均为零，这表明轴向拉(压)杆在平行于杆轴的纵向截面上没有任何应力。

注意：在应用式(3-2)时，须确定角度 α 和 σ_α、τ_α 的正负号。通常规定如下：α 为从横截面外法线到斜截面外法线时，逆时针旋转时为正，顺时针旋转时为负；σ_α 仍以拉应力为正，压应力为负；τ_α 的方向与截面外法线按顺针方向转 $90°$ 所示的方向一致时为正，反之为负。

3.5　拉伸与压缩时的变形

3.5.1　变形和应变的概念

通过实验表明，轴向拉(压)时直杆的纵向与横向尺寸都有所改变。如图 3-8 所示的正方形截面直杆，受轴向拉力 F 后，则长度由 l 变为 l_1，宽度由 b 收缩为 b_1。则杆的变形有：

1. 绝对变形

纵向绝对变形　　$\Delta l = l_1 - l$

图 3-8

横向绝对变形 $\Delta b = b_1 - b$

2. 相对变形

显然,杆的绝对变形与杆的原长有关。为方便分析和比较,用单位长度的变形即**线应变**(**相对变形**)来度量杆件的变形程度。杆分纵向和横向线应变,即

纵向线应变(简称应变)

$$\varepsilon = \frac{\Delta l}{l} \tag{3-3}$$

横向线应变

$$\varepsilon_1 = \frac{\Delta b}{b} \tag{3-4}$$

显然,拉伸时 ε 为正,ε_1 为负;压缩时则相反。线应变是一个量纲为一的量。

实验表明,当应力不超过某一限度时,材料的横向线应变 ε_1 和纵向线应变 ε 之间成正比关系且符号相反,即

$$\varepsilon_1 = -\mu\varepsilon \tag{3-5}$$

式中比例系数 μ 称为**泊松数**或**泊松比**。

3.5.2 胡克定律

实验表明,当杆的正应力 σ 不超过某一限度时,杆的绝对变形 Δl 与轴力 F_N 和杆长 l 成正比,而与横截面面积 A 成反比,即

$$\Delta l \propto \frac{F_N l}{A}$$

引进比例系数 E,得

$$\Delta l = \frac{F_N l}{EA} \tag{3-6}$$

式(3-6)为**胡克定律**表达式。式中的比例系数 E 称为材料的弹性模量。由式(3-6)可知,弹性模量越大,变形越小,所以 E 是表示材料抵抗变形能力的物理量。其值随材料不同而异,可由试验测定。EA 称为杆件的抗拉(抗压)刚度,对于长度相同、受力情况相同的杆,其 EA 值越大,则杆的变形越小。因此,EA 表示了杆件抵抗拉伸或压缩的能力。

若将式 $\sigma = \frac{F_N}{A}$ 和 $\varepsilon = \frac{\Delta l}{l}$ 代入式(3-6),则可得胡克定律的另一表达形式,即

$$\sigma = E\varepsilon \qquad (3-7)$$

于是,胡克定律还可以表述为:当应力不超过材料的比例极限时,应力与应变成正比。因为 ε 无量纲,所以 E 与 σ 的单位相同,其常用单位为 GPa。

例 3-4 变截面钢杆(见图 3-9)受轴向载荷 $F_1 = 30$ kN,$F_2 = 10$ kN。杆长 $l_1 = l_2 = l_3 = 100$ mm,杆各横截面面积分别为 $A_1 = 500$ mm^2,$A_2 = 200$ mm^2,弹性模量 $E = 200$ GPa。试求杆的总伸长量。

解: 因钢杆的一端固定,故可不必求出固定端的反力。

(1) 计算各段轴力 AB 段和 BC 段的轴力分别为
$$F_{N1} = F_1 - F_2 = (30-10)\text{kN} = 20 \text{ kN}$$
$$F_{N2} = -F_2 = -10 \text{ kN}$$

轴力分布图如图 3-9(b)所示。

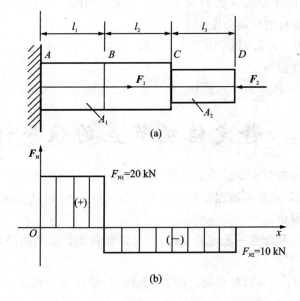

图 3-9

(2) 计算各段变形 由于 AB、BC 和 CD 各段的轴力与横截面面积不全相同,因此应分段计算,即

$$\Delta l_{AB} = \frac{F_{N1} l_1}{EA_1} = \frac{20 \times 10^3 \text{ N} \times 100 \text{ mm}}{200 \times 10^3 \text{ MPa} \times 500 \text{ mm}^2} = 0.02 \text{ mm}$$

$$\Delta l_{BC} = \frac{F_{N2} l_2}{EA_1} = \frac{-10 \times 10^3 \text{ N} \times 100 \text{ mm}}{200 \times 10^3 \text{ MPa} \times 500 \text{ mm}^2} = -0.01 \text{ mm}$$

$$\Delta l_{CD} = \frac{F_{N2} l_3}{EA_2} = \frac{-10 \times 10^3 \text{ N} \times 100 \text{ mm}}{200 \times 10^3 \text{ MPa} \times 200 \text{ mm}^2} = -0.025 \text{ mm}$$

(3) 求总变形

$$\Delta l_{CD} = \Delta l_{AB} + \Delta l_{BC} + \Delta l_{CD} = (0.02 - 0.01 - 0.025)\text{mm} = -0.015 \text{ mm}$$

即整个杆缩短了 0.015 mm。

例 3-5 图 3-10 所示连接螺栓,内径 $d_1 = 15.3$ mm,被连接部分的总长度 $l = 54$ mm,拧紧时螺栓 AB 段的伸长 $\Delta l = 0.04$ mm,钢的弹性模量 $E = 200$ GPa,泊松比 $\mu = 0.3$。试求螺栓横截面上的正应力及螺栓的横向变形。

图 3-10

解: 根据式(3-3)得螺栓的纵向变形为

$$\varepsilon = \frac{\Delta l}{l} = \frac{0.04 \text{ mm}}{54 \text{ mm}} = 7.41 \times 10^{-4}$$

将所得 ε 值代入式(3-7),得螺栓横截面上的正应力为

$$\sigma = E\varepsilon = (200 \times 10^3) \text{ MPa} \times 7.41 \times 10^{-4} = 148.2 \text{ MPa}$$

由式(3-5)可得螺栓的横向应变为

$$\varepsilon_1 = -\mu\varepsilon = -0.3 \times 7.41 \times 10^{-4} = -2.223 \times 10^{-4}$$

故得螺栓的横向变形为

$$\Delta d = \varepsilon_1 d_1 = -2.223 \times 10^{-4} \times 15.3 \text{ mm} = -0.003\ 4 \text{ mm}$$

3.6 静定结构节点的位移计算

结构节点的位移是指节点位置改变的直线距离或一线段方向改变的角度。计算时必须计算节点所连各杆的变形量,然后根据变形相容条件作出位移图,即结构的变形图。再由位移图的几何关系计算出位移值。

静定结构节点的位移计算一般比较复杂,下面以几种比较简单的静定结构为例来具体介绍节点的位移计算。

例 3-6 图 3-11 为一简单托架。BC 杆为圆钢,横截面直径 $d = 20$ mm;BD 杆为 8 号槽钢。求 B 点的位移。设 $F = 60$ kN,钢的弹性模量 $E = 200$ GPa。

解: 三角形 BCD 三边的长度比为 $\overline{BC} : \overline{CD} : \overline{BD} = 3 : 4 : 5$,由此求出 $\overline{BD} = 2$ m。并根据 B 点的平衡方程,求得 BC 杆的轴力 F_{N1} 和 BD 杆的轴力 F_{N2} 分别为

$$F_{N1} = \frac{3}{4}F = 45 \text{ kN(拉)}, \qquad F_{N2} = \frac{5}{4}F = 75 \text{ kN(压)}$$

BC 杆圆截面的面积为 $A_1 = 314 \times 10^{-6}$ m²。BD 杆为 8 号槽钢,由附录的型钢表中查得截面面积为 $A_2 = 1\ 020 \times 10^{-6}$ m²。根据胡克定律,求出 BC 和 BD 两杆的变形分别为

$$\overline{BB_1} = \Delta l_1 = \frac{F_{N1} l_1}{EA_1} = \frac{45 \times 10^3 \text{ N} \times 1.2 \text{ m}}{200 \times 10^9 \text{ Pa} \times 314 \times 10^{-6} \text{ m}^2} = 0.86 \times 10^{-3} \text{ m}$$

$$\overline{BB_2} = \Delta l_2 = \frac{F_{N2}l_2}{EA_2} = \frac{75 \times 10^3 \text{ N} \times 2 \text{ m}}{200 \times 10^9 \text{ Pa} \times 1\,020 \times 10^{-6} \text{ m}^2} = 0.732 \times 10^{-3} \text{ m}$$

这里 Δl_1 为拉伸变形,而 Δl_2 为压缩变形。设想将托架在节点 B 拆开。BC 杆伸长变形后变为 B_1C,BD 杆压缩后变为 B_2D。分别以 C 点和 D 点为圆心,$\overline{CB_1}$ 和 $\overline{DB_2}$ 为半径,作弧相交于 B_3 点。B_3 点即为托架变形后 B 点的位置。因为变形很小,B_1B_3 和 B_2B_3 是两段极其微小的短弧,因而可用分别垂直于 BC 和 BD 的直线段来代替,这两段直线的交点即为 B_3,所以 $\overline{BB_3}$ 即为 B 点的位移。

可以用图解法求位移 $\overline{BB_3}$。这时,把多边形 $B_1BB_2B_3$ 放大成图 3-11(b)。从图中可以直接量出位移 $\overline{BB_3}$ 以及它的垂直和水平分量。图中的 $\overline{BB_1} = \Delta l_1$ 和 $\overline{BB_2} = \Delta l_2$ 都与载荷 F 成正比。例如,若 F 减小为 $\frac{F}{2}$,则 $\overline{BB_1}$ 和 $\overline{BB_2}$ 都将减小一半。根据多边形的相似性,$\overline{BB_3}$ 也将减小一半。可见 F 力作用点的位移也与 F 成正比。亦即,对线弹性杆系,位移与载荷的关系也是线性的。

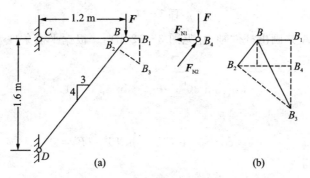

图 3-11

也可用解析法求位移 $\overline{BB_3}$。注意到三角形 BCD 三边的长度比为 $3:4:5$,由图 3-11(b) 可以求出

$$\overline{B_2B_4} = \Delta l_2 \times \frac{3}{5} + \Delta l_1$$

B 点的垂直位移

$$\overline{B_1B_3} = \overline{B_1B_4} + \overline{B_4B_3} = \overline{BB_2} \times \frac{4}{5} + \overline{B_2B_4} \times \frac{3}{4} =$$

$$\Delta l_2 \times \frac{4}{5} + \left(\Delta l_2 \times \frac{3}{5} + \Delta l_1\right)\frac{3}{4} = 1.56 \times 10^{-3} \text{ m}$$

B 点的水平位移

$$\overline{BB_1} = \Delta l_1 = 0.86 \times 10^{-3} \text{ m}$$

最后求出位移 $\overline{BB_3}$ 为

$$\overline{BB_3} = \sqrt{(\overline{B_1B_3})^2 + (\overline{BB_1})^2} = 1.78 \times 10^{-3} \text{ m}$$

例 3-7 钢杆 AB、AC 在 A 点用一铰链连接[见图 3-12(a)]。AB 杆和 AC 杆的直径分别为 $d_1 = 12$ mm,$d_2 = 15$ mm,钢的弹性模量 $E = 210$ GPa,若在 A 点作用垂直向下的力 $F = 35$ kN,试求 A 点的铅垂方向的位移。

图 3-12

解：截取节点 A 并画出杆件轴力[见图 3-12(b)]。根据平衡条件

$$\sum F_X = 0$$

即
$$F_{N_{AC}} \sin 30° - F_{N_{AB}} \sin 45° = 0 \tag{1}$$

$$\sum F_Y = 0$$

即
$$F_{N_{AC}} \cos 30° + F_{N_{AB}} \cos 45° - F = 0 \tag{2}$$

联立式(1)、式(2)解得

$$F_{N_{AB}} = 18.1 \text{ kN} \quad F_{N_{AC}} = 25.6 \text{ kN}$$

AB 杆和 AC 杆的伸长分别为

$$\Delta l_{AB} = \frac{F_{N_{AB}} l_{AB}}{EA_{AB}} = \frac{18.1 \times 10^3 \text{ N} \times 1 \times \sqrt{2} \text{ m}}{210 \times 10^9 \text{ Pa} \times \frac{\pi \times 12^2}{4} \times 10^{-6} \text{ m}^2} = 1.08 \times 10^{-3} \text{ m}$$

$$\Delta l_{AC} = \frac{F_{N_{AC}} l_{AC}}{EA_{AC}} = \frac{25.6 \times 10^3 \text{ N} \times 0.8 \times 2 \text{ m}}{210 \times 10^9 \text{ Pa} \times \frac{\pi \times 15^2}{4} \times 10^{-6} \text{ m}^2} = 1.1 \times 10^{-3} \text{ m}$$

沿 BA 方向作 $AD = \Delta l_{AB}$,沿 CA 方向作 $AE = \Delta l_{AC}$,再分别从 D、E 两点作垂线交于 A' 点[见图 3-12(c)],则

$$AA' = \frac{\Delta l_{AB}}{\cos \alpha_1} = \frac{\Delta l_{AB}}{\cos(45° - \alpha)}$$

$$AA' = \frac{\Delta l_{AC}}{\cos \alpha_2} = \frac{\Delta l_{AC}}{\cos(30° + \alpha)}$$

即
$$\frac{\Delta l_{AB}}{\cos(45°-\alpha)} = \frac{\Delta l_{AC}}{\cos(30°+\alpha)}$$

代入数值,解此方程得
$$\tan\alpha = 0.119, \quad \alpha = 6°47'$$

故节点 A 的垂直位移为
$$\Delta_{Ay} = AA'\cos\alpha = \frac{\Delta l_{AC}}{\cos(30°+\alpha)}\cos\alpha =$$
$$\frac{1.1\times10^{-3}\text{ m}}{\cos 36°47'}\cos 6°47' = 1.365\times10^{-3}\text{ m} = 1.365\text{ mm}$$

例 3-8 图 3-13(a)所示结构,杆 AB 和 BC 的抗拉刚度 EA 相同,在节点 B 承受集中载荷为 F,试求节点 B 的水平及铅垂位移。

解:(1)各杆的轴力 以节点 B[见图 3-13(b)]为研究对象,平衡条件为
$$\sum F_X = 0, \quad F_{N2}\cos 45° - F_{N1} = 0$$
$$\sum F_Y = 0, \quad F_{N2}\sin 45° - F = 0$$

解得
$$F_{N1} = F, \quad F_{N2} = \sqrt{2}F$$

(2) 各杆的变形

杆 AB
$$\Delta l_1 = \frac{F_{N1}l_1}{EA} = \frac{Fa}{EA}(\text{伸长})$$

杆 BC
$$\Delta l_2 = \frac{F_{N2}l_2}{EA} = \frac{(\sqrt{2}F)(\sqrt{2}a)}{EA} = \frac{2Fa}{EA}$$

图 3-13

(3) 节点 B 的位移计算 结构变形后两杆仍相交于一点,这就是变形的相容条件。作结构的变形图[见图 3-6(c)];沿杆 AB 的延长线量取 BB_1 等于 Δl_1,沿杆 CB 的延长线量取 BB_2 等于 Δl_2,分别在 B_1 和 B_2 处作 BB_1 和 BB_2 的垂线,两垂线的交点 B' 为结构变形后节点 B 应有的新位置,亦即结构变形后成为 $AB'C$ 的形状。

为求节点 B 的位移,也可单独作出节点 B 的位移图[见图 3-13(d)]。由位移图的几何关系可得

水平位移
$$x_A = \overline{BB_1} = \Delta l_1 = \frac{Fa}{EA}(\rightarrow)$$

垂直位移
$$y_A = \overline{BB'} = \frac{\Delta l_2}{\sin 45°} + \Delta l_1 \tan 45° = \sqrt{2}\left(\frac{2Fa}{EA}\right) + \frac{Fa}{EA} = (1 + 2\sqrt{2})\frac{Fa}{EA}(\downarrow)$$

3.7 材料的力学性质

前面在讨论轴向拉伸(压缩)的杆件内力与应力的计算时,曾涉及材料的弹性模量和比例极限等量,同时为了解决构件的强度等问题,除分析构件的应力和变形外,还必须通过实验来研究材料的**力学性质**(也称机械性质)。所谓材料的力学性质是指材料在外力作用下其强度和变形方面表现出来的特性。反映这些性质的数据一般由实验来测定,并且这些实验数据还与实验时的条件有关。本节主要讨论在常温和静载条件下材料受拉(压)时的力学性质。静载就是载荷从零开始缓慢地增加到一定数值后不再改变(或变化极不明显)的载荷。

图 3-14

拉伸试验是研究材料的力学性质时最常用的试验。为便于比较试验结果,试件必须按照国家标准(GB 700—88)加工成标准试件,如图 3-14 所示。试件的中间等直杆部分为试验段,其长度 l 称为标距。较粗的两端是装夹部分。标准试件规定标距 l 与横截面直径 d 之比有 $\frac{l}{d}=10$ 和 $\frac{l}{d}=5$ 两种。前者为长杆试件(10 倍试件),后者为短试件(5 倍试件)。

拉伸试验在万能试验机上进行。试验时将试件装在夹头中,然后开动机器加载。试件受到由零逐渐增加的拉力 F 的作用,同时发生伸长变形,加载一直进行到试件断裂时为止。拉力 F 的数值可从试验机的示力度盘上读出,同时一般试验机上附有自动绘图装置,在试验过程中能自动绘出载荷 F 和相应的伸长变形 Δl 的关系曲线,此曲线称为拉伸图或 $F-\Delta l$ 曲线,如图 3-15(a)所示。

拉伸图的形状与试件的尺寸有关。为了消除试件横截面尺寸和长度的影响,将载荷 F 除以试件原来的横截面面积 A,得到应力 σ;将变形 Δl 除以试件原长 l,得到应变 ε,这样绘出的

曲线称为应力应变图($\sigma-\varepsilon$ 曲线)。$\sigma-\varepsilon$ 曲线的形状与 $F-\Delta l$ 曲线的形状相似,但又反映了材料的本身特性[见图 3-15(b)]。

图 3-15

3.7.1 低碳钢拉伸时的力学性质

低碳钢是含碳量较少(<0.25%)的普通碳素结构钢,是工程中广泛使用的金属材料,它在拉伸时表现出来的力学性能具有典型性。图 3-15(b)是低碳钢拉伸时的应力应变图。由图可见,整个拉伸过程大致可分为 4 个阶段,现分段说明。

1. 弹性阶段

这是材料变形的开始阶段。Oa 为一段直线,说明在该阶段内应力与应变成正比,即 $\sigma=E\varepsilon$,材料满足胡克定律。直线部分的最高点 a 所对应的应力值 σ_p 称为**比例极限**,即材料的应力与应变成正比的最大应力值。Q235A 碳素钢的比例极限 $\sigma_p=200$ MPa。直线的倾角为 α,其正切值 $\tan\alpha=\dfrac{\sigma}{\varepsilon}=E$,即为材料的**弹性模量**。

当应力超过比例极限后,aa' 已不是直线,说明材料不满足胡克定律。但应力不超过 a' 点所对应的应力 σ_e 时,如将外力卸去,则试件的变形将随之完全消失。σ_e 称为**弹性极限**,即材料产生弹性变形的最大应力值。比例极限和弹性极限的概念不同,但实际上两者数值非常接近,工程中不作严格区分。

2. 屈服阶段

当应力超过弹性极限后,图上出现接近水平的小锯齿形波段,说明此时应力虽有小的波动,但基本保持不变,而应变却迅速增加,即材料暂时失去了抵抗变形的能力。这种应力变化不大而变形显著增加的现象称为材料的**屈服**或**流动**。bc 段称为屈服阶段,屈服阶段的最低应力值 σ_s 称为材料的**屈服极限**,Q235 号钢的 $\sigma_s=235$ MPa。这时如果卸去载荷,试件的变形就不能完全恢复,而残留下一部分变形,即**塑性变形**(也称为永久变形或残余变形)。屈服阶段时,在试件表面出现的与轴线成45°角的倾斜条纹,通常称为滑移线[见图3-16(a)]。

3. 强化阶段

屈服阶段后,若要使材料继续变形,必须增加力,即材料又恢复了抵抗变形的能力,这种现象称为材料的**强化**,cd段称为材料的强化阶段。在此阶段中,变形的增加远比弹性阶段要快。强化阶段的最高点所对应的应力值称为材料的**强度极限**,用σ_b表示,它是材料所能承受的最大应力值。Q235A钢的$\sigma_b=400$ MPa。

4. 颈缩阶段

当应力达到强度极限后,在试件某一薄弱的横截面处发生急剧的局部收缩,产生颈缩现象,见图3-16(b)。由于颈缩处横截面面积迅速减小,塑性变形迅速增加,试件承载能力下降,载荷也随之下降,直至断裂。

图 3-16

综上所述,当应力增大到屈服极限时,材料出现了明显的塑性变形;当应力增大到强度极限时,材料就要发生断裂。故σ_s和σ_b是衡量塑性材料的两个重要指标。

试件拉断后,弹性变形消失,但塑性变形仍保留下来。工程中用试件拉断后残留的塑性变形来表示材料的塑性性能。常用的塑性性能指标有两个:

延伸率δ

$$\delta = \frac{l_1 - l}{l} \times 100\% \tag{3-8}$$

断面收缩率ψ

$$\psi = \frac{A - A_1}{A} \times 100\% \tag{3-9}$$

式中:l为标距原长;l_1为拉断后标距的长度;A为试件原横截面面积;A_1为颈缩处最小横截面面积。

对应于10倍试件和5倍试件,延伸率分别记为δ_{10}或δ_5。通常所说的延伸率一般是指对应5倍试件的δ_5。

一般的碳素结构钢,延伸率在20%~30%之间,断面收缩率约为60%。工程上通常把$\delta \geq 5\%$的材料称为**塑性材料**,如钢材、铜和铝等;把$\delta < 5\%$的材料称为**脆性材料**,如铸铁、砖石等。

实验表明,如果将试件拉伸到强化阶段的某一点 f(见图 3-17),然后缓慢卸载,则应力与应变关系曲线将沿着近似平行于 Oa 的直线回到 g 点,而不是回到 O 点。Og 就是残留下的塑性变形,gh 表示消失的弹性变形。如果卸载后立即再加载,则应力和应变曲线将基本上沿着 gf 上升到 f 点,以后的曲线与原来的 $\sigma-\varepsilon$ 曲线相同。由此可见,将试件拉到超过屈服极限后卸载,然后重新加载时,材料的比例极限有所提高,而塑性变形减小,这种现象称为**冷作硬化**。工程中常用冷作硬化来提高某些构件在弹性阶段的承载能力。如预应力钢筋、钢丝绳等。

图 3-17

3.7.2 其他塑性材料拉伸时的力学性质

其他金属材料的拉伸试验和低碳钢拉伸试验方法相同,但材料所显示出来的力学性能有很大差异。图 3-18 给出了锰钢、硬铝、退火球墨铸铁和 45 号钢的应力应变图。这些材料都是塑性材料,但前三种材料没有明显的屈服阶段。对于没有明显屈服极限的塑性材料在工程上规定,取对应于试件产生 0.2%塑性应变时所对应的应力值为材料的名义屈服极限,以 $\sigma_{0.2}$ 表示,如图 3-19 所示。

3.7.3 铸铁拉伸时的力学性质

图 3-20 为灰铸铁拉伸时的应力应变图。由图可见,$\sigma-\varepsilon$ 曲线没有明显的直线部分,既无屈服阶段,也无颈缩现象;断裂时应变很小,断口垂直于试件轴线,$\delta<1\%$,是典型的脆性材料。因铸铁构件在实际使用的应力范围内,其 $\sigma-\varepsilon$ 曲线的曲率很小,实际计算时常近似地以直线(见图 3-20 中的虚线)代替,认为近似地符合胡克定律,强度极限 σ_b 是衡量脆性材料拉伸时的唯一强度指标。

3.7.4 材料压缩时的力学性质

金属材料的压缩试件,一般做成圆柱体,其高度为直径的 1.5~3 倍,以免试验时被压弯;非金属材料(如水泥)的试样常采用立方体形状。

图 3-21 所示为低碳钢压缩时的 $\sigma-\varepsilon$ 曲线,其中虚线是拉伸时的 $\sigma-\varepsilon$ 曲线。可以看出,在弹性阶段和屈服阶段,两条曲线基本重合。这表明,低碳钢在压缩时的比例极限 σ_p、弹性极限 σ_e、弹性模量 E 和屈服极限 σ_s 等,都与拉伸时基本相同;进入强化阶段后,两曲线逐渐分离,压缩曲线上升,试件的横截面积显著增大,试件越压越扁,由于两端面上的摩擦,试件变成鼓形,不会产生断裂,故测不出材料的抗压强度极限,所以一般不作低碳钢的压缩试验,而从拉伸

试验得到压缩时的主要机械性能。

图 3-18　　　　　图 3-19　　　　　图 3-20

铸铁压缩时的 $\sigma-\varepsilon$ 曲线如图 3-22 所示，图中虚线为拉伸时的 $\sigma-\varepsilon$ 曲线。可以看出，铸铁压缩时的 $\sigma-\varepsilon$ 曲线也没有直线部分，因此压缩时也只是近似地服从胡克定律。铸铁压缩时的强度极限 σ_{by} 比拉伸时高出 4～5 倍。对于其他脆性材料，如硅石、水泥等，其抗压强度也显著高于抗拉强度。另外，铸铁压缩时，断裂面与轴线成 45°左右角，说明铸铁的抗剪能力低于抗压能力。

图 3-21　　　　　图 3-22

由于脆性材料塑性差，抗拉强度低，而抗压能力强，价格低廉，故宜制作承压构件。铸铁坚硬耐磨，且易于浇铸，故广泛应用于铸造机床床身、机壳、底座、阀门等受压配件。因此，其压缩试验比拉伸试验更为重要。

综上所述,衡量材料力学性能的主要指标有:强度指标即屈服极限 σ_s 和强度极限 σ_b;弹性指标即比例极限 σ_p(或弹性极限 σ_e)和弹性模量 E;塑性指标即延伸率 δ 和断面收缩率 ψ。对很多材料来说,这些量往往受温度、热处理等条件的影响。表 3-1 中列出了几种常用材料在常温、静载下的部分力学性能指标。

表 3-1 几种常用材料的力学性能

材料名称	型　号	σ_s/MPa	σ_b/MPa	δ_5/%	ψ/%
普通碳素钢	Q235A	235	375~460	25~27	—
	Q275	275	490~610	21	—
优质碳素钢	35	314	529	20	45
	45	353	598	3	40
合金钢	40Cr	785	980	9	45
球墨铸铁	QT600-3	370	600	3	
灰铸铁	HT150	—	拉 150 压 500~700		

工程中有很多机械和结构在高温下长时期工作,而金属在一定温度和静载长期作用下,将要发生缓慢塑性变形,这一现象称为**蠕变**。不同的金属,发生蠕变的温度不同,温度越高,蠕变现象越显著。另外,在高温下工作的一些零件,例如连接两法兰的螺栓等,还时常发生**应力松弛**的现象,引起联结件之间的松动,造成事故。所谓应力松弛,是指在一定温度下,零件或材料的总变形保持不变,但零件内的应力出现随时间增加而自发地逐渐下降的现象。因此,对于长期在高温下工作的机械或结构,必须考虑蠕变及应力松弛等的影响。

3.7.5 复合材料的力学性能

随着科学技术的发展,新型复合材料的应用也越来越广泛。所谓复合材料,一般是指由两种或两种以上性质不同的材料复合而成的一类多相材料。它在性能上具有所选各材料的优点,克服或减少了各单一材料的弱点。总体来说,复合材料有如下几个方面的特性。

(1) 比强度和比模量高　强度和弹性模量与密度的比值分别称为**比强度**和**比模量**,它是度量材料承载能力的一个重要指标。由于复合材料超轻质、超高强度,因而可使构件重量大大降低。

(2) 抗疲劳性能好　一般材料在交变载荷作用下容易发生疲劳破损,而复合材料抗疲劳性能好,因而可延长构件的使用寿命。

(3) 减振性好　复合材料具有高的自振频率,因而不易引起工作时的共振,这样就可避免因共振而产生的破坏。同时,复合材料的振动阻尼很高,可使振动很快减弱,提高了构件的稳定性。

(4) **破损安全性好** 对于纤维增强复合材料制成的构件,一旦发生超载而出现少量断裂时,载荷会重新迅速地分配到未破坏的纤维上,从而使这类构件不致于在极短的时间内有整体破坏的危险,提高了构件的安全性。

(5) **耐热性好** 一些复合材料能在高温下保持较高的强度、弹性模量等力学性质,克服了一些金属和合金在高温下强度等性能降低的缺陷。

(6) **成型工艺简单灵活及材料结构的可设计性** 复合材料可用一次成型来制造各种构件,减少了零部件的数目及接头等紧固件,减轻了构件的重量,节省了材料和工时,改善并提高了构件的耐疲劳和稳定性。同时,可根据不同的要求,通过调整复合材料的成分、比例、结构及分配方式和稳定性,来满足构件在不同方面的强度、刚度、耐蚀、耐热等特殊性能的要求,提高了可设计性及功能的复合性。另外,某些复合材料还具有耐腐蚀、耐冲击、耐绝缘性好及特殊的电、磁、光等特性。

3.8 轴向拉伸与压缩时的强度计算

3.8.1 极限应力、许用应力和安全系数

材料丧失正常工作能力时的最小应力,称为**极限应力**或**危险应力**,用 σ_0 表示。由 3.7 节可知:对塑性材料,当构件的应力达到材料的屈服极限时,构件将因塑性变形而不能正常工作,故 $\sigma_0 = \sigma_s$;对脆性材料,当构件的应力达到强度极限时,构件将因断裂而丧失工作能力,故 $\sigma_0 = \sigma_b$。

为了保证构件安全可靠地工作,仅仅使其工作应力不超过材料的极限应力是远远不够的,还必须使构件留有适当的强度储备,即把极限应力 σ_0 除以大于 1 的系数 n 后,作为构件工作时允许达到的最大应力值,这个应力值称为**许用应力**,以 $[\sigma]$ 表示,即

$$[\sigma] = \frac{\sigma_0}{n} \tag{3-10}$$

式中 n 称为**安全系数**。

安全系数的选择取决于载荷估计的准确程度、应力计算的精确程度、材料的均匀程度以及构件的重要程度等因素。正确地选取安全系数,是解决构件的安全与经济这一对矛盾的关键。若安全系数过大,则不仅浪费材料,而且使构件变得笨重;反之,若安全系数过小,则不能保证构件安全工作,甚至会造成事故。各种不同工作条件下构件安全系数 n 可从有关工程手册中查到。对于塑性材料,一般来说,取 $n = 1.5 \sim 2.0$;对于脆性材料,取 $n = 2.0 \sim 3.5$。

3.8.2 拉(压)杆的强度计算

为了保证构件安全可靠地工作,必须使构件的最大工作应力不超过材料的许用应力,即

$$\sigma = \frac{F_N}{A} \leq [\sigma] \qquad (3-11)$$

公式(3-11)称为拉(压)杆的强度条件,运用这一强度条件可解决 3 类强度计算问题。

(1) 强度校核 $\qquad \sigma = \frac{F_N}{A} \leq [\sigma]$

(2) 断面设计 $\qquad A \geq \frac{F_N}{\sigma}$

(3) 确定许可载荷 $\qquad F_N \leq A[\sigma]$

现举例说明强度条件的应用。

例 3-9 外径 D 为 32 mm,内径 d 为 20 mm 的空心钢杆(见图 3-23),设某处有直径 $d_1 = 5$ mm 的销钉孔,材料为 Q235A 钢,许用应力 $[\sigma] = 170$ MPa,若承受拉力 $F = 60$ kN,试校核该杆的强度。

解: 由于截面被穿孔削弱,所以应取最小的截面面积作为危险截面,校核截面上的应力。

(1) 求未被削弱的圆环面积为

$$A_1 = \frac{\pi}{4}(D^2 - d^2) = \frac{\pi}{4}(3.2^2 - 2^2)\ \text{cm}^2 = 5.04\ \text{cm}^2$$

图 3-23

(2) 被削弱的面积为

$$A_2 = (D - d)d_1 = (3.2 - 2) \times 0.5\ \text{cm}^2 = 0.60\ \text{cm}^2$$

(3) 危险截面面积为

$$A = A_1 - A_2 = (5.04 - 0.60)\ \text{cm}^2 = 4.44\ \text{cm}^2$$

(4) 强度校核

$$\sigma = \frac{F_N}{A} = \frac{60 \times 10^3\ \text{N}}{4.44 \times 10^2\ \text{cm}^2} = 135.1\ \text{MPa} < [\sigma]$$

故此杆安全可靠。

例 3-10 一悬壁吊车,如图 3-24 所示。已知起重小车自重 $G = 5$ kN,起重量 $F = 15$ kN,拉杆 BC 用 Q235A 钢,许用应力 $[\sigma] = 170$ MPa。试选择拉杆直径 d。

解:(1) 计算拉杆的轴力

当小车运行到 B 点时,BC 杆所受的拉力最大,必须在此情况下求拉杆的轴力。取 B 点为研究对象,其受力图见图 3-24(b)。由平衡条件

$$\sum F_y = 0 \qquad F_{N1} \sin \alpha - (G + F) = 0$$

得

$$F_{N1} = \frac{G + F}{\sin \alpha}$$

在 $\triangle ABC$ 中,

图 3-24

$$\sin \alpha = \frac{AC}{BC} = \frac{1.5 \text{ m}}{\sqrt{(1.5^2 + 4^2)} \text{m}^2} = \frac{1.5}{4.27}$$

代入上式得

$$F_{N1} = \frac{(5+15) \times 10^3 \text{ N}}{\frac{1.5}{4.27}} = 56\ 900 \text{ N} = 56.9 \text{ kN}$$

(2) 选择截面尺寸

由式(3-11)得

$$A \geqslant \frac{F_{N1}}{[\sigma]} = \frac{56\ 900 \text{ N}}{170 \text{ MPa}} = 334 \text{ mm}^2$$

圆截面面积 $A = \frac{\pi}{4} d^2$,所以拉杆直径

$$d \geqslant \sqrt{\frac{4A}{\pi}} = \sqrt{\frac{4 \times 334 \text{ mm}^2}{3.14}} = 20.6 \text{ mm}$$

可取
$$d = 21 \text{ mm}$$

例 3-11 如图 3-25 所示,起重机 BC 杆由绳索 AB 拉住,若绳索的截面面积为 5 cm²,材料的许用应力$[\sigma] = 40$ MPa,求起重机能安全吊起的载荷大小(不考虑 CB、CD 的强度)。

解: (1) 求绳索所受的拉力 $F_{N_{AB}}$ 与 F 的关系。

用截面法,将绳索 AB 截断,并绘出如图 3-25(b)所示的受力图。

由
$$\sum m_C(\boldsymbol{F}) = 0 \quad F_{N_{AB}} \cos \alpha \times 10 \text{ N} \cdot \text{m} - F \times 5 \text{ N} \cdot \text{m} = 0$$

将
$$\cos \alpha = \frac{15}{\sqrt{10^2 + 15^2}}$$

代入上式得

$$F_{N_{AB}} \times \frac{15}{\sqrt{10^2 + 15^2}} \times 10 \text{ N} \cdot \text{m} - F \times 5 \text{ N} \cdot \text{m} = 0$$

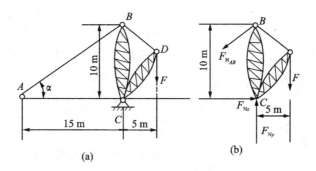

图 3 - 25

即
$$[F] = 1.67\, F_{N_{AB}}$$

(2) 根据绳索 AB 的许用内力求起吊的最大载荷为
$$[F_{N_{AB}}] \leqslant A[\sigma] = 5 \times 10^2 \text{ mm}^2 \times 40 \text{ MPa} = 20 \times 10^3 \text{ N} = 20 \text{ kN}$$
$$[F] = 1.67\, F_{N_{AB}} = 1.67 \times 20 \text{ kN} = 33.4 \text{ kN}$$

即起重机安全起吊的最大载荷为 33.4 kN。

3.9 拉(压)杆的超静定问题

3.9.1 超静定问题的概念与解法

在以前讨论的问题中,杆件的轴力可由静力平衡方程求出,这类问题称为**静定问题**。但有时,杆件的轴力并不能全由静力平衡方程解出,这就是**静不定问题**。以图 3 - 26(a)所示的三杆桁架为例,由图 3 - 26(b)得节点 A 的静力平衡方程为

$$\left. \begin{array}{l} \sum F_x = 0, \quad F_{N1}\sin\alpha - F_{N2}\sin\alpha = 0 \\ F_{N1} = F_{N2} \\ \sum F_Y = 0, \quad F_{N3} + 2F_{N1}\cos\alpha - F = 0 \end{array} \right\} \qquad (1)$$

这里静力方程有 2 个,但未知力有 3 个,可见,只凭静力平衡方程不能求得全部轴力,所以是静不定问题。

为了求得问题的解,在静力方程之外,还必须寻求补充方程。设 1、2 两杆的抗拉刚度相同。桁架变形是对称的,节点 A 垂直地移动到 A_1,位移 $\overline{AA_1}$ 也就是杆 3 的伸长 Δl_3。以 B 点为圆心,杆 1 的原长 $l/\cos\alpha$ 为半径作圆弧,圆弧以外的线段即为杆 1 的伸长 Δl_1。由于变形很小,可用垂直于 A_1B 的直线 AE 代替上述弧线,且仍认为 $\angle AA_1B = \alpha$,于是

$$\Delta l_1 = \Delta l_3 \cos\alpha \qquad (2)$$

这是 1、2、3 三根杆件的变形必须满足的关系,只有满足了这一关系,它们才可能在变形后

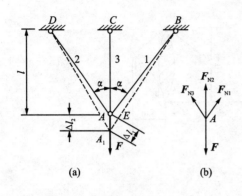

图 3-26

仍然在节点 A_1 联系在一起,变形才是协调的。所以,这种几何关系称为**变形协调方程**。

若 1、2 两杆的抗拉刚度为 E_1A_1,杆 3 的抗拉刚度为 E_3A_3,由胡克定律得

$$\Delta l_1 = \frac{F_{N1} l}{E_1 A_1 \cos \alpha}, \qquad \Delta l_3 = \frac{F_{N3} l}{E_3 A_3} \quad (3)$$

这两个表示变形与轴力关系的式子可称为物理方程。将其代入式(2),得

$$\frac{F_{N1} l}{E_1 A_1 \cos \alpha} = \frac{F_{N3} l}{E_3 A_3} \cos \alpha \quad (4)$$

这是在静力平衡方程之外得到的补充方程。从方程式(3)、(4)容易解出

$$F_{N1} = F_{N2} = \frac{F\cos^2 \alpha}{2\cos^2 \alpha + \dfrac{E_3 A_3}{E_1 A_1}}, \qquad F_{N3} = \frac{F}{1 + 2\dfrac{E_1 A_1}{E_3 A_3}\cos^3 \alpha}$$

以上例子表明,静不定问题是综合了静力方程、变形协调方程(几何方程)和物理方程等三个方面的关系求解的。

例 3-12 在图 3-27 所示的结构中,设横梁 AB 的变形可以省略,1、2 两杆的横截面面积相等,材料相同。试求 1、2 两杆的内力。

解: 设 1、2 两杆的轴力分别为 F_{N1} 和 F_{N2}。由 AB 杆的平衡方程 $\sum m_A(\overline{F}) = 0$,得

$$3F - 2F_{N2}\cos \alpha - F_{N1} = 0 \quad (1)$$

由于横梁 AB 是刚性杆,结构变形后,它仍为直杆,由图中可以看出,1、2 两杆的伸长 Δl_1 和 Δl_2,应满足以下关系

$$\frac{\Delta l_2}{\cos \alpha} = 2\Delta l_1 \quad (2)$$

这就是变形协调方程。

由胡克定律可知

$$\Delta l_1 = \frac{F_{N1} l}{EA}, \qquad \Delta l_2 = \frac{F_{N2} l}{EA \cos \alpha}$$

代入式(2)得

$$\frac{F_{N2} l}{EA \cos \alpha} = 2\frac{F_{N1} l}{EA} \quad (3)$$

图 3-27

由(1)、(3)两式解出

$$F_{N1} = \frac{3F}{4\cos^3 \alpha + 1}, \qquad F_{N2} = \frac{6F\cos^2 \alpha}{4\cos^3 \alpha + 1}$$

例 3 – 13 一超静定杆系如图 3 – 28(a) 所示。已知 1 杆和 2 杆的刚度、杆长相同,即 $E_1A_1 = E_2A_2$, $l_1 = l_2$,而 3 杆的刚度为 E_3A_3,杆长 $l_3 = l_1 \cos \alpha$,载荷为 F。试求各杆的轴力。

解:(1) 静力平衡关系   设 1 杆和 2 杆受拉,3 杆受压,相应的轴力分别用 F_{N1}、F_{N2} 和 F_{N3} 表示。考虑节点 C 的平衡[见图 3 – 28(b)],由汇交力系的平衡条件,可列出两个独立的平衡方程

$$\left. \begin{array}{l} \sum F_X = 0, \quad -F_{N1} \sin \alpha + F_{N2} \sin \alpha = 0 \\ \sum F_Y = 0, \quad F_{N1} \cos \alpha + F_{N2} \cos \alpha + F_{N3} - F = 0 \end{array} \right\} \quad (1)$$

式(1) 中有 F_{N1}、F_{N2} 及 F_{N3} 三个未知量,故为一次超静定问题。为求解该问题,须再建立一个补充方程。

(2) 变形几何关系   由于结构都对称于 y 轴,故节点 C 不可能有沿 x 方向的位移。设受力后节点 C 移至 C'[见图 3 – 28(c)],则 3 杆缩短为:$\Delta l_3 = CC'$。

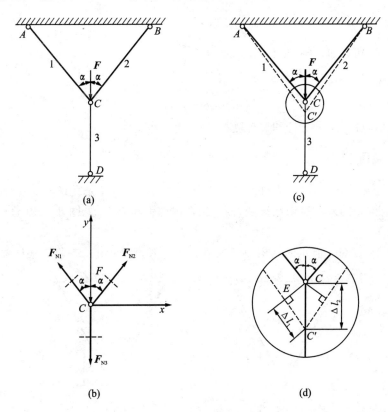

图 3 – 28

1 杆和 2 杆变形后的位置如图中虚线所示。在实际问题中,由于各杆的变形很小,可用垂线 CE 代替以 A 为圆心,以 AC 为半径的圆弧[见图 3-28(d)],则 1 杆的伸长为

$$\Delta l_1 = EC'$$

同理可得 2 杆的伸长 Δl_2,由对称关系有

$$\Delta l_2 = \Delta l_1$$

如果忽略角度的微小改变($\angle CAC'$ 极小),可以认为 $\angle EC'C = \angle \alpha$,由 $\triangle EC'C$ 得

$$\Delta l_1 = \Delta l_3 \cos \alpha \tag{2}$$

这就是杆系的变形几何方程。

(3) 物理关系 根据胡克定律,得

$$\Delta l_1 = \frac{F_{N1} l_1}{E_1 A_1}, \qquad \Delta l_3 = \frac{F_{N3} l_3}{E_3 A_3} \tag{3}$$

将式(3)代入式(2),即得补充方程

$$F_{N1} = F_{N3} \frac{E_1 A_1}{E_3 A_3} \cos^2 \alpha \tag{4}$$

最后将式(1)和式(4)联立求解,得

$$F_{N1} = F_{N2} = \frac{F}{2\cos \alpha + \dfrac{E_3 A_3}{E_1 A_1 \cos^2 \alpha}} \qquad F_{N3} = \frac{F}{1 + 2\dfrac{E_1 A_1}{E_3 A_3} \cos^3 \alpha}$$

所得结果为正值,说明假设 1 杆和 2 杆受拉、3 杆受压是正确的。

3.9.2 装配应力

在机械制造和结构工程中,零件或构件本身尺寸的微小误差是允许的。这种误差,在静定结构中,仅使结构物的外形有微小改变,而不会在内部引起应力[见图 3-29(a)],但在超静定结构中就不同了。

例如在图 3-29(b)所示的结构中,3 杆比原设计长度稍短了。若将 3 根杆强行装配在一

图 3-29

起,则导致3杆被拉长,1、2杆被压短,其最终位置如图3-29(b)中虚线所示。显然,在装配后,3杆内引起拉应力,1、2杆内引起压应力。这种结构未加载前,因装配而引起的应力称为装配应力。在工程中装配应力有时是不利的,有时反而要利用它。例如,土建结构中的预应力钢筋混凝土和机械制造中的紧配合,就是利用装配应力的实例。

装配应力的计算和上述解超静定问题的方法类似。

例 3 - 14 火车车轮通常由铸铁轮芯和套在其上的钢制轮缘两部分组成,如图 3 - 30(a) 所示。轮缘横截面可近似地认为是矩形,并设其宽度为 b,厚度为 t,轮缘的弹性模量为 E。为了使轮缘牢固地装在轮心上,通常把轮缘的内径 d_2 做得稍小于轮心的外径 d_1,如图 3 - 30(b)、(c)所示。设此差值 $d_1 - d_2 = \dfrac{d_2}{k} = \delta$,这值称为过盈量,一般取 $\delta = \left(\dfrac{1}{1\,000} \sim \dfrac{1.2}{1\,000}\right) d_2$。安装时,把轮缘加热,使其膨胀并套于轮心上,冷却后便自行箍紧。根据以上各已知条件,试求轮心与轮缘间的装配应力 p[见图 3 - 30(b)、(c)]。

解:(1)静力平衡关系 用一过轮心的直径截面,将轮缘截开,并取上半部分为研究对象[见图 3 - 30(d)]。

图 3 - 30

设轮缘的轴力为 F_N,微段弧长为 $ds\left(=\dfrac{d_2}{2}d\alpha\right)$,微面积为 $dA(=bds)$,则该微面积上总压力在 y 轴上的投影为

$$p dA \sin \alpha = p\left(b\dfrac{d_2}{2}d\alpha\right)\sin \alpha$$

于是轮缘上半部的平衡方程为

$$\sum F_y = 0, \qquad \dfrac{1}{2}pbd_2\int_0^\pi \sin\alpha\, d\alpha - 2F_N = 0$$

积分得

$$pbd_2 - 2F_N = 0 \qquad (1)$$

则轮缘上的轴力

$$F_N = \dfrac{1}{2}pbd_2 \qquad (2)$$

上述一个方程中含 F_N 和 p 两个未知量,可知为一次超静定问题。

由式(1)的等号左边的第一项可见,作用在半个轮缘上向上的总压力等于压强 p 与轮缘直径平面的面积 bd_2 的乘积。这相当于在直径平面上作用均布压力 p 的结果。以上讨论表明,用图 3-30(d)或图 3-30(e)作为受力图计算轮缘的轴力 F_N,两者所得结果相同。

(2) 变形几何关系　由于轮心的刚性比轮缘大得多,装配时可以认为轮心不变形,因此装配后轮缘的伸长为

$$\Delta l = \pi d_1 - \pi d_2 = \pi \delta \tag{3}$$

(3) 物理关系　对轮缘内任一微段 ds,得

$$d(\Delta l) = \frac{F_N ds}{EA}$$

将轮缘的截面面积 $A = b\delta$ 代入上式,对整个轮缘积分得

$$\Delta l = \frac{F_N}{Ebt}\int_0^{2\pi} ds = \frac{F_N \pi d_2}{Ebt} \tag{4}$$

由式(3)、式(4),并注意到差值 $\delta = \dfrac{d_2}{k}$,得补充方程为

$$F_N = \frac{2Ebt}{k} \tag{5}$$

将式(2)、式(5)联立求解,得轮心与轮缘间的装配应力

$$p = \frac{2Et}{kd_2} \tag{6}$$

由于过盈量很小,在实际计算中,可用 d_1 代替 d_2。

设一货车车轮,其轮心直径 $d_1 = 900$ mm,轮缘宽度 $b = 130$ mm,厚度 $t = 75$ mm,弹性模量 $E = 200$ GPa,过盈量 $\delta = \dfrac{d_1}{1\,000}$ (即 $k = 1\,000$),代入式(6)得装配应力

$$p = \frac{2 \times 200 \times 10^9 \text{ Pa} \times 75 \times 10^{-3} \text{ m}}{1\,000 \times 900 \times 10^{-3} \text{ m}} = 33.3 \times 10^6 \text{ Pa}$$

由式(5)可得轮缘的装配应力

$$\sigma = \frac{F_N}{2bt} = \frac{E}{k} = \frac{200 \times 10^9 \text{ Pa}}{1\,000} = 200 \text{ MPa}$$

3.9.3　温度应力

温度变化(例如,工作条件的温度改变或季节更替)将引起构件尺寸的微小改变。对静定结构,均匀的温度变化,在杆内不会产生应力。而对超静定结构,这种变化将使杆内产生应力。例如长度为 l 的直杆[见图 3-31(a)],A 端与刚性支撑面连接,B 端自由。当温度发生变化时,B 端能自由伸缩,在杆内不会引起应力。如果直杆两端都与刚性面支撑连接[见图 3-31(b)],则直杆因温度升高引起的伸长将被支撑阻止。可这样设想:先解除直杆两端的约束,使

杆自由伸长[见图3-31(c)],再由支撑的约束反力将杆压缩至原长[见图3-31(d)],于是在杆内将产生应力。这种应力称为**温度应力**或**热应力**。

温度应力问题也属于超静定问题,其计算方法与上述超静定问题的解法类似,不同之处是除考虑杆的弹性变形外,还要考虑因温度变化而引起的变形。

例 3-15 一个两端刚性支撑杆 AB 如图 3-31(b)所示。设其长度为 l,横截面面积为 A,材料的线膨胀系数为 $\alpha/℃$,弹性模量为 E。若安装温度为 $t_1℃$,使用温度为 $t_2℃$(设 $t_2 > t_1$),试求温度应力。

图 3-31

解:(1)静力平衡关系 设 A、B 两端的约束反力为 F_{R_A} 和 F_{R_B} [见图 3-31(d)],由平衡方程式

$$\sum F_X = 0 \qquad F_{R_A} - F_{R_B} = 0$$

得

$$F_{R_A} = F_{R_B} = F_R \tag{1}$$

上式只能说明两约束反力相等,尚不能求出其数值。

(2)变形几何关系 设因温度升高引起的伸长为 Δl_t [见图 3-31(c)],由轴向反力 F_R 引起的缩短为 Δl_{F_R} [见图 3-31(d)]。根据两刚性支撑间杆长保持不变的变形协调条件,得变形几何方程为

$$\Delta l_t + \Delta l_{F_R} = 0 \tag{2}$$

(3)物理关系 由线膨胀定律及胡克定律,得物理方程为

$$\left.\begin{array}{l}\Delta l_t = \alpha(t_2 - t_1)l \\ \Delta l_{F_R} = -\dfrac{F_R l}{EA}\end{array}\right\} \tag{3}$$

将式(3)代入式(2)得补充方程为

$$\alpha(t_2 - t_1)l - \frac{F_R l}{EA} = 0 \tag{4}$$

由此得支撑面的反力

$$F_R = \alpha EA(t_2 - t_1) \tag{5}$$

杆的温度应力为

$$\sigma = \frac{F_R}{A} = \alpha E(t_2 - t_1) \tag{6}$$

若图 3-31(b)中的 AB 杆为一钢制蒸气管道,其中,$\alpha = 12.5 \times 10^{-6}/℃$,$E = 200$ GPa,当温度升高 $t_2 - t_1 = 40 ℃$ 时,由式(6)可得该管道的温度应力为

图 3-32

$$\sigma = \alpha E(t_2 - t_1) = 12.5 \times 10^{-6}/{}^\circ\!C \times 200 \times$$
$$10^9 \text{ Pa} \times 40 \text{ }^\circ\!C = 100 \times 10^6 \text{ Pa} = 100 \text{ MPa}$$

可见在设计中,温度应力不可忽视。温度应力过高可能影响结构或构件的正常工作,在这种情况下,应采取消除或降低温度应力的措施。在铺设铁路时,钢轨间留有伸缩缝;在架设管道时,弯成如图 3-32 所示的伸缩节等,这都是工程中防止或减小温度应力的有效措施。

3.10 应力集中的概念

等截面构件轴向拉伸(压缩)时,横截面上的应力是均匀分布的。实际上,由于结构或工艺方面的要求,构件的形状常常是比较复杂的,如机器中的轴常开有油孔、键槽、退刀槽,或留有凸肩而成为阶梯轴,因而使截面尺寸突然发生变化。在突变处截面上的应力分布不均匀,在孔槽附近局部范围内的应力将显著增大,而在较远处又渐趋均匀。这种由于截面的突然变化而产生的应力局部增大现象,称为**应力集中**。图 3-33(a)所示的拉杆,在 B—B 截面上的应力分布是均匀的[见图 3-33(b)];在通过小孔中心线的 A—A 截面上,其应力分布就不均匀了[见图 3-33(c)]。在孔边两点范围内应力值很大,但离开这个小范围应力值则下降很快,最后逐渐趋于均匀。

应力集中处的 σ_{max} 与杆横截面上的平均应力之比,称为理论应力集中系数,以 α 表示,即

$$\alpha = \frac{\sigma_{max}}{\sigma}$$

式中,α 是一个应力比值,与材料无关,它反映了杆在静载荷下应力集中的程度。

在静载荷作用下,应力集中对塑性材料和脆性材料强度产生的影响是不同的。图 3-34(a)表示带有小圆孔的杆件,拉伸时孔边产生应力集中。对于塑性材料,当孔边附近的最大应力达到屈服极限时,杆件只产生塑性变形。如果载荷继续增加,则孔边两点的变形继续增加而应力不再增大,其余各点的应力尚未达到 σ_s,仍然随着载荷的增加而增大[见图 3-34(b)],直到整个截面上的应力都达到屈服极限 σ_s 时,应力分布趋于均匀[见图 3-34(c)]。这个过程对杆件的应力起到了一定的松弛作用。因此,塑性材料在静载下,应力集中对强度的影响较小。对脆性材料则不同,因为它无屈服阶段,直到破坏时无明显的塑性变形,因此无法使应力松弛,局部应力随载荷的增加而上升,当最大应力达到强度极限时,就开始出现裂缝,很快导致整个构件破坏。因此,应力集中严重降低脆性材料构件的强度。应该指出,在具有周期性作用的外力作用下,有应力集中的构件,例如车有螺纹的活塞杆以及开有键槽、销孔的转轴等,不论是塑性材料还是脆性材料,应力集中都会影响构件的强度。

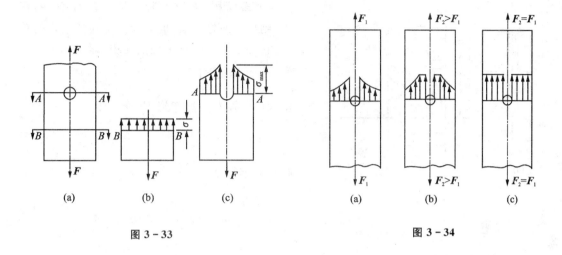

图 3-33　　　　　　　　　图 3-34

3.11　轴向拉伸与压缩的变形能

固体受外力作用而变形。在变形过程中,弹性体上外力的作用点随之发生变化,外力将在相应的位移上做功。与此同时,弹性体因变形而储存能量。卸载时,变形逐渐消失,弹性体在恢复原状的过程中释放能量而对外做功。例如,钟表的发条,因不断被旋紧而积蓄变形能,发条在逐渐放松的过程中释放出能量,从而带动指针转动。再如内燃机的气阀开启时,气阀弹簧因受压力作用发生压缩变形而储存能量,当压力逐渐减小,弹性变形逐渐恢复时,它又释放出能量为关闭气阀而做功。这种伴随弹性体的变形而在弹性体内部储存的能量,称为**变形能**。

在静载荷作用时(即从零缓慢地加载),弹性体的动能可以不考虑,如再忽略变形过程能量的少量损失(主要是热能),根据能量守恒原理,可以认为储存在弹性体内的变形能 U,在数值上等于外力所做的功 W,即

$$U = W \tag{3-12}$$

变形能的单位与功相同,为焦[耳]或简写为焦(J)并且 $1J = 1\ N \cdot m$。

利用关系式(3-12),可以解决与构件或结构变形有关问题。这种解决问题的方法,称为**能量法**(详见第 13 章)。

现在推导轴向拉伸与压缩的变形能。设受拉压杆件上端固定[见图 3-35(a)],作用于下端的拉力由零开始缓慢增加。拉力 F 与伸长 Δl 的关系如图 3-35(b)所示。在逐渐加力过程中,当拉力为 F 时,杆件的伸长为 Δl。如再增加一个 dF 杆件相应的变形增量为 $d(\Delta l)$,于是已经作用于杆件上的 F 力因位移 $d(\Delta l)$ 而做功,且所做的功为 $dW = Fd(\Delta l)$。

当杆内应力不超过比例极限时,F 与 Δl 是线性关系,容易看出 dW 等于图 3-35(b)中画

图 3-35

阴影的微面积，把拉力看作是一系列 dF 的积累，则拉力所做的总功 W 应为上述微面积的总和，它等于 $F_1 - \Delta l_1$ 下面的面积，即

$$W = \int_0^{\Delta l_1} F(\Delta l) = \frac{1}{2} F_1 \Delta l_1$$

由式(3-12)，并注意到 $F = F_N$，得

$$U = \frac{1}{2} F_N \Delta l \qquad (3-13)$$

将胡克定律 $\Delta l = \dfrac{F_N l}{EA}$ 代入，式(3-13)可写为

$$U = \frac{F_N^2 l}{2EA} \qquad (3-14a)$$

或

$$U = \frac{EA}{2l}(\Delta l)^2 \qquad (3-14b)$$

由于杆件各部分的受力与变形均相同，故杆内每个单位体积的变形能也相等。单位体积的变形能称为**比能(或应变能)**，用 μ 表示，由式(3-13)得

$$\mu = \frac{\frac{1}{2} F_N \Delta l}{Al} = \frac{1}{2}\sigma\varepsilon \qquad (3-15a)$$

或

$$\mu = \frac{E\varepsilon^2}{2} = \frac{\sigma^2}{2E} \qquad (3-15b)$$

以上结果同样适用于轴向压缩杆件，当然这些公式都只有在应力不超过材料的比例极限（即线弹性范围以内）这一前提下才能应用。以比例极限代入公式(3-15b)求出的比能，称为**回弹模量**。它可以度量线弹性范围内材料吸收能量的能力。

现举例说明能量法在轴向拉压问题中的应用。

例 3-16 一结构如图 3-36 所示，已知两杆长度均为 l，横截面面积为 A，材料的弹性模量为 E。试求在外力 F 作用下，节点 A 的位移。

解： 首先计算外力所做的功 W，由载荷和结构的对称性可知，A 点不可能产生水平位移。设竖向位移为 δ，则力 F 所做的功为

$$W = \frac{1}{2} F\delta \qquad (1)$$

取节点 A 为研究对象[见图 3-36(b)]，设两杆的内力均为 F_N，由 $\sum F_y = 0$ 得

$$F_N = \frac{F}{2\cos\alpha}$$

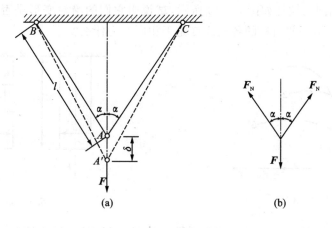

图 3-36

由式(3-14a)得两杆积蓄的变形能为

$$U = 2 \times \frac{F_N^2 l}{2EA} = \frac{F_N^2 l}{EA}$$

即

$$U = \frac{\left(\dfrac{F}{2\cos\alpha}\right)^2 l}{EA} = \frac{F^2 l}{4EA\cos^2\alpha} \tag{2}$$

将式(1)及式(2)代入式(3-12)得

$$\frac{1}{2}F\delta = \frac{F^2 l}{4EA\cos^2\alpha}$$

由此得节点 A 的竖向位移为

$$\delta = \frac{Fl}{2EA\cos^2\alpha}$$

思 考 题

1. 叙述轴向拉(压)杆横截面上的正应力分布规律。

2. 把一低碳钢试件拉伸到应变 $\varepsilon = 0.002$ 时能否用胡克定律 $\sigma = E\varepsilon$ 来计算?为什么?(低碳钢的比例极限 $\sigma_p = 200$ MPa,弹性模量 $E = 200$ GPa)

3. 试说明脆性材料压缩时,沿与轴线成 45°方向断裂的原因。

4. 三种材料的 $\sigma-\varepsilon$ 曲线如图 3-37 所示。试说明哪种材料的弹性模量大(在弹性范围内)?

5. 两根材料不同的等截面直杆,承受相同的轴力,它们的横截面和长度都相同。试说明:(1) 横截面上的应力是否相等?(2) 强度是否相等?(3) 绝对变形是否相等?

6. 两根材料相同的拉杆如图 3-38 所示,试说明它们的绝对变形是否相同?如不相同,哪根变形大?另外,不等截面杆的各段应变是否相同?为什么?

图 3-37

图 3-38

7. 钢的弹性模量 $E_1 = 200$ GPa,铝的弹性模量 $E_2 = 71$ GPa,试比较在同一应力下,哪种材料的应变大?在同一应变下,哪种材料的应力大?

8. 如图 3-39 所示结构的尺寸、角度 α 及载荷 F 均为已知。试判断以下结构是否为超静定结构?若为超静定结构,试确定其超静定次数。

9. 试述求解超静定问题的方法和步骤。

10. 一托架如图 3-40 所示,现有低碳钢和铸铁两种材料,若用低碳钢制造斜杆,用铸铁制造横杆,你认为是否合理?为什么?

图 3-39

图 3-40

习　　题

3-1 求作题 3-1 图示各杆的轴力图。

题 3-1 图

3-2 如题 3-2 图示的杆件 AB 和 FG 用 4 个铆钉连接，两端受轴向力 F 作用，设各铆钉平均分担所传递的力为 F，求作 AB 杆的轴力图。

3-3 简易起吊架如题 3-3 图所示，AB 为 10 cm×10 cm 的杉木，BC 为 $d=2$ cm 的圆钢，$F=26$ kN。试求斜杆及水平杆横截面上的应力。

答：$\sigma_{AB}=3.647$ MPa，$\sigma_{BC}=137.9$ MPa。

题 3-2 图　　　　　　　　　　题 3-3 图

3-4 阶梯轴受轴向力 $F_1=25$ kN，$F_2=40$ kN，$F_3=35$ kN 的作用，截面面积 $A_1=A_3=300$ mm²，$A_2=250$ mm²。试求题 3-4 图示中各段横截面上的正应力。

题 3-4 图

答：$\sigma_1 = 83.3$ MPa，$\sigma_2 = -60$ MPa，$\sigma_3 = 66.7$ MPa。

3-5 一铆接件，板件受力情况如题 3-5 图所示。试绘出板件轴力图并计算板件的最大拉应力。已知 $F = 7$ kN，$t = 1.5$ mm，$b_1 = 4$ mm，$b_2 = 5$ mm，$b_3 = 6$ mm。

答：$\sigma_{\max} = 389$ MPa。

题 3-5 图

3-6 已知题 3-6 图示杆横截面面积 $A = 10$ cm²，杆端受轴向力 $F = 40$ kN。试求 $\alpha = 60°$ 及 $\alpha = 30°$ 时斜截面上的正应力及切应力。

答：$\sigma_{60°} = 10$ MPa，$\tau_{60°} = \tau_{30°} = 173.$ MPa，$\sigma_{30°} = 30$ MPa。

3-7 圆截面钢杆如题 3-7 图所示，试求杆的最大正应力及杆的总伸长。已知材料的弹性模量 $E = 200$ GPa。

答：$\sigma_{\max} = 127.3$ MPa，$\Delta l = 0.573$ mm。

题 3-6 图

题 3-7 图

3-8 直杆受力如题 3-8 图所示，它们的横截面面积为 A 和 A_1，且 $A = 2A_1$，长度为 l，弹性模量为 E，载荷 $F_2 = 2F_1$。试求杆的绝对变形 Δl 及各段杆横截面上的应力。

答：(a) $\Delta l = -\dfrac{F_1 l}{3EA}$ (b) $\Delta l = \dfrac{F_1 l}{3EA_1}$。

3-9 联结钢板的 M16 螺栓，螺栓螺距 $S = 2$ mm，两板共厚 700 mm，如题 3-9 图所示。假设板不变形，在拧紧螺母时，如果螺母与板接触后再旋转 $\dfrac{1}{8}$ 圈，问螺栓伸长了多少？产生的应力为多大？问螺栓强度是否足够？已知 $E = 200$ GPa，许用应力 $[\sigma] = 60$ MPa。

答：$\Delta l = 0.25$ mm，$\sigma = 71.4$ MPa $> [\sigma]$。

题 3-8 图

3-10 在题 3-10 图示的简单杆系中，设 AB 和 AC 分别为直径是 20 mm 和 24 mm 的圆截面杆，$E=200$ GPa，$F=5$ kN。试求 A 点的垂直位移。

答：$\delta=0.249$ mm。

*3-11 由五根钢杆组成的杆系如题 3-11 图所示。各杆横截面面积均为 500 mm^2，$E=200$ GPa。设沿对角线 AC 方向作用一对 20 kN 的力，试求 A、C 两点的距离改变。

答：$\delta_{AC}=0.683\times10^{-3}$ m。

题 3-9 图

题 3-10 图

题 3-11 图

3-12 试求题 3-12 图示结构中节点 B 的水平位移和垂直位移。

答：$\delta_{BX}=\Delta l_2$，$\delta_{BY}=\dfrac{\Delta l+\Delta l_2\cos\alpha}{\sin\alpha}$。

3-13 试定性画出题 3-13 图示结构中节点 B 的位移图。

3-14 托架结构如题 3-14 图所示。载荷 $F=30$ kN，现有两种材料铸铁和 Q235A 钢，截面均为圆形，它们的许用应力分别为 $[\sigma_T]=30$ MPa，$[\sigma_C]=120$ MPa 和 $[\sigma]=160$ MPa。试合理选取托架 AB 和 BC 两杆的材料并计算杆件所需的截面尺寸。

答：$d_1=18$ mm，$d_2=23$ mm。

题 3-12 图　　　　　题 3-13 图　　　　　题 3-14 图

3-15 蒸气机的汽缸如题 3-15 图所示，汽缸内径 $D=560$ mm 其内压强 $p=2.5$ MPa，活塞杆直径 $d=100$ mm，汽缸盖和缸体用 $d_1=30$ mm 的螺栓连接。若活塞杆的许用应力 $[\sigma]=80$ MPa，螺栓的许用应力 $[\sigma]=60$ MPa。试校核活塞杆的强度和联结螺栓所需要的个数。

答：$\sigma=75.9$ MPa$<[\sigma]$，$z=14$。

3-16 题 3-16 图中 AB 和 BC 杆的材料的许用应力分别为 $[\sigma_1]=100$ MPa，$[\sigma_2]=160$ MPa，两杆截面面积均为 $A=2$ cm^2，试求许可载荷。

答：$F\leqslant 38.6$ kN。

3-17 汽车离合器踏板如题 3-17 图所示。已知踏板受到力 $F_p=400$ N 的作用，拉杆 1 的直径 $D=9$ mm，拉杆臂长 $L=330$ mm，$l=56$ mm，拉杆的许用应力 $[\sigma]=50$ MPa，校核拉杆 1 的强度。

答：$\sigma=37$ MPa$<[\sigma]$。

3-18 在题 3-18 图示杆系中，BC 和 BD 两杆的材料相同，且抗拉和抗压许用应力相等，同为 $[\sigma]$。为使杆系使用的材料最省，试求夹角 θ 的值。

题 3-15 图　　　　　题 3-16 图　　　　　题 3-17 图

答：$\theta = 54.8°$。

3-19 题3-19图示的木制短柱的4角用4个$40 \times 40 \times 4$的等边角钢加固。已知角钢的许用应力$[\sigma]_{钢} = 160$ MPa，$E_{钢} = 200$ GPa；木材的许用应力$[\sigma]_{木} = 12$ MPa，$E_{木} = 10$ GPa。试求许可载荷力F。

答：$F = 698$ kN。

3-20 在题3-20图两端固定的杆件的截面C上，沿轴线作用力为F。试求两端的反力F_R。

答：$F_{R1} = \dfrac{Fb}{a+b}$，$F_{R2} = \dfrac{Fa}{a+b}$。

题3-18图

题3-19图

题3-20图

3-21 在题3-21图示结构中，假设AC梁为刚杆，杆1、2、3的横截面面积相等，材料相同。试求三杆的轴力。

答：$F_1 = \dfrac{5}{6}F$，$F_2 = \dfrac{1}{3}F$，$F_3 = \dfrac{1}{6}F$。

3-22 如题3-22图示，阶梯形钢杆的两端在$T_1 = 5$ ℃时被固定，杆件上下两段的横截面面积分别是，$A_{上} = 5$ cm^2，$A_{下} = 10$ cm^2。当温度升高至$T_2 = 25$ ℃时，试求杆内各部分的温度应力。钢材的$\alpha = 12.5 \times 10^{-6}$/℃，$E = 200$ GPa。

答：$\sigma_{上} = 66.7$ MPa，$\sigma_{下} = 33.3$ MPa。

*3-23 抗拉(压)刚度为EA的等直杆，受力情况如题3-23图所示，试问：

① 总伸长量是否为$\Delta l = \dfrac{F_1 l_1}{EA} + \dfrac{F_2 l_2}{EA}$？如有错误，则正确的算式是什么？

② 变形能是否为$U = \dfrac{F_2 l_1}{EA} + \dfrac{F_2^2 l_2}{2EA}$？如有错误，则正确的算式是什么？

③ 若 $l_1=l_2=1, F_1+F_2=F$(常量)试求 U_{max} 和 U_{min} 并求两种情况下的比 $\dfrac{F_2}{F}$。

答： ① $\Delta l = \dfrac{(F_1-F_2)l_1}{EA} - \dfrac{F_2 l_2}{EA}$

② $U = \dfrac{F_2^2 l_2^2}{2EA} + \dfrac{(F_1-F_2)^2 l_1}{2EA}$

③ $U_{max} = \dfrac{F^2 l}{EA}, U_{min} = \dfrac{F^2 l}{10EA}, \dfrac{F_2}{F_1} = \dfrac{2}{3}$

题 3-21 图

题 3-22 图

题 3-23 图

第4章 剪切与挤压

本章介绍了剪切构件的受力和变形特点,剪切构件可能的破坏形式及螺钉、键等常见联结件的剪切和挤压的实用计算。

4.1 概 述

4.1.1 剪切的概念

工程上的一些联结件,例如常用的销(见图4-1)、平键(见图4-2)和螺栓(图4-5)等都是发生剪切变形的构件。这类构件的受力和变形情况可概括为图4-3所示的简图。其受力特点是:作用于构件两侧面上的横向外力的合力,大小相等,方向相反,作用线相距很近。在这种外力作用下,其变形特点是:位于两外力作用线间的截面发生相对错动,这种变形形式称为**剪切**。发生相对错动的截面称为剪切面。剪切面位于构成剪切的两外力之间,且平行于外力作用线。构件中只有一个剪切面的剪切称为**单剪**,如图4-2中的键;构件中有两个剪切面的剪切称为**双剪**,如图4-1所示的销。

图 4-1

图 4-2

4.1.2 切应变

为了分析剪切变形,在受剪部位中的点 A 取一微小的直角六面体[见图 4-4(a)]将它放大[见图 4-4(b)],当发生剪切变形时,截面发生相对滑动,致使直角六面体变为平行六面体,图中线段 ee'(或 ff')为平行于外力的面 $efgh$ 相对 $abcd$ 面的滑移量,称为绝对剪切变形,而相对剪切变形为

图 4-3

$$\frac{ee'}{dx} = \tan\gamma \approx \gamma$$

式中,γ 是矩形直角的微小改变量,称为切应变或角应变,用弧度(rad)来度量。切应变 γ 与线应变 ε 是度量构件变形程度的两个基本量。

图 4-4

4.2 剪切和挤压的实用计算

4.2.1 剪切的实用计算

设两块钢板用螺栓联结如图 4-5(a)所示,当钢板受拉力 F 作用时,螺栓的受力简图如图 4-5(b)所示。为建立螺栓的强度条件,首先应用截面法确定剪切面上的内力。假想将螺栓沿剪切面 $m-m$ 截开,取下半部分为研究对象[见图 4-5(c)],根据平衡条件,截面 $m-m$ 上必有平行于截面且与外力方向相反的内力存在,这个平行于截面的内力称为剪力,记作 F_Q。由平衡条件得

$$F_Q = F$$

剪切面上,由于剪切构件的变形比较复杂,因而切应力在剪切面上的分布很难确定。工程上常采用以试验及经验为基础的实用计算法,即假定剪切面上的切应力是均匀分布的,如图 4-5(d)所示,则剪切面上任一点切应力为

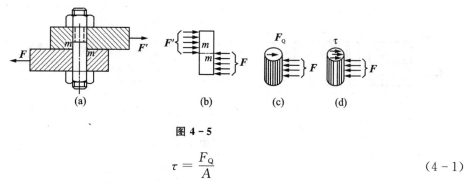

图 4-5

$$\tau = \frac{F_Q}{A} \tag{4-1}$$

式中 A 为剪切面的面积。

为保证剪切构件工作时安全可靠,要求剪切面上的工作应力不超过材料的许用切应力,即剪切强度条件为

$$\tau = \frac{F_Q}{A} \leqslant [\tau] \tag{4-2}$$

式(4-2)称为剪切的强度条件。和拉压强度条件一样,利用剪切强度条件可以解决三类问题:校核强度、设计截面及确定许用载荷。

工程中常用材料的许用切应力 τ 可从有关手册中查得,也可按下列近似关系确定:

塑性材料 $[\tau] = (0.6 \sim 0.8)[\sigma]$

脆性材料 $[\tau] = (0.8 \sim 1.0)[\sigma]$

式中 $[\sigma]$ 为同种材料的许用拉应力。

4.2.2 挤压的实用计算

构件在受剪切时,常伴随着局部的挤压变形。如图 4-6(a)中的铆钉联结,作用在钢板上的力 F,通过钢板与铆钉的接触面传递给铆钉。当传递的压力增加时,铆钉的侧表面被压溃,或钢板的孔已不再是圆形[见图 4-6(b)]。这种因在接触表面互相压紧而产生局部压陷的现象称为**挤压**;构件上发生挤压变形的表面称为挤压面,挤压面位于两构件相互接触而压紧的地方,与外力垂直。图中挤压面为半圆柱面。

作用于挤压面上的外力,称为**挤压力**,以 F_{jy} 表示。单位面积上的挤压力称为**挤压应力**,以 σ_{jy} 表示。挤压应力与直杆压缩时的压应力不同。挤压应力是分布于两构件相互接触表面的局部区域(实际上是压强),而压应力是分布在整个构件的内部。在工程中,挤压破坏会导致联结松动,影响构件的正常工作。因此对剪切构件还必须进行挤压强度计算。

由于挤压应力在挤压面上的分布规律也比较复杂[见图 4-6(c)为铆钉挤压面上的挤压应力分布情况],因而和剪切一样,工程上对挤压应力同样采用实用计算法,即假定挤压面上的挤压应力也是均匀分布的。则有

图 4-6

$$\sigma_{jy} = \frac{F_{jy}}{A_{jy}} \tag{4-3}$$

计算挤压面积时,应根据挤压面的形状来确定。当挤压面为平面时,如平键联结,挤压面积等于两构件间的实际接触面积;但当挤压面为曲面时,如螺钉、销钉、铆钉等圆柱形件,接触面为半圆柱面,最大接触应力在圆柱面的中点,挤压应力的分布情况如图 4-6(c)所示,实用计算中挤压面面积应为实际接触面在垂直于挤压力方向的投影面积。如图 4-6(d)中所示,挤压面积为 $A_{jy} = dt$,其中 d 为螺栓直径,t 为接触高度。

为保证构件的正常工作,要求挤压应力不超过某一许用值,即挤压强度条件为

$$\sigma_{jy} = \frac{F_{jy}}{A_{jy}} \leqslant [\sigma_{jy}] \tag{4-4}$$

式(4-4)称为挤压的强度条件。根据此强度条件同样可解决三类问题:校核强度、设计截面尺寸及确定许用载荷。工程中常用材料的许用挤压应力可从有关手册中查得。同种材料的许用挤压应力与许用拉应力之间有下面近似关系:

塑性材料 $[\sigma_{jy}] = (1.5 \sim 2.5)[\sigma]$

脆性材料 $[\sigma_{jy}] = (0.9 \sim 1.5)[\sigma]$

4.3 应用举例

进行剪切和挤压强度计算时,其内力计算较简单,主要是正确判断剪切面积和挤压面积的位置及其相应面积的计算。

例 4-1 一齿轮传动轴[见图 4-7(a)]。已知 $d = 100$ mm,键宽 $b = 28$ mm,高 $h = 16$ mm,长 $l = 42$ mm,键的许用切应力 $[\tau] = 40$ MPa,许用挤压应力 $[\sigma_{jy}] = 100$ MPa,键所传递的力偶矩为 $M_0 = 1.5$ kN·m。试校核键的强度。

解: (1) 键的外力计算 取轴和键为研究对象[见图 4-7(b)],设力 F 到轴线的距离为 $\frac{d}{2}$,由平衡方程

$$\sum m_0 = 0, \quad M_0 - F\frac{d}{2} = 0$$

第 4 章 剪切与挤压

图 4-7

得

$$F = \frac{2M_0}{d} = \frac{2 \times 1.5 \text{ kN} \cdot \text{m}}{100 \times 10^{-3} \text{ m}} = 30 \text{ kN}$$

(2) 校核键的强度 沿剪切面 $m-m$ 将键截开,取键的下半部为研究对象[见图 4-7(c)],得

$$F_Q = F$$

剪切面面积为

$$A = l \times b = 42 \text{ mm} \times 28 \text{ mm} = 1\,176 \text{ mm}^2$$

代入式(4-2)得

$$\tau = \frac{F_Q}{A} = \frac{30 \times 10^3 \text{ N}}{1\,176 \text{ mm}^2} = 25.5 \text{ MPa} \leqslant [\sigma]$$

(3) 校核键的挤压强度 由键的下半部分[见图 4-7(c)]可以看出,挤压力为

$$F_{jy} = F = 30 \text{ kN}$$

挤压面面积为

$$A_{jy} = l \times \frac{h}{2} = 42 \text{ mm} \times \frac{16}{2} \text{mm} = 336 \text{ mm}^2$$

代入式(4-4)得

$$\sigma_{jy} = \frac{F_{jy}}{A_{jy}} = \frac{30 \times 10^3 \text{ N}}{336 \text{ mm}^2} = 89.5 \text{ MPa} < [\sigma_{jy}]$$

计算结果表明,键的强度足够。

例 4-2 运输矿石的矿车,其轨道与水平面夹角为 45°,卷扬机的钢丝绳与矿车通过销钉连接[见图 4-8(a)]。已知销钉直径 $d = 25$ mm,销板厚度 $t = 20$ mm,宽度 $b = 60$ mm,许用切应力 $[\tau] = 25$ MPa,许用挤压应力 $[\sigma_{jy}] = 100$ MPa,许用拉应力 $[\sigma] = 40$ MPa。矿车自重 $G = 4.5$ kN。求矿车最大载重 W 为多少?

解:矿车运输矿石时,销钉可能被剪断,销钉或销板可能发生挤压破坏,销板可能被拉断。所以应分别考虑销钉连接的剪切强度、挤压强度和销板的拉伸强度。

(1) 剪切强度 设钢丝绳作用于销钉连接上的拉力为 F,销钉受力如图(4-8(b))所示。销钉有两个剪切面,故为双剪。用截面法将销钉沿 $a-a$ 和 $b-b$ 截面截为三段[见图 4-8(c)],取其中任一部分为研究对象,由平衡条件得

$$F_Q = \frac{F}{2}$$

图 4-8

代入式(4-2)

$$\tau = \frac{F_Q}{A} \leqslant \frac{F/2}{\pi d^2 / 4} \leqslant [\tau]$$

得

$$F \leqslant \frac{\pi d^2 [\tau]}{2} = \frac{3.14 \times 25^2 \text{ mm}^2 \times 25 \text{ MPa}}{2} = 24\ 531 \text{ N}$$

(2) 挤压强度 销钉或销板的挤压面为曲面,挤压面积为挤压面在挤压力方向的投影面积,即

$$A_{jy} = d \times t = 25 \text{ mm} \times 20 \text{ mm} = 500 \text{ mm}^2$$

销钉的三段挤压面积相同,但中间部分挤压力最大,为

$$F_{jy} = F$$

由式(4-4)

$$\sigma_{jy} = \frac{F_{jy}}{A_{jy}} = \frac{F}{dt} \leqslant [\sigma_{jy}]$$

得

$$F \leqslant dt[\sigma_{jy}] = 25 \text{ mm} \times 20 \text{ mm} \times 100 \text{ MPa} = 50\,000 \text{ N}$$

(3) 拉伸强度 从结构的几何尺寸及受力分析可知,中间销板与上下销板几何尺寸相同,但中间销板所受拉力最大[见图 4-8(d)],故应对中间销板进行拉伸强度计算。中间销板销钉孔所在截面为危险截面。取中间销板 $m-m$ 截面左段为研究对象[见图 4-8(e)],根据平衡条件 $m-m$ 截面上的轴力为

$$F_N = F$$

危险截面面积为

$$A = (b-d)t$$

代入式(3-11)得

$$\sigma = \frac{F_N}{A} = \frac{F}{(b-d)t} \leqslant [\sigma]$$

因此得 $F \leqslant (b-d)t[\sigma] = (60-25)\text{mm} \times 20 \text{ mm} \times 40 \text{ MPa} = 28\,000 \text{ N}$

(4) 确定最大载重量 为确保销钉连接能够正常工作,应取上述三方面计算结果的最小值,即

$$F_{max} = 24\,531 \text{ N}$$

取矿车为研究对象,由车体沿斜截面的平衡方程

$$F_{max} - (G+W)\sin 45° = 0$$

得

$$W = \frac{F - G\sin 45°}{\sin 45°} = \frac{34\,531\text{N} - 4.5 \times 10^3 \text{ N} \times \sin 45°}{\sin 45°} = 30\,200 \text{ N}$$

所以,求得矿车的最大载重量为 30 200 N。

例 4-3 冲床的冲模如图 4-9 所示。已知冲床的最大冲力为 400 kN,冲头材料的许用拉应力为 $[\sigma]=440$ MPa,被冲剪钢板的剪切强度极限 $\tau_b=360$ MPa。试求在最大冲力下所能冲剪的圆孔最小直径 d 和板的最大厚度 t。

解:(1) 确定圆孔的最小直径 冲剪的孔径等于冲头的直径,冲头工作时须满足抗压强度条件,即

$$\sigma = \frac{F}{A} = \frac{F}{\pi d^2/4} \leqslant [\sigma]$$

解得 $$d \geqslant \sqrt{\frac{4F}{\pi[\sigma]}} = \sqrt{\frac{4 \times 400 \times 10^3 \text{ N}}{\pi \times 440 \text{ MPa}}} = 34 \text{ mm}$$

图 4-9

(2) 确定冲头能冲剪的钢板最大厚度 冲头冲剪钢板时,剪力为 $F_Q = F$,剪切面为圆柱面,其面积 $A = \pi dt$,只有当切应力 $\tau \geqslant \tau_b$ 时,方可冲出圆孔,即

$$\tau = \frac{F_Q}{A} = \frac{F}{\pi dt} \geqslant \tau_b$$

解得 $$t \leqslant \frac{F}{\pi d \tau_b} = \frac{400 \times 10^3 \text{ N}}{\pi \times 34 \text{ mm} \times 360 \text{ MPa}} = 10.4 \text{ mm}$$

故钢板的最大厚度约为 10 mm。

思 考 题

1. 挤压面面积是否与两构件的接触面积相同?试举例说明。
2. 指出图 4-10 中构件的剪切面与挤压面。
3. 如图 4-11 所示,在钢质拉杆和木板之间放置的金属垫圈起何作用?
4. 挤压与压缩有何区别?试指出图 4-12 中哪个物体应考虑压缩强度?哪个物体应考虑挤压强度?

图 4-10

图 4-11

图 4-12

习　题

4-1 试校核题 4-1 图示联结销钉的剪切强度。已知 $F=100$ kN，销钉的直径 $d=30$ mm，材料的许用切应力 $[\tau]=60$ MPa。若强度不够，应该用多大直径的销钉？

答：$\tau=70.7$ MPa$>[\tau]$，改用 $d\geqslant 32.6$ mm。

4-2 题 4-2 图示凸缘联轴节传递的力偶矩为 $M=200$ N·m，凸缘之间用四只螺栓联结，螺栓内径 $d\approx 10$ mm，对称地分布在 $D_0=80$ mm 的圆周上。如螺栓的许用剪切应力 $[\tau]=60$ MPa，试校核螺栓的剪切强度。

答：$\tau=15.9$ MPa$<[\tau]$。

4-3 测定材料剪切强度的剪切器的示意图如题 4-3 图所示。设圆试件的直径 $d=15$ mm，当力 $F=31.5$ kN 时，试件被剪断。试求材料的名义剪切极限应力。若取许用剪切应力 $[\tau]=80$ MPa，试问安全系数多大？

答：$\tau=89.1$ MPa，$n=1.1$。

题 4-1 图

题 4-2 图　　　　　　　　　　题 4-3 图

4-4 一螺栓将拉杆与厚度为 8 mm 的两块盖板相联结，如题 4-4 图所示。各零件材料相同，许用拉应力均为 $[\sigma]=80$ MPa，$[\tau]=60$ MPa，$[\sigma_{jy}]=160$ MPa。若拉杆的厚度 $t=15$ mm，拉力 $F=120$ kN，试设计螺栓直径 d 及拉杆宽度 b。

答：$d\geqslant 50$ mm，$b\geqslant 100$ mm。

4-5 车床的传动光杆装有安全联轴器，如题 4-5 图所示。当超过一定载荷时，安全销即被剪断。已知安全销的平均直径为 5 mm，材料为 45 钢，其极限剪切应力为 $\tau=370$ MPa。试求安全联轴器所能传递的力偶矩 M。

答：$M=145\ \text{N}\cdot\text{m}$。

4-6 如题 4-6 图示，螺钉受拉力 F 作用，已知材料的许用切应力 $[\tau]$ 和拉伸许用应力 $[\sigma]$ 之间的关系约为 $[\tau]=0.6[\sigma]$。试求螺钉直径 d 与钉头高度 h 的合理比值。

答：$\dfrac{d}{h}=2.4$。

题 4-4 图　　　题 4-5 图　　　题 4-6 图

第 5 章 扭 转

本章首先讨论圆轴扭转时的内力——扭矩及扭矩图,通过薄壁圆筒的扭转试验导出切应力互等定理,然后介绍圆轴扭转时的应力和变形,圆轴扭转时的强度和刚度计算,同时也简单介绍了非圆轴扭转时的切应力。

5.1 圆轴扭转的概念

在日常生活和工程实际中,经常遇到扭转问题。如图 5-1 所示,工人师傅攻丝时[见图 5-1(a)],通过手柄在丝锥上端施加一个力偶,在丝锥下端,工件对丝锥作用一个反力偶,在此两力偶的作用下,处于两力偶作用的丝锥各截面均绕丝锥轴线发生相对转动。又如汽车方向盘操纵杆[见图 5-1(b)]、桥式起重机中的传动轴(见图 5-2)以及钻探机的钻杆、螺丝刀杆等的受力都是扭转的实例。

图 5-1

由此可见,杆件扭转时的受力特点是:在杆件两端分别作用着大小相等、转向相反,作用面垂直于杆件轴线的力偶。其变形特点是:位于两力偶作用面之间的杆件各个截面均绕轴线发生相对转动。任意两截面间相对转过的角度称为**转角**,用 ϕ 表示。杆件的这种变形形式称为**扭转变形**。以扭转变形为主的杆件称为**轴**,截面为圆形的轴称为圆轴。本章主要讨论圆轴的扭转问题。

图 5-2

5.2 扭矩和扭矩图

5.2.1 外力偶矩的计算

工程实际中,往往不直接给出轴所承受的外力偶矩(又称转矩),而是给出它所传递的功率和转速,其相互间的关系为

$$M = 9550 \frac{P}{n} \tag{5-1}$$

式中 M 为作用在轴上的外力偶矩,单位 N·m;P 为轴所传递的功率,单位 kW;n 为轴的转速,单位为 r/min。

5.2.2 横截面上的内力——扭矩

研究轴扭转时横截面上的内力仍然用截面法。下面以图 5-3(a)所示传动轴为例说明内力的计算方法。轴在 3 个外力偶矩 M_1, M_2, M_3 的作用下处于平衡,欲求任意截面 1-1 上的内力,应用截面法在 1-1 截面处将轴截成左、右两个部分,取左段为研究对象[见图 5-3(b)],根据左段所受外力的特点,1-1 截面的内力必为作用面垂直于轴线的力偶。该力偶矩称为**扭矩**,用 M_T 表示。由平衡方程

$$\sum M_x(\boldsymbol{F}) = 0$$

得
$$M_\mathrm{T} - M_1 = 0$$
$$M_\mathrm{T} = M_1 \tag{5-2a}$$

同样，若取右端为研究对象[见图 5-3(c)]，由平衡方程

$$\sum M_x(\boldsymbol{F}) = 0 \qquad M'_T - M_2 + M_3 = 0$$

得

$$M'_T = M_2 - M_3 = M_1 \qquad (5-2b)$$

即

$$M_T = M'_T$$

以上结果说明，计算某截面上的扭矩时，无论取截面左侧或右侧为研究对象，所得结果均是相同的。

式(5-2a)、(5-2b)表明，轴上任一截面上扭矩的大小等于该截面以左或以右所有外力偶矩的代数和，即

$$M_T = \sum M_左 \quad 或 \quad M_T = \sum M_右$$
(5-2)

为了使取截面左侧或右侧为研究对象所得同一截面上的扭矩符号相同，对扭矩的正负号规定如下：面向截面，逆时针转向的扭矩取正号，反之取负号。这一规定亦符合右手螺旋法则，即以右手四指屈起的方向为扭矩的转向，拇指的指向与截面的外法线方向一致时，扭矩取正号，反之取负号。按此规定，图 5-3(b)、(c)中的扭矩均为正。

图 5-3

5.2.3 扭矩图

一般情况下，圆轴扭转时，横截面上的扭矩随截面位置的不同而发生变化。反映扭矩随截面位置不同而变化的图形称为扭矩图。画扭矩图时，以横轴表示截面位置，纵轴表示扭矩的大小。下面举例说明扭矩图的画法。

例 5-1 图 5-4(a)所示传动轴，其转速 $n = 300$ r/min，主动轮 A 输入功率 $P_A = 120$ kW，从动轮 B、C、D 输出功率分别为 $P_B = 30$ kW，$P_C = 40$ kW，$P_D = 50$ kW。试画出该轴的扭矩图。

解：（1）计算外力矩 由式(5-1)可求得作用在每个齿轮上的外力矩分别为

$$M_A = 9\,550\,\frac{P_A}{n} = 9\,550 \times \frac{120 \text{ kW}}{300 \text{ r/min}} = 3\,820 \text{ N} \cdot \text{m} = 3.80 \text{ kN} \cdot \text{m}$$

$$M_B = 9\,550\,\frac{P_B}{n} = 9\,550 \times \frac{30 \text{ kW}}{300 \text{ r/min}} = 955 \text{ N} \cdot \text{m} = 0.955 \text{ kN} \cdot \text{m}$$

$$M_C = 9\,550\,\frac{P_C}{n} = 9\,550 \times \frac{40 \text{ kW}}{300 \text{ r/min}} = 1\,273 \text{ N} \cdot \text{m} = 1.273 \text{ kN} \cdot \text{m}$$

图 5-4

$$M_D = 9\,550\,\frac{P_D}{n} = 9\,550 \times \frac{50\text{ kW}}{300\text{ r/min}} = 1\,592\text{ N}\cdot\text{m} = 1.592\text{ kN}\cdot\text{m}$$

(2) 计算扭矩　根据作用在轴上的外力偶矩,将轴分成 BA、AC 和 CD 三段,用截面法分别计算各段的扭矩。

BA 段　　$M_{T1} = -M_B = -0.955\text{ kN}\cdot\text{m}$

AC 段　　$M_{T2} = M_A - M_B = (3.82 - 0.955)\text{kN}\cdot\text{m}$
　　　　　　　　$= 2.87\text{ kN}\cdot\text{m}$

CD 段　　$M_{T3} = M_D = 1.592\text{ kN}\cdot\text{m}$

(3) 画扭矩图　M_{T1}、M_{T2} 和 M_{T3} 分别代表了 BA、AC 和 CD 各段轴内各个截面上的扭矩值。由此画出的扭矩图,如图 5-4(e)所示。

由此可知,在无外力偶作用的一段轴上,各个截面上的扭矩值相同,扭矩图为水平直线。因此,画出扭矩图时,只要根据轴的外力偶将轴分成若干段,每段任选一截面,计算出该截面上的扭矩值,则可画出轴的扭矩图。

5.3　纯剪切

在讨论扭转的应力和变形之前,为了研究切应力和剪应变的规律以及两者间的关系,先考察薄壁圆筒的扭转。

5.3.1　薄壁圆筒扭转时的切应力

图 5-5(a)所示为一等厚薄壁圆筒,受扭前在表面上用圆周线和纵向线画成方格。实验结果表明:扭转变形后由于截面 q-q 对截面 p-p 的相对转动,使方格的左、右两边发生相对错动,但圆筒沿轴线及周线的长度都没有变化。这说明圆筒横截面和包含轴线的纵向截面上都没有正应力,横截面上便只有切于截面的切应力 τ,它组成与外加扭转力偶矩 M 相平衡的内力系。因为筒壁的厚度 t 很小,可以认为沿筒壁厚度切应力不变。又因在同一圆周上各点的情况完全相同,应力也就相同[见图 5-5(c)]。这样,横截面上内力系对 x 轴的力矩为 $2\pi rt\cdot\tau\cdot r$。这里 r 是圆筒的平均半径。由 q-q 截面以左的部分圆筒的平衡方程 $\sum m_x = 0$,得

$$m = 2\pi rt\cdot\tau\cdot r$$

$$\tau = \frac{m}{2\pi r^2 t} \tag{5-3}$$

图 5-5

5.3.2 切应力互等定理

用相邻的两个横截面和两个纵向面,从圆筒中取出边长分别为 dx、dy 和 t 的单元体,并放大为图 5-5(d)。单元体的左、右两侧面是圆筒横截面的一部分,所以并无正应力只有切应力。两个面上的切应力皆由式(5-3)计算,数值相等但方向相反,于是组成了一个力偶矩为 $(\tau t dy)dx$ 的力偶。为保持平衡,单元体的上、下两个侧面上必须有切应力,并组成力偶以与力偶 $(\tau t dy)dx$ 相平衡。由 $\sum F_x = 0$ 知,上、下两个面上存在大小相等、方向相反的切应力 τ',于是组成力偶矩为 $(\tau' t dx)dy$ 的力偶。由平衡方程 $\sum m_x = 0$,得

$$(\tau t dy)dx = (\tau' t dx)dy$$
$$\tau = \tau' \tag{5-4}$$

上式表明,在互相垂直的两个平面上,切应力必然成对存在,且数值相等;两者都垂直于两个平面的交线,方向则共同指向或共同背离这条线。这就是**切应力互等定理**,也称为切应力双生定理。

图 5-5(d)所示的单元体上只有切应力而无正应力,这种受力情况称为纯剪切。纯剪切单元体的相对两侧面将发生微小的相对错动,产生切应变 γ,如图 5-5(e)所示。

5.3.3 剪切胡克定律

为建立切应力与切应变的关系,利用薄壁圆筒的扭转,可以实现纯剪切试验。试验结果表

图 5-6

明:当切应力不超过剪切比例极限时,切应力与切应变成正比(见图 5-6),这个关系成为剪切胡克定律,其表达式为

$$\tau = G\gamma \quad (5-5)$$

式中,比例常数 G 称为材料的剪切弹性模量,其单位与弹性模量 E 相同,也为 GPa。不同材料的 G 值可通过试验测定。可以证明,对于各向同性的材料,剪切弹性模量 G、弹性模量 E 和泊松系数 μ 不是各自独立的 3 个弹性常量,它们之间存在着下列关系

$$G = \frac{E}{2(1+\mu)} \quad (5-6)$$

几种常用材料的 E、G 和 μ 值如表 5-1 所列。

表 5-1 几种常用材料的 E,G 及 μ 值

材料名称	E/GPa	G/GPa	μ/量纲为一
碳 钢	196~216	78.5~79.5	0.25~0.33
合金钢	186~216	79.5	0.24~0.33
灰铁钢	113~157	44.1	0.23~0.27
钢及其合金	73~128	39.2~45.1	0.31~0.42
橡 胶	0.007 85	—	0.47

5.4 圆轴扭转时横截面上的应力

现在讨论横截面为圆形的直杆受扭时的应力。这要综合研究几何、物理和静力等 3 个方面的关系。

5.4.1 变形几何关系

为了观察圆轴的扭转变形,与薄壁圆筒受扭一样,在圆轴表面上作圆周线和纵向线,在图 5-7(a)中,变形前的纵向线由虚线表示。在扭转力偶矩 m 作用下,得到与薄壁圆筒受扭时相似的现象。即各圆周线绕轴线相对地旋转了一个角度,但大小、形状和相邻圆周线间的距离不变。在小变形的情况下,纵向线仍近似地是一条直线,只是倾斜了一个微小的角度。变形前表面上的方格,在变形后错动成菱形。

根据观察到的现象,作如下基本假设:圆轴扭转变形前原为平面的横截面,变形后仍保持为平面,形状和大小不变,半径仍保持为直线;且相邻两截面间的距离不变。这就是圆轴扭转的平面假设。按照这一假设,扭转变形中,圆轴的横截面就像刚性平面一样,绕轴线旋转了一

个角度。以平面假设为基础导出的应力和变形计算公式,符合试验结果,且与弹性力学一致,这都足以说明假设是正确的。

在图 5-7(a)中,ϕ 表示圆轴两端截面的相对转角,称为**扭转角**。扭转角用弧度来度量。用相邻的截面 q-q 和 p-p 从轴中取出长为 dx 的微段,并放大为图 5-7(b)。若截面 p-p 和 q-q 的相对转角为 dϕ,则根据平面假设,横截面 q-q 像刚性平面一样,相对于 p-p 绕轴线旋转了一个角度 dϕ,半径 Oa 转到了 Oa'。于是,表面方格 $abcd$ 的 ab 边相对于 cd 边发生了微小的错动,错动的距离是

$$aa' = R\mathrm{d}\phi$$

图 5-7

因而引起原为直角的 $\angle abc$ 角度发生改变,改变量为

$$\gamma = \frac{\overline{aa'}}{\overline{ad}} = R\frac{\mathrm{d}\phi}{\mathrm{d}x} \tag{5-7}$$

这就是圆截面边缘上 a 点的切应变。显然,切应变 γ 发生在垂直于半径 Oa 的平面内。

根据变形后横截面仍为平面,半径仍为直线的假设,用相同的方法,并参考图 5-7(c),可以求得距圆心为 ρ 处的切应变为

$$\gamma_\rho = \rho\frac{\mathrm{d}\phi}{\mathrm{d}x} \tag{5-8}$$

与式(5-7)中的 γ 一样,γ_ρ 也发生在垂直于半径 Oa 的平面内。在(5-7)、(5-8)两式中,$\dfrac{\mathrm{d}\phi}{\mathrm{d}x}$ 是扭转角 ϕ 沿 x 轴的变化率。对于一个给定的截面来说,它是常量。故式(5-8)表明,横截面上任意点的切应变与该点到圆心的距离 ρ 成正比。

5.4.2 物理关系

以 τ_ρ 表示横截面上距圆心为 ρ 处的切应力,由剪切胡克定律知

$$\tau_\rho = G\gamma_\rho$$

把式(5-8)代入上式得

$$\tau_\rho = G\rho \frac{\mathrm{d}\phi}{\mathrm{d}x} \tag{5-9}$$

式(5-9)表明,横截面上任意点的切应力 τ_ρ 与该点到圆心的距离 ρ 成正比。因为 γ_ρ 发生在垂直于半径的平面内,所以 τ_ρ 也与半径垂直。如再注意到切应力互等定理,则在纵向截面和横截面上,沿半径切应力的分布如图 5-8 所示。

因为公式(5-9)的 $\frac{\mathrm{d}\phi}{\mathrm{d}x}$ 尚未求出,所以仍不能用它计算切应力,这就要用静力学关系来解决。

5.4.3 静力学关系

在横截面上离圆心 ρ 处取微分面积 $\mathrm{d}A$(见图 5-9)。$\mathrm{d}A$ 上的微内力 $\tau_\rho \mathrm{d}A$ 对圆心的力矩为 $\rho\tau_\rho \mathrm{d}A$。积分得横截面上内力的内力系对圆心的力矩为 $\int_A \rho\tau_\rho \mathrm{d}A$。回想前面关于扭矩的定义,可见这里求出的内力系对圆心的力矩就是截面上的扭矩,即

$$M_\mathrm{T} = \int_A \rho\tau_\rho \mathrm{d}A \tag{5-10}$$

图 5-8

图 5-9

由于杆件平衡,横截面上的扭矩 M_T 应与截面左侧的外力偶矩相平衡,亦即 M_T 可由截面左侧(或右侧)的外力偶矩来计算。以式(5-9)代入式(5-10),并注意到在给定的截面上,$\frac{\mathrm{d}\phi}{\mathrm{d}x}$ 为常量,于是有

$$M_\mathrm{T} = \int_A \rho\tau_\rho \mathrm{d}A = G\frac{\mathrm{d}\phi}{\mathrm{d}x}\int_A \rho^2 \mathrm{d}A \tag{5-11}$$

以 I_p 表示上式的积分,即

$$I_\mathrm{p} = \int_A \rho^2 \mathrm{d}A \tag{5-12}$$

I_p 称为横截面对圆心 O 点的极惯性矩。这样,式(5-11)便可写成

$$M_\mathrm{T} = GI_\mathrm{p}\frac{\mathrm{d}\phi}{\mathrm{d}x} \tag{5-13}$$

从式(5-9)和式(5-13)中消去 $\dfrac{\mathrm{d}\phi}{\mathrm{d}x}$,得

$$\tau_\rho = \frac{M_T \rho}{I_p} \qquad (5-14)$$

由以上公式,可以算出横截面上距圆心为 ρ 的任意点的切应力。

在圆截面边缘上,ρ 为最大值 R,得最大切应力为

$$\tau_{\max} = \frac{M_T R}{I_p} \qquad (5-15)$$

若取

$$W_T = \frac{I_p}{R} \qquad (5-16)$$

W_T 称为抗扭截面模量,便可以把式(5-15)写成

$$\tau_{\max} = \frac{M_T}{W_T} \qquad (5-17)$$

以上诸式是以平面假设为基础导出的。试验结果表明,只有对横截面不变的圆轴,平面假设才是正确的。所以这些公式只适用于等直圆杆。对圆截面沿轴线变化缓慢的小锥度锥形杆,也可近似地用这些公式计算。此外,导出以上诸式时使用了胡克定律,因而只适用于 $\tau_{\max}$ 低于剪切比例极限的情况。

导出式(5-14)和式(5-17)时,引进了截面极惯性矩 I_p 和抗扭截面模量 W_T,现在就来计算这两个量。

在第 2 章中已计算出圆截面和圆环截面的极惯性矩分别为 $\dfrac{\pi d^4}{32}$ 和 $\dfrac{\pi D^4}{32}(1-\alpha^4)$,再由式(5-16)求出其抗扭截面模量为

实心圆轴 $\qquad W_T = \dfrac{I_p}{R} = \dfrac{\pi d^3}{16} \qquad (5-18)$

空心圆轴 $\qquad W_T = \dfrac{I_p}{R} = \dfrac{\pi D^3}{16}(1-\alpha^4) \qquad (5-19)$

式中 D 和 d 分别为空心圆截面的外径和内径,R 为外半径,$\alpha = d/D$。

例 5-2 有两根横截面面积及载荷均相同的圆轴,其截面尺寸为实心轴 $d_1 = 104$ mm;空心轴 $D_2 = 120$ mm,$d_2 = 60$ mm,圆轴两端均受大小相等、方向相反的力偶 $M = 10$ kN·m 作用。试计算:(1) 实心轴最大切应力;(2) 空心轴最大切应力;(3) 实心轴最大切应力与空心轴最大切应力之比。

解:(1) 计算抗扭截面模量

$$W_T = \frac{\pi d_1^3}{16} = \frac{3.14 \times 104^3 \text{ mm}^3}{16} = 2.2 \times 10^5 \text{ mm}^3$$

$$W_T = \frac{\pi D_2^3}{16}(1-\alpha^4) = \frac{3.14 \times 120^3 \text{ mm}^3}{16}\left[1-\left(\frac{60}{120}\right)^4\right] = 3.5 \times 10^5 \text{ mm}^3$$

(2) 计算最大切应力

实心轴 $\tau_{\max} = \dfrac{M}{W_T} = \dfrac{10 \times 10^3 \times 10^3 \text{ N} \cdot \text{mm}}{2.2 \times 10^5 \text{ mm}^3} = 45.5 \text{ MPa}$

空心轴 $\tau'_{\max} = \dfrac{M}{W'_T} = \dfrac{10 \times 10^3 \times 10^3 \text{ N} \cdot \text{mm}}{3.5 \times 10^5 \text{ mm}^3} = 31.7 \text{ MPa}$

(3) 两轴最大切应力之比

$$\frac{\tau_{\max}}{\tau'_{\max}} = \frac{45.5 \text{ MPa}}{31.7 \text{ MPa}} = 1.45$$

计算表明,实心轴的最大应力约为空心轴的 1.45 倍。

5.5 圆轴扭转时的变形

扭转变形的标志是两个横截面间绕轴线的相对转角,亦即**扭转角**,由公式(5-13)得

$$d\phi = \frac{M_T}{GI_p} dx \tag{5-20}$$

$d\phi$ 表示相距为 dx 的两个横截面之间相对扭转角[见图 5-7(b)]。沿轴线 x 积分,即可求得距离为 l 的两个横截面之间的相对扭转角

$$\phi = \int d\phi = \int_0^l \frac{M_T}{GI_p} dx \tag{5-21}$$

若在两截面之间的 M_T 值不变,且轴为等直杆,则式(5-21)中 $\dfrac{M_T}{GI_p}$ 为常量,这时式(5-21)化为

$$\phi = \frac{M_T l}{GI_p} \tag{5-22}$$

这就是扭转角的计算公式,扭转角单位为弧度(rad),由此可看到扭转角 ϕ 与扭矩 M_T 和轴的长度成正比,与 GI_p 成反比。GI_p 反映了圆轴抵抗扭转变形的能力,称为圆轴的抗扭刚度。

如果两截面之间为扭矩 M_T 有变化或轴的直径不同,那么应分段计算各段的扭转角,然后叠加。

例 5-3 轴传递的功率为 $P = 7.5$ kW,转速 $n = 360$ r/min。轴的 AC 段为实心圆截面,BC 段为圆环截面,如图 5-10 所示。已知 $D = 30$ mm,$d = 20$ mm,轴各段的长度分别为 $l_{AC} = 100$ mm,$l_{BC} = 200$ mm,材料的剪切弹性模量 $G = 80$ GPa。试计算 B 截面相对于 A 截面的扭转角 ϕ_{AB}。

解: (1) 计算扭矩 轴上的外力偶矩为

$$M = 9\,550 \frac{P}{n} = 9\,550 \times \frac{7.5 \text{ kW}}{360 \text{ r/min}} = 199 \text{ N} \cdot \text{m}$$

图 5 - 10

由扭矩的计算规律知,AC 段和 BC 段的扭矩均为 $M_{TAC}=M_{TBC}=M=199\ \text{N}\cdot\text{m}$。

(2) 计算极惯性矩

$$I_{p(AC)} = \frac{\pi D^4}{32} = \frac{3.14 \times 30^4\ \text{mm}^4}{32} = 79\ 522\ \text{mm}^4$$

$$I_{p(BC)} = \frac{\pi}{32}(D^4 - d^4) = \frac{3.14}{32}(30^4 - 20^4)\text{mm}^4 = 63\ 814\ \text{mm}^4$$

(3) 计算扭转角 ϕ_{AB} 因 AC 段和 CB 段的极惯性矩不同,故应分别计算然后相加,即

$$\phi_{AB} = \phi_{CA} + \phi_{BC} = \frac{M_{TAC}l_{AC}}{GI_{p(AC)}} + \frac{M_{TBC}l_{BC}}{GI_{p(BC)}}$$

$$= \frac{199 \times 10^3\ \text{N}\cdot\text{mm} \times 100\ \text{mm}}{80 \times 10^3\ \text{MPa} \times 79\ 522\ \text{mm}^4} + \frac{199 \times 10^3\ \text{N}\cdot\text{mm} \times 200\ \text{mm}}{80 \times 10^3\ \text{MPa} \times 63\ 814\ \text{mm}^4}$$

$$= (0.001\ 3 + 0.007\ 8)\text{rad} = 0.011\ \text{rad}$$

5.6 圆轴扭转时的强度和刚度计算

5.6.1 强度计算

建立圆轴扭转的强度条件时,应使圆轴内的最大工作切应力不超过材料的许用切应力,对等截面杆,其强度条件为

$$\tau_{max} = \frac{M_{T,max}}{W_T} \leqslant [\tau] \tag{5-23}$$

对变截面杆,如阶梯轴,W_T 不是常量,τ_{max} 不一定发生于扭矩为极值的 $M_{T,max}$ 的截面上,这要综合考虑 $M_{T,max}$ 和 W_T,寻求 $\tau = \frac{M_T}{W_T}$ 的极值。

例 5 - 4 由无缝钢管制成的汽车传动轴 AB(见图 5 - 11),外径 $D=90\ \text{mm}$,壁厚 $t=2.5\ \text{mm}$,材料为 45 号钢。使用时的最大扭矩为 $M_T = 1.5\ \text{kN}\cdot\text{m}$。如材料的 $[\tau]=60\ \text{MPa}$,试校核 AB 轴的扭转强度。

解:由 AB 轴的截面尺寸计算抗扭截面模量,即

图 5-11

$$\alpha = \frac{d}{D} = \frac{90\ \text{mm} - 2 \times 2.5\ \text{mm}}{90\ \text{mm}} = 0.944$$

$$W_\text{T} = \frac{\pi D^3}{16}(1-\alpha^4) = \frac{\pi \times 90^3\ \text{mm}^3}{16}(1-0.944^4) = 29\,400\ \text{mm}^3$$

轴的最大切应力为

$$\tau_\text{max} = \frac{M_\text{T}}{W_\text{T}} = \frac{1\,500\ \text{N}\cdot\text{m}}{29\,400 \times 10^{-9}\ \text{m}^3} = 51 \times 10^6\ \text{Pa} = 51\ \text{MPa} < [\tau]$$

所以,AB 轴满足强度条件。

例 5-5 如把上例中的传动轴改为实心轴,要求它与原来的空心轴强度相同,试确定其直径,并比较实心轴和空心轴的质量。

解:因为要求与例 5-4 中的空心轴强度相同,故实心轴的最大切应力应为 51 MPa,即

$$\tau_\text{max} = \frac{M_\text{T}}{W_\text{T}} = \frac{1\,500\ \text{N}\cdot\text{m}}{\frac{\pi}{16}D_1^3\ \text{m}^3} = 51 \times 10^6\ \text{Pa}$$

$$D_1 = \sqrt[3]{\frac{1\,500 \times 16\ \text{N}\cdot\text{m}}{3.14 \times 51 \times 10^6\ \text{Pa}}} = 0.053\,1\ \text{m}$$

实心轴横截面面积为

$$A_1 = \frac{\pi D_1^2}{4} = \frac{(\pi \times 0.053\,1^2)\ \text{m}^2}{4} = 22.2 \times 10^{-4}\ \text{m}^2$$

例 5-4 中空心轴的横截面面积为

$$A_2 = \frac{\pi}{4}(D^2 - d^2) = \frac{\pi}{4}(90^2 - 85^2) \times 10^{-6}\ \text{m}^2 = 6.87 \times 10^{-4}\ \text{m}^2$$

在两轴长度相等,材料相同的情况下,两轴的质量之比等于横截面面积之比,即

$$\frac{A_2}{A_1} = \frac{6.87 \times 10^{-4}\ \text{m}^2}{22.2 \times 10^{-4}\ \text{m}^2} = 0.31$$

可见在载荷相同的条件下,空心轴的质量只为实心轴的 31%,其减轻重量,节约材料是非常明显的。这是因为横截面上的切应力沿半径按线性规律分布,圆心附近的应力很小,材料没有充分发挥作用。若把实心轴附近的材料向边缘移置,使其成为空心轴,就会增大 I_p 和 W_T,提高轴的强度。

例 5-6　两空心圆轴,通过联轴器用 4 个螺钉联结(见图 5-12),螺钉对称地安排在直径 $D_1=140$ mm 的圆周上。已知轴的外径 $D=80$ mm,内径 $d=60$ mm,螺钉的直径 $d_1=12$ mm,轴的许用切应力 $[\tau]=40$ MPa,螺钉的许用切应力 $[\tau]=80$ MPa,试确定该轴允许传递的最大扭矩。

图 5-12

解：(1) 计算抗扭截面模量　空心轴的极惯性矩为

$$I_\mathrm{p}=\frac{\pi}{32}(D^4-d^4)=\frac{\pi}{32}(80^4-60^4)\times10^{-12}\ \mathrm{m}^4=275\times10^{-8}\ \mathrm{m}^4$$

抗扭截面模量为

$$W_\mathrm{T}=\frac{I_\mathrm{p}}{D/2}=\frac{275\times10^{-8}\ \mathrm{m}^4}{40\times10^{-3}\ \mathrm{m}}=6.88\times10^{-5}\ \mathrm{m}^3$$

(2) 计算轴的许可载荷　由轴的强度条件

$$\tau_{\max}=\frac{M_{\mathrm{T,max}}}{W_\mathrm{T}}\leqslant[\tau]$$

得

$$M_{\mathrm{T,max}}\leqslant[\tau]W_\mathrm{T}=40\times10^6\ \mathrm{Pa}\times6.88\times10^{-5}\ \mathrm{m}^3=2\ 750\ \mathrm{N\cdot m}$$

由于该轴的扭矩即为作用在轴上的转矩,所以轴的许可转矩为

$$M_0=2\ 750\ \mathrm{N\cdot m}$$

(3) 计算联轴器的许可载荷　在联轴器中,由于承受剪切作用的螺钉是对称分布的,可以认为每个螺钉的受力相同。假想凸缘的接触面将螺钉截开,并设每个螺钉承受的剪力均为 F_Q [见图 5-12(b)],由平衡方程

$$\sum M_0(\boldsymbol{F})=0,\qquad -M_0+4F_\mathrm{Q}\frac{D_1}{2}=0$$

得

$$F_\mathrm{Q}=\frac{M_0}{2D_1}$$

由剪切强度条件

$$\tau=\frac{F_\mathrm{Q}}{A}=\frac{M_0/2D_1}{\pi d_1^2/4}\leqslant[\tau]$$

得

$$M_0\leqslant\frac{[\tau]\pi d_1^2 D_1}{2}=\frac{80\times10^6\ \mathrm{Pa}\times\pi\times12^2\times10^{-6}\ \mathrm{m}^2\times140\times10^{-3}\ \mathrm{m}}{2}=2\ 530\ \mathrm{N\cdot m}$$

计算结果表明,要使轴的扭转强度和螺钉的剪切强度同时被满足,最大许可转矩应小于 2 530 N·m。

5.6.2 刚度计算

在正常工作时,除要求圆轴有足够的强度外,有时还要求圆轴不能产生过大的变形,即要求轴具有一定的刚度。如果轴的刚度不足,将会降低机器的加工精度或产生剧烈的振动,影响机器的正常工作。工程中常限制轴的最大单位扭转角 $\theta_{\max}$ 不超过许用的单位扭转角 $[\theta]$,以满足刚度要求,即

$$\theta_{\max} = \frac{M_T}{GI_p} \times \frac{180°}{\pi} \leqslant [\theta] \tag{5-24}$$

式(5-24)称为圆轴扭转时的刚度条件。式中 $[\theta]$ 的单位是(°)/m,其值根据机器的工作条件确定,一般为

精密机械轴　　$[\theta] = (0.25 \sim 0.50)(°)/m$
一般传动轴　　$[\theta] = (0.5 \sim 1.0)(°)/m$
较低精度轴　　$[\theta] = (1.0 \sim 2.5)(°)/m$

利用圆轴扭转刚度条件式(5-24),可进行圆轴的刚度校核、截面尺寸设计和最大承载能力的确定。

例 5-7　一传动轴如图 5-13(a)所示,已知轴的转速 $n = 208$ r/min,主动轮 A 传递功率为 $P_A = 6$ kW,而从动轮 B、C 输出功率分别为 $P_B = 4$ kW,$P_C = 2$ kW,轴的许用切应力 $[\tau] = 30$ MPa,许用单位扭转角 $[\theta] = 1°/m$,剪切弹性模量 $G = 80 \times 10^3$ MPa。试按强度条件及刚度条件设计轴的直径。

图 5-13

解: (1) 计算轴的外力矩

$$M_A = 9\,550 \frac{P_A}{n} = 9\,550 \times \frac{6 \text{ kW}}{208 \text{ r/min}} = 275.4 \text{ N·m}$$

$$M_B = 9\,550 \frac{P_B}{n} = 9\,550 \times \frac{4 \text{ kW}}{208 \text{ r/min}} = 183.6 \text{ N·m}$$

$$M_C = 9\,550 \frac{P_C}{n} = 9\,550 \times \frac{2\text{ kW}}{208\text{ r/min}} = 91.8\text{ N}\cdot\text{m}$$

(2) 画扭矩图　根据扭矩图的绘制方法画出的轴的扭矩图，如图 5-13(b)所示。最大扭矩为

$$M_{T,\max} = M_{T,AB} = 183.6\text{ N}\cdot\text{m}$$

(3) 按强度条件设计轴的直径

$$\tau_{\max} = \frac{M_T}{W_T} = \frac{M_T}{\pi d^3/16} \leqslant [\tau]$$

即

$$d \geqslant \sqrt[3]{\frac{16 \times 183.6 \times 10^3}{3.14 \times 30}}\text{ mm} = 31.5\text{ mm}$$

(4) 按刚度条件设计轴的直径

$$\theta_{\max} = \frac{M_T}{GI_p} \times \frac{180°}{\pi} = \frac{M_T}{G \times \pi d^4/32} \times \frac{180°}{\pi} \leqslant [\theta]$$

即

$$d \geqslant \sqrt[3]{\frac{32 M_{T,\max} \times 180°}{G\pi^2[\theta]}} = \sqrt[3]{\frac{32 \times 183.6\text{ N}\cdot\text{m} \times 180°}{80 \times 10^3 \times 10^6\text{ Pa} \times 3.14^2 \times 1}} = 34\text{ mm}$$

为了满足刚度和强度的要求，应取两个直径中的较大值即取轴的直径 $d=34$ mm。

例 5-8　两空心轴通过联轴器用四个螺栓联结（见图 5-12），螺栓对称地安排在直径 $D_1=140$ mm 的圆周上。已知轴的外径 $D=80$ mm，内径 $d=60$ mm，轴的许用切应力 $[\tau]=40$ MPa，剪切弹性模量 $G=80$ GPa，许用单位扭转角 $[\theta]=1°/$m，螺栓的许用切应力 $[\tau]=80$ MPa。试确定该结构允许传递的最大转矩。

解：(1) 此题在例 5-6 中已解出，按强度设计允许传递的最大转矩为

$$M_0 \leqslant 2\,530\text{ N}\cdot\text{m}$$

并且在例 5-6 中已解出：$I_p=2.75\times10^6$ mm^4，现按刚度确定所传递的转矩。

(2) 按刚度条件确定轴所传递的扭矩

$$\theta_{\max} = \frac{M_T}{GI_p} \times \frac{180°}{\pi} \leqslant [\theta]$$

得

$$M_T \leqslant \frac{GI_p \pi [\theta]}{180°} = \frac{80 \times 10^3 \times 10^6\text{ Pa} \times 2.75 \times 10^6 \times 10^{-12}\text{ m}^4 \times 3.14 \times 1°/\text{m}}{180°}$$

$$= 3\,838\text{ N}\cdot\text{m}$$

计算结果表明，要使轴的强度、刚度和螺栓的强度同时满足，该结构所传递的最大转矩为

$$M_0 = 2\,530\text{ N}\cdot\text{m}$$

*5.7　非圆轴扭转时的切应力

以前各节讨论了圆形截面杆的扭转，但有些受扭杆件的横截面并非圆形。例如农业机械

中有时采用方轴作为传动轴,又如曲轴的曲柄承受扭转,而其横截面是矩形的。

取一横截面为矩形的杆,在其侧面上画上纵向线和横向周界线[见图5-14(a)],扭转变形后发现横向周界线已变为空间曲线[见图5-14(b)]。这表明变形后杆的横截面已不再保持为平面,这种现象称为翘曲。所以,平面假设对非圆截面杆件已不再适用。

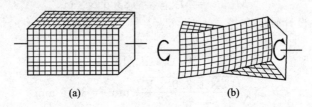

图 5-14

非圆截面杆件的扭转可分为自由扭转和约束扭转。等直杆两端受扭转力偶作用,且翘曲不受任何限制的情况属于自由扭转。这种情况下杆件各横截面的翘曲程度相同,纵向纤维的长度无变化,故横截面上没有正应力而只有切应力。图5-15(a)即表示工字钢的自由扭转。若由于约束条件或受力条件的限制,造成杆件各横截面的翘曲程度不同,这势必引起相邻两截面间纵向纤维的长度改变。于是横截面上除切应力外还有正应力,这种情况称为约束扭转。图5-15(b)即为工字钢约束扭转的示意图。像工字钢、槽钢等薄壁杆件,约束扭转时横截面上的正应力是相当大的。但一些实体杆件,如截面为矩形或椭圆的杆件,因约束扭转而引起的正应力很小,与自由扭转并无太大差别。

可以证明,杆件扭转时,横截面上边缘各点的切应力都与截面边界相切。因为边缘各点的切应力如不与边界相切,总可分解为边界切线方向的分量 τ_t 和法线方向的分量 τ_n(见图5-16)。

图 5-15 图 5-16

根据切应力互等定理,τ_n 应与杆件自由表面上的切应力 τ'_n 相等。但在自由表面上不可能有切应力 τ'_n,即 $\tau_n = \tau'_n = 0$。这样,在边缘各点上,就只能有沿边界切线方向的切应力 τ_t。

在横截面凸角处(见图5-17),如果有切应力,当然可以把它分解成分别沿 ab 边和 ac 边

法线的分量 τ_1 和 τ_2，但按照上面的证明，τ_1 和 τ_2 皆应等于零，故截面凸角处的切应力等于零。

非圆截面杆的自由扭转，一般在弹性力学中讨论。这里我们不加推导地引用弹性力学的一些结果，并只限于矩形截面杆扭转的情况。这时，横截面上的切应力分布如图 5-18 所示。边缘各点的切应力形成与边界相切的顺流。4 个角点上的切应力等于零。最大切应力发生于矩形长边的中点，且按下列公式计算

$$\tau_{\max} = \frac{M_T}{\alpha h b^2} \qquad (5-25)$$

图 5-17

图 5-18

式中 α 是一个与比值 h/b 有关的系数。短边中点的切应力 τ_1 是短边上最大的切应力，并按以下公式计算

$$\tau_1 = v\tau_{\max} \qquad (5-26)$$

式中 $\tau_{\max}$ 是长边中点的最大切应力。系数 v 与比值 h/b 有关。α 与 v 可从有关手册中查取。

思 考 题

1. 试绘制图 5-19 所示圆轴的扭矩图，并说明 3 个轮子应如何布置比较合理。

图 5-19

2. 试述切应力互等定律。

3. 变速箱中，为什么低速轴的直径比高速轴的直径大？

4. 内、外径分别为 d 和 D 的空心轴,其横截面的极惯性矩为 $I_p = \frac{1}{32}\pi D^4 - \frac{1}{32}\pi d^4$,抗扭截面系数为 $W_T = \frac{1}{16}\pi D^3 - \frac{1}{16}\pi d^3$。以上计算是否正确?何故?

5. 当圆轴扭转强度不够时,可采取哪些措施?

6. 直径 d 和长度 l 都相同,而材料不同的两根轴,在相同的扭矩作用下,它们的最大切应力 τ_{max} 是否相同?扭转角 ϕ 是否相同?为什么?

7. 当轴的扭转角超过许用扭转角时,用什么方法来降低扭转角?改用优质材料的方法好不好?

习　题

5-1 传动轴受外力偶矩如题 5-1 图示作用,试作出该轴的内力图。

题 5-1 图

5-2 求题 5-2 图示各轴截面 Ⅰ-Ⅰ、Ⅱ-Ⅱ、Ⅲ-Ⅲ 截面上的扭矩,并画出扭矩图。

题 5-2 图

5-3 在题 5-3 图示中,传动轴转速 $n = 250$ r/min,主动轮输入功率 $P_B = 7$ kW,从动轮 A、C、D 分别输出功率为 $P_A = 3$ kW,$P_C = 2.5$ kW,$P_D = 1.5$ kW,试画出该轴的扭矩图。

5-4 一实心轴的直径 $d = 100$ mm,扭矩 $M_T = 100$ kN·m。试求距圆心 $\frac{d}{8}$,$\frac{d}{4}$ 和 $\frac{d}{2}$ 处的切应力,并绘出切应力分布图。

答:$\tau_{\rho_1} = 127.3$ MPa,$\tau_{\rho_2} = 255$ MPa,$\tau_{max} = 509$ MPa。

5-5 一根直径 $d = 50$ mm 的圆轴,受到扭矩 $M_T = 2.5$ kN·m 的作用,试求出距圆心 10 mm 处点的切应力及轴横截面上的最大切应力。

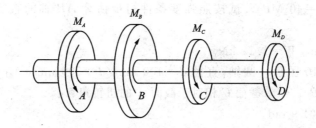

题 5-3 图

答：$\tau_\rho = 41$ MPa，$\tau_{max} = 102$ MPa。

5-6 题 5-6 图示为一根船用推进器的轴，其一段是实心的，直径为 280 mm；另一段是空心的，其内径为外径的一半。在两段产生相同的最大切应力的条件下，求空心轴的外径 D。

答：$D \geq 28.6$ cm。

题 5-6 图

5-7 实心轴截面上的扭矩 $M = 5$ kN·m；轴的许用切应力 $[\tau] = 50$ MPa，试设计轴的直径 d_1。若将轴改为空心轴，而内外直径之比 $d/D = 0.8$，试设计截面尺寸，并比较空心圆轴与实心圆轴的用料。

答：$d_1 = 80$ mm；$D = 95$ mm；$d = 76$ mm；$A_空 / A_实 = 51\%$。

5-8 一实心圆轴与四个圆盘刚性连接，置于光滑的轴承中，如题 5-8 图示。设 $M_A = M_B = 0.25$ kN·m，$M_C = 1$ kN·m，$M_D = 0.5$ kN·m，圆轴材料的许用切应力 $[\tau] = 20$ MPa。试按扭转强度条件计算该轴的直径。

答：$d = 50$ mm。

题 5-8 图

5-9 题 5-9 图示的绞车同时有两人操作，若每人加在手柄上的力都是 $F = 200$ N，已知轴的许用切应力$[\tau]=40$ MPa。试按照强度条件初步估算AB轴的直径，并确定最大起重量W。

答：$d \geqslant 21.7$ mm，$W=1.12$ kN。

5-10 题5-10图示一圆轴，直径$d=100$ mm，$l=500$ mm，$M_1=7$ kN·m，$M_2=5$ kN·m，$G=80$ GPa。试求截面C相对于截面A的扭转角ϕ_{CA}。

答：$\phi_{CA}=-0.0019$ rad。

题5-9图　　　　　题5-10图

5-11 一钢轴转速$n=250$ r/min，传递的功率$P=60$ kW，许用切应力$[\tau]=40$ MPa，许用单位扭转角$[\theta]=0.8°/$m，剪切弹性模量$G=80$ GPa，试设计轴的直径。

答：$d=68$ mm。

5-12 阶梯形圆轴的直径分别为$d_1=4$ cm，$d_2=7$ cm，轴上装有3个传动轮，如图题5-12所示。已知轮3输入的功率为$P_3=30$ kW，轮1输入的功率为$P_1=13$ kW，轴作匀速转动，转速$n=200$ r/min，材料的$[\tau]=60$ MPa，剪切弹性模量$G=80$ GPa，许用单位扭转角$[\theta]=2°/$m。试校核轴的强度和刚度。

答：$\tau_{AC,\max}=49.4$ MPa$<[\tau]$，$\tau_{BD,\max}=21.3$ MPa$<[\tau]$。
$\theta_{AC}=1.77°/$m$<[\theta]$，$\theta_{BD}=0.44°/$m$<[\theta]$。

题5-12图

5-13 传动轴如题 5-13 图示,轴的直径 $d=40$ mm,A 轮输出 $\frac{2}{3}$ 的功率,C 轮输出 $\frac{1}{3}$ 的功率,轴材料的剪切弹性模量 $G=80$ GPa,许用应力 $[\tau]=60$ MPa,许用单位扭转角 $[\theta]=0.5°/$m,电动机转速为 1 540 r/min,传动轮传动的速度比 $i=3$。试计算电动机的功率最大为多少?

答:$P \leqslant 133$ kW。

5-14 测量扭转角的装置如题 5-14 图所示,已知 $L=10$ cm,$d=1$ cm,$h=10$ cm,当外力偶矩增量为 $\Delta M=2$ N·m,百分表的读数增量为 25 分度(一分度$(1')=0.01$ mm)时。试计算材料的剪切弹性模量 G。

答:$G=81.5$ GPa。

题 5-13 图

题 5-14 图

第 6 章 弯曲内力

本章首先介绍平面弯曲的概念和梁的计算简图,然后着重讨论梁的内力,即剪力和弯矩、剪力方程和弯矩方程、剪力图和弯矩图,并进一步介绍载荷集度、剪力和弯矩间的微分关系及其在剪力图、弯矩图中的作用。

6.1 平面弯曲的概念和梁的计算简图

6.1.1 平面弯曲的概念

在工程实际中,经常遇到受力而发生弯曲变形的杆件。如图 6-1(a)所示矿车轮轴,它在车体的重力和轨道的反力作用下,车轴将变成一条曲线[见图 6-1(b)];又如图 6-1(c)所示的桥式吊车的横梁,在载荷和梁自重作用下也将发生弯曲变形[见图 6-1(d)];再如变速箱中的齿轮轴[见图 6-1(e)];轮齿的受力作用在齿轮轴上,使齿轮轴发生弯曲变形[见图 6-1(f)]等。

图 6-1

上述各例中的直杆,其受力的共同特点是:外力作用线垂直于杆的轴线,或外力偶作用面垂直于横截面。它们的变形特点是:杆件的轴线由原来的直线变成曲线。这种变形形式称为弯曲变形。凡发生弯曲变形或以弯曲变形为主的杆件均称为**梁**。

在工程实际中,大多数梁的横截面具有对称轴[见图 6-2(a)],对称轴 y 与梁的轴线 x 所组成的平面称为纵向对称面[见图 6-2(b)]。如果作用于梁上的外力(包括载荷和支座反力)都位于该纵向对称面内,且垂直于轴线,梁变形后的轴线将变成为纵向对称面内的一条平面曲线,这种弯曲变形称为**平面弯曲**。平面弯曲是弯曲变形中最简单最常见的情况。本章只限于研究直梁的平面弯曲内力及内力图。

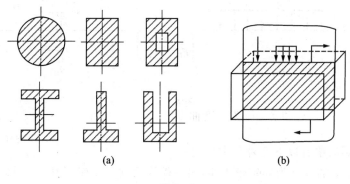

图 6-2

6.1.2 梁的计算简图

1. 梁的简化

为方便对梁进行分析和计算,须将工程实际中受弯构件简化成梁的计算简图。首先是梁的简化,如图 6-1 所示,不管梁的截面形状如何,都可以用梁的轴线代替梁。

2. 载荷的简化

梁所受的实际载荷按其作用形式,有集中载荷、分布载荷及集中力偶 3 种。

(1) 集中载荷 当载荷的作用范围很小时,可将其简化为集中载荷。如图 6-3(a)所示,辊轴两端轴承的支座反力分布在远比轴长 l 小得多的轴颈 a 上。因此,可简化为作用在轴颈长度中点的集中力 F_{R_A} 与 F_{R_B}[见图 6-3(b)]。

(2) 分布载荷 当载荷连续分布在梁的全长或部分长度上时,可将其简化为分布载荷,如图 6-3(a)中所示的作用在辊轴上的压轧力。分布载荷的大小,用单位长度上所受的载荷 q 表示[见图 6-3(b)]。它的单位是牛每米(N/m)或千牛每米(kN/m)。当载荷均匀分布时,又称为均布载荷,即 $q=$ 常数;当载荷分布不均匀时,q 沿梁的轴线变化,即 $q=q(x)$,q 为 x 的函数。

(3) 集中力偶 当梁上很小一段长度上作用力偶时,可将力偶简化为作用在该段长度的中间截面上,称为集中力偶。如图 6-3(c)所示,装有斜齿轮的传动轴,将其作用于齿轮上的

轴向力 F_{Na} 平移到轴线上,得到一个沿轴线作用力 F'_{Na} 和一个力偶 $m=F_{Na}D/2$。由于 CD 段比轴的长度短得多,因此,可简化为作用在 CD 段中点截面的集中力偶[见图 6-3(d)]。

图 6-3

3. 梁的种类

工程中常见到的梁有以下 3 种基本形式:

(1) 简支梁 梁的一端为固定铰支座,另一端为活动铰支座,如图 6-4(a)所示。

(2) 外伸梁 梁的一端或两端向外伸出简支梁,如图 6-4(b)所示。

(3) 悬臂梁 梁的一端为固定端,另一端为自由端,如图 6-4(c)所示。

图 6-4

6.2 弯曲时横截面上的内力——剪力和弯矩

6.2.1 剪力和弯矩的概念

为了计算梁的应力和变形,需要首先确定其内力。分析梁内力的方法仍然是截面法。

以简支梁为例,如图 6-5(a)所示,梁受集中力 F_1、F_2 作用,其支座反力 F_{R_A}、F_{R_B} 可以由静力平衡方程求出。这些外力均为已知,且构成平面(纵向对称面)平行力系,梁在该力系作用下处于平衡状态。欲求梁任一横截面 $m-m$ 上的内力,可设该截面距梁左端为 x。应用截面法,假想地将梁在截面 $m-m$ 处分成左右两段。取左段为研究对象[见图 6-5(b)],因为原来

的梁处于平衡状态,所以梁的左段也应保持平衡状态。为了维持左段梁的平衡,横截面 $m-m$ 上必然同时存在两个分量:

(1) 一个内力分量与竖直方向的外力平衡,其作用线平行于外力,通过截面形心并与梁的轴线垂直,该内力沿横截面作用,称为剪力 F_Q。

(2) 另一个内力分量与外力对截面形心的力矩平衡,其作用平面与梁的纵向对称面重合,该内力偶矩称为弯矩 M。

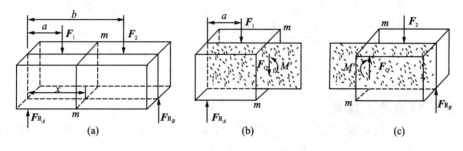

图 6-5

同样,若取右段为研究对象[见图 6-5(c)],则右段截面 $m-m$ 也同时存在一个剪力 F'_Q 和一个弯矩 M'。根据作用与反作用原理,剪力的大小相等($F_Q = F'_Q$),指向相反;弯矩的大小相等($M = M'$),转向相反。

6.2.2 剪力和弯矩的计算

选左段为研究对象,列平衡条件

$$\sum F_y = 0, \quad F_{R_A} - F_1 - F_Q = 0$$

$$\sum m_C(\boldsymbol{F}) = 0, \quad F_{R_A} \cdot x - F_1(x-a) - M = 0$$

解得

$$F_Q = F_{R_A} - F_1$$

$$M = F_{R_A} \cdot x - F_1(x-a)$$

上述两式表明:梁上任一截面的剪力等于截面一侧的所有外力的代数和;弯矩等于截面一侧所有外力对截面形心之矩的代数和。

6.2.3 剪力和弯矩的符号规定

为了使取左段梁与取右段梁在计算同一截面上的内力时具有相同的正负号,并由其正负号反映梁的变形情况,对剪力 F_Q 和弯矩 M 的正负号作如下规定。

1. 剪力 F_Q 的符号规定

取截面 $m-m$ 左段梁时,截面上的剪力向下为正;取右段梁时,剪力向上为正[见图 6-6(a)];反之,剪力为负[见图 6-6(b)]。即剪力方向与截面外法线按顺时针转 90°时一致,则剪力为正。剪力正负号的规定,还可以用紧靠截面的微段梁的相对变形来确定。即此微段梁相邻两截面发生左上右下的相对错动时,则截面上的剪力为正[见图6-6(a)];反之,剪力为负[见图6-6(b)]。

图 6-6

2. 弯矩 M 的符号规定

取截面 $m-m$ 左段梁时,截面上逆时针转向的弯矩为正;取右段梁时,截面上顺时针转向的弯矩为正[见图6-7(a)];反之,弯矩为负[见图6-7(b)]。

图 6-7

弯矩正负号的规定,也可以用梁的弯曲变形情况来确定。即若使梁的轴线产生上凹下凸变形时,则截面上的弯矩为正[见图6-7(a)];反之,若使梁的轴线产生上凸下凹变形时,则截面上的弯矩为负[见图6-7(b)]。

解题时,在截面上的剪力和弯矩均按正方向假设,以便于绘制内力图。下面举例说明弯曲时横截面上内力的求法。

例 6-1 一简支梁受集中力 $F_1=4$ kN,集中力偶 $M=4$ kN·m 和均布载荷 $q=2$ kN/m 的作用如图6-8(a)所示,试求1-1和2-2截面上的剪力和弯矩。

解: (1) 计算支座反力 取梁 AB 为研究对象[见图6-8(b)],列平衡方程

$$\sum m_B(F) = 0, \quad q \times 2 \text{ kN} \times 7 \text{ m} + F \times 4 \text{ kN·m} + M - P_{R_A} \times 8 \text{ kN·m} = 0$$

$$\sum F_y = 0, \quad F_{R_A} - q \times 2 \text{ kN} - F + F_{R_B} = 0$$

解得 $\qquad F_{R_A} = 6 \text{ kN}, \quad F_{R_B} = 2 \text{ kN}$

(2) 计算截面上的剪力和弯矩 取截面1-1左段为研究对象[见图6-8(c)],列平衡方程

$$\sum m_C(F) = 0, \quad -F_{R_A} \times 3 \text{ m} + q \times 2 \text{ kN} \times 2 \text{ m} + M_1 = 0$$

解得 $\qquad F_{Q1} = 2 \text{ kN}, \qquad M_1 = 10 \text{ kN} \cdot \text{m}$

图 6-8

取截面 2-2 左段为研究对象[见图 6-8(d)]，列平衡方程

$\sum F_y = 0, \qquad F_{R_A} - q \times 2 \text{ kN} - F - F_{Q2} = 0$

$\sum m_D(\boldsymbol{F}) = 0, \qquad -F_{R_A} \times 5 \text{ kN} \cdot \text{m} + q \times 2 \times 4 \text{ kN} \cdot \text{m} + F \times 1 \text{ kN} \cdot \text{m} + M_2 = 0$

解得 $F_{Q2} = -2 \text{ kN}, \qquad M_2 = 10 \text{ kN} \cdot \text{m}$

若右段为研究对象[见图 6-8(e)、(f)]解得结果相同。但计算 F_{Q1} 和 M_1 时选左段梁较为简便，而计算 F_{Q2} 和 M_2 时选右段梁较为简便。

另外，根据剪力和弯矩的符号规定，也可不必选取研究对象，而直接由外力得出。

(1) 剪力　截面以左向上的外力或截面以右向下的外力产生正剪力（简称左上右下生正剪）；反之为负。

(2) 弯矩　截面以左顺时针转向的外力偶或截面以右逆时针转向的外力偶产生正弯矩（简称左顺右逆生正弯矩）；反之为负。

这种直接根据外力来计算弯曲内力的方法比截面法更加简便，以后经常使用。如对本例，取左侧直接可得

$F_{Q1} = F_{R_A} - q \times 2 = 6 \text{ kN} - 2 \times 2 \text{ kN} = 2 \text{ kN}$

$M_1 = F_{R_A} \times 3 - q \times 2 \times 2 = 6 \times 3 \text{ kN} \cdot \text{m} - 2 \times 2 \times 2 \text{ kN} \cdot \text{m} = 10 \text{ kN} \cdot \text{m}$

$F_{Q2} = F_{R_A} - q \times 2 - F = 6 \text{ kN} - 2 \times 2 \text{ kN} - 4 \text{ kN} = -2 \text{ kN}$

$M_2 = F_{R_A} \times 5 - q \times 2 \times 4 - F \times 1 =$

$$6 \times 5 \text{ kN} \cdot \text{m} - 2 \times 2 \times 4 \text{ kN} \cdot \text{m} - 4 \times 1 \text{ kN} \cdot \text{m} = 10 \text{ kN} \cdot \text{m}$$

取右侧可得

$$F_{Q2} = -F_{R_B} + F = (-2+4) \text{ kN} = 2 \text{ kN}$$

$$M_1 = F_{R_B} \times 5 + M - F \times 1 =$$
$$2 \times 5 \text{ kN} \cdot \text{m} + 4 \text{ kN} \cdot \text{m} - 4 \times 1 \text{ kN} \cdot \text{m} = 10 \text{ kN} \cdot \text{m}$$

$$F_{Q2} = -F_{R_B} = -2 \text{ kN}$$

$$M_2 = F_{R_B} \times 3 + M = 2 \times 3 \text{ kN} \cdot \text{m} + 4 \text{ kN} \cdot \text{m} = 10 \text{ kN} \cdot \text{m}$$

可见，不论取截面左侧或右侧，所得结果与截面法的结果完全相同。读者应在充分掌握截面法的基础上，再进一步熟练掌握本方法。

6.3 剪力方程和弯矩方程、剪力图和弯矩图

一般情况下，梁的各横截面上的剪力和弯矩大小是不同的，它们随横截面位置的不同而变化。如取梁的轴线为 x 轴，坐标 x 表示截面位置，则剪力 F_Q 和弯矩 M 可以表示为 x 的函数，即

$$F_Q = F_Q(x), \qquad M = M(x) \tag{6-1}$$

式(6-1)表示了剪力 F_Q 和弯矩 M 随截面位置 x 的变化规律，分别称为**剪力方程**和**弯矩方程**。

图 6-9

为了清楚地表示梁上各横截面的剪力和弯矩的大小、正负及最大值所在截面的位置，把剪力方程和弯矩方程用函数图像表示出来，分别称为剪力图和弯矩图。其绘制方法是：以平行于梁轴的横坐标表示横截面位置，以纵坐标表示横截面上的剪力 F_Q 或弯矩 M，分别绘制 $F_Q = F_Q(x)$ 或 $M = M(x)$ 的图线。

下面举例说明建立剪力方程、弯矩方程和绘制剪力图、弯矩图的方法。

例 6-2 简支梁受均布载荷 q 的作用，如图 6-9(a)所示，试绘制此梁的剪力图和弯矩图。

解：（1）求支座反力　选梁 AB 为研究对象，由对称性知：A、B 两支座的反力为

$$F_{R_A} = F_{R_B} = \frac{1}{2} ql$$

（2）列剪力方程和弯矩方程　取任意截面 x，则有

$$F_Q = F_{R_A} - qx = \frac{1}{2}ql - qx \quad (0 < x < l) \tag{1}$$

$$M = F_{R_A}x - qx\frac{x}{2} = \frac{ql}{2}x - \frac{1}{2}qx^2 \quad (0 \leqslant x \leqslant l) \tag{2}$$

(3) 画剪力图和弯矩图　由式(1)可知,剪力是 x 的一次函数,故剪力图为一斜直线。绘制时可定两点:当 $x \to 0$ 时,$F_{Q_A} = \frac{ql}{2}$;当 $x \to l$ 时,$F_{Q_B} = -\frac{ql}{2}$,剪力图如图 6-9(b)所示。

由式(2)可知,弯矩是 x 的二次函数,故弯矩图为一抛物线。绘制时可定 3 点:

当 $x=0,M_A=0$;当 $x=l,M_B=0$;当 $x=\frac{l}{2}$, $M_C = \frac{ql^2}{8}$。

作弯矩图如图 6-9(c)所示。

(4) 确定 $F_{Q,\max}$ 和 $M_{\max}$　由剪力图和弯矩图可知

$$F_{Q,\max} = \frac{1}{2}ql, \qquad M_{\max} = \frac{1}{8}ql^2$$

例 6-3　简支梁见图 6-10(a),在截面 C 处受集中力作用,试绘制此梁的剪力图和弯矩图。

解:(1) 求支座反力　选 AB 为研究对象,列平衡方程可得 A 和 B 两支座的反力分别为

$$F_{R_A} = \frac{Fb}{l} \qquad F_{R_B} = \frac{Fa}{l}$$

(2) 分段列剪力方程和弯矩方程　由于梁在 C 点处有集中力 F 作用,故 AC 和 CB 两段的剪力、弯矩方程不同,必须分别列出:

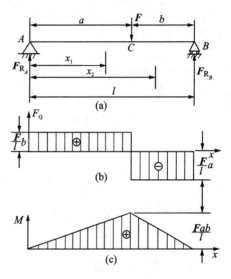

图 6-10

AC 段
$$F_{Q1}(x) = F_{R_A} = \frac{Fb}{l} \quad (0 < x_1 < a) \tag{1}$$

$$M_1(x) = F_{R_A}x_1 = \frac{Fb}{l}x_1 \quad (0 \leqslant x_1 \leqslant a) \tag{2}$$

BC 段
$$F_{Q2}(x) = F_{R_A} - F = -\frac{Fa}{l} \quad (a < x_2 < l) \tag{3}$$

$$M_2(x) = F_{R_A}x_2 - F(x_2 - a) = \frac{Fa}{l}(l - x_2) \quad (a \leqslant x_2 \leqslant l) \tag{4}$$

(3) 画剪力图和弯矩图　由剪力方程式(1),(3)可知,AC 段和 BC 段梁上的剪力为两个不同的常数,故其剪力图均为水平直线,如图 6-10(b)所示。

由弯矩方程式(2),(4)可知,AC 段和 BC 段梁上的弯矩均为 x 的一次函数,故两段弯矩图均为斜率不同的两条直线。由特征点数值: $x=0, M_A=0, x=a, M_C=Fab/l; x=l, M_B=0$,

即可以画出弯矩图 6-10(c)所示图形。

由剪力图可知,在集中力作用处,剪力值发生突变,突变方向与该集中力的指向相同,突变值等于该集中力的大小,即

$$\left| F_{Q_C}^{右} - F_{Q_C}^{左} \right| = \left| -\frac{Fa}{l} - \frac{Fb}{l} \right| = F$$

式中 $F_{Q_C}^{左}$ 和 $F_{Q_C}^{右}$ 分别表示截面 C 两侧无限接近的截面上的剪力值。

图 6-11

(4)确定 $F_{Q,max}$ 设 M_{max}　设 $a > b$,则在集中力 F 作用处的截面右侧,有 $F_{Q,max} = \dfrac{Fa}{l}$,而集中作用处,有 $M_{max} = \dfrac{Fab}{l}$;若集中力 F 作用在梁的中点,即 $a = b = \dfrac{l}{2}$ 时,有 $F_{Q,max} = \dfrac{F}{2}$,$M_{max} = \dfrac{Fl}{4}$。

例 6-4　简支梁如图 6-11(a)所示,在截面 C 处受集中力偶 M 的作用,试绘制此梁的剪力图和弯矩图。

解:(1)求支座反力　选梁 AB 为研究对象,由力偶平衡方程 $\sum m = 0$,得

$$F_{R_A} = F_{R_B} = \frac{M}{l}$$

(2)分段列剪力方程和弯矩方程　由于梁上有集中力偶 M 的作用,故将梁分为 AC 和 BC 两段。

AC 段
$$F_{Q1}(x) = F_{R_A} = \frac{M}{l} \qquad (0 < x_1 \leqslant a) \tag{1}$$

$$M_1(x) = F_{R_A} x_1 = \frac{Fx_1}{l} \qquad (0 \leqslant x_1 < a) \tag{2}$$

BC 段
$$F_{Q2}(x) = F_{R_A} = \frac{M}{l} \qquad (0 < x_2 \leqslant l) \tag{3}$$

$$M_2(x) = -F_{R_B}(l - x_2) = -\frac{M}{l}(l - x_2) \qquad (a < x_2 \leqslant l) \tag{4}$$

(3)画剪力图和弯矩图　由于整个梁上剪力为一常数,故剪力图为一水平直线,如图 6-11(b)所示。

由弯矩方程式(2)、(4)可知,AC 段和 BC 段梁上的弯矩图为两条斜直线。

AC 段　$x = 0$,$M_A = 0$;$x = a^-$,$M_C^{左} = Ma/l$
CB 段　$x = a^+$,$M_C^{右} = Mb/l$;$x = l$,$M_B = 0$

(4)确定 $F_{Q,max}$ 和 M_{max} 梁上各截面上的剪力均相等,而 C 截面左侧的弯矩最大,即

$$F_{Q,\max} = \frac{M}{l}, \qquad M_{\max} = \frac{Ma}{l}$$

由 M 图可以看出，在集中力偶作用处的截面两侧，剪力值相等，而弯矩值发生突变。若从左向右作图，正力偶向下突变，负力偶向上突变，突变量等于该集中力偶 M 的值，即

$$| M_C^{右} - M_C^{左} | = \left| -\frac{Ma}{l} - \frac{Mb}{l} \right| = M$$

上式中 $M_C^{右}$ 和 $M_C^{左}$ 分别表示截面 C 左右两侧无限接近的截面上的弯矩。

6.4 载荷集度、剪力和弯矩之间的关系

轴线为直线的梁如图 6-12(a) 所示。以轴线为 x 轴，y 轴向上为正。梁上分布载荷的集度 $q(x)$ 是 x 的连续函数，且规定 $q(x)$ 向上（与 y 轴方向一致）为正。从梁中取出长为 dx 的微段，并放大为 6-12(b)。微段左边截面上的剪力和弯矩分别是 $F_Q(x)$ 和 $M(x)$。当 x 有一增量 dx 时，$F_Q(x)$ 和 $M(x)$ 的相应增量是 $dF_Q(x)$ 和 $dM(x)$。所以，微段右边截面上的剪力和弯矩应分别为 $F_Q(x) + dF_Q(x)$ 和 $M(x) + d(x)$。微段上的这些内力都取正值，且设微段内无集中力和集中力偶。由微段的平衡方程

$$\sum F_y = 0, \qquad \sum m_C(\overline{F}) = 0$$

得

$$F_Q(x) - [F_Q(x) + dF_Q(x)] + q(x)dx = 0$$

$$-M(x) + [M(x) + dM(x)] - F_Q(x)dx - q(x)dx \cdot \frac{dx}{2} = 0$$

省略第二式中的高阶微量 $q(x)dx \cdot \dfrac{dx}{2}$，整理后得出

$$\frac{dF_Q(x)}{dx} = q(x) \qquad (6-2)$$

$$\frac{dM(x)}{dx} = F_Q(x) \qquad (6-3)$$

这就是直梁微段的平衡方程。如将式(6-3)对 x 取导数，并利用式(6-2)，又可得出

$$\frac{d^2 M(x)}{dx^2} = \frac{dF_Q(x)}{dx} = q(x) \qquad (6-4)$$

以上 3 式表示了直梁的 $q(x)$、$F_Q(x)$ 和 $M(x)$ 间的导数关系。

图 6-12

根据上述导数关系，容易得出下面一些推论。这些推论对绘制或校核剪力图和弯矩图是很有帮助的。

(1) 在梁的某一段内，若无载荷作用，即 $q(x) = 0$。由 $\dfrac{dF_Q(x)}{dx} = q(x) = 0$ 可知，在这一段

内 $F_Q(x)$ = 常数，剪力图是平行于 x 轴的直线，如图 6-10(b) 所示。再由 $\dfrac{d^2 M(x)}{dx^2} = q(x) = 0$ 可知，$M(x)$ 是 x 的一次函数，弯矩图是斜直线，如图 6-10(c) 所示。

(2) 在梁的某一段内，若作用均布载荷，即 $q(x)$ = 常数。由于 $\dfrac{d^2 M(x)}{dx^2} = \dfrac{d F_Q(x)}{dx} = q(x) =$ 常数，故在这一段内 $F_Q(x)$ 是 x 的一次函数，$M(x)$ 是 x 的二次函数。因而剪力图是斜直线，弯矩图是抛物线[见图 6-9(b)、(c)]。

在梁的某一段内，若分布载荷 $q(x)$ 向下，则因向下的 $q(x)$ 为负，故 $\dfrac{d^2 M(x)}{dx^2} = q(x) < 0$，这表明弯矩图应为向上凸的曲线[见图 6-9(c)]。反之，若分布载荷向上，则弯矩图应为向下凸的曲线。

(3) 在梁的某一截面上，若 $F_Q(x) = \dfrac{dM(x)}{dx} = 0$，则弯矩在这一截面上有一极值(极大或极小)，即弯矩的极值发生于剪力为零的截面上(见图 6-9)。

(4) 在集中力作用处，剪力图发生突变，突变量等于该集中力的大小，若从左向右作图，突变方向与集中力方向相同；弯矩图的斜率也突然发生变化，成为一个转折点。如例 6-3 之弯矩的极值就可能出现于这类截面上。

(5) 在集中力偶作用处，弯矩图发生突变(例 6-4)，突变量等于该集中力偶矩的大小，若从左向右作图，逆时针转动的力偶向下突变，反之向上突变，此处也将出现弯矩的极值。

(6) 利用导数关系(6-2)和(6-3)，经过积分得

$$F_Q(x_2) - F_Q(x_1) = \int_{x_1}^{x_2} q(x) dx \tag{6-5}$$

$$M(x_2) - M(x_1) = \int_{x_1}^{x_2} F_Q(x) dx \tag{6-6}$$

以上(6-5)、式(6-6)两式表明，在 $x = x_2$ 和 $x = x_1$ 两截面上的剪力之差，等于两截面间载荷图的面积；两截面上的弯矩之差，等于两截面间剪力图的面积。上述关系自然也可以用于剪力图和弯矩图的绘制与校核。

例 6-5 悬臂梁如图 6-13 所示，自由端受集中力 F 作用，梁的 BC 段受均布载荷作用，已知 $F = 3$ kN，$q = 3$ kN/m，试绘制此梁的剪力图和弯矩图。

解：(1) 对悬臂梁可不必求出支座反力，由于 AC 段无分布载荷，故剪力图为一水平直线，其值为 $F_{Q1} = F = 3$ kN。又因 BC 段有均布载荷作用，故剪力图为一斜直线，q 向下，则向下倾斜。绘制直线可定两点：$x = 2$ m，$F_{Q_B} = F = 3$ kN；$x = 6$ m，$F_{Q_B} = F - q \times 4 = -9$ kN。

全梁剪力图如图 6-13(b) 所示，由此剪力图可见，最大剪力发生在固定端 C，其值为 $|F_{Q,\max}| = 9$ kN。

(2) 画弯矩图　因 AB 段无载荷作用，故弯矩图为一斜直线。又因 $F_Q > 0$，故 M 图向上倾

斜。绘制斜直线可定两点：$x=0$，$M_A=0$；$x=2$ m，$M_A=F\times 2$ m$=3$ kN$\times 2$ m$=6$ kN·m。

因 BC 段上有均布载荷作用，故弯矩图为一抛物线，$M_x=Fx+\dfrac{q(x-2)^2}{2}$，$(2\leqslant x<6)$。

绘制抛物线可定三点：$x=2$ m，$M_B=6$ kN·m；$x=6$ m，$M_C=F\times 6$ m$-q\times 4$ m$\times 2$ m$=-6$ kN·m。

由 $F_{Q_D}=0$ 和 F_Q 图中的几何关系，可解得 $x_D=3$ m，故该截面上的弯矩有极大值

$$M_{\max}=M_D=F\times 3-q\times 1\times 0.5=3 \text{ kN}\times 3 \text{ m}-3 \text{ kN/m}\times 1 \text{ m}\times 0.5 \text{ m}=7.5 \text{ kN·m}$$

这为全梁的最大弯矩，弯矩图如图 6-13(c)所示。

例 6-6 外伸梁及其所受载荷如图 6-14(a)所示，试作梁的剪力图和弯矩图。

解： 由静力平衡方程，求得反力

$$F_{R_A}=7 \text{ kN} \qquad F_{R_B}=5 \text{ kN}$$

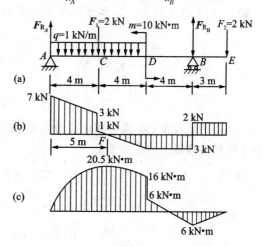

图 6-13

图 6-14

按照以前使用的方法作剪力图和弯矩图时，应分别列出 F_Q 及 M 的方程式，然后按照方程式作图。现在利用本节所得结论，可以不列方程式直接作图。在支反力 F_{R_A} 的右侧梁截面上，剪力为 7 kN。截面 A 到截面 C 之间的载荷为均布载荷，剪力图为斜直线。算出集中力 F_1 左侧截面上的剪力为 $(7-1\times 4)$ kN$=3$ kN，即可确定这条斜直线[见图 6-14(b)]。截面 C 处有一集中力 F_1，剪力图发生突然变化，变化的数值即等于 F_1。故 F_1 右侧截面上的剪力为 $(3-2)$ kN$=1$ kN。从 C 到 D 剪力图又为斜直线。截面 D 上的剪力为 $(1-1\times 4)$ kN$=-3$ kN。截面 D 及 B 之间梁上无载荷，剪力图为水平直线。截面 B 与 E 之间剪力图也为水平直线，算出 F_{R_B} 右侧截面上的剪力为 2 kN，即可画出这一条水平线。

截面 A 上弯矩为零。从 A 梁到 C 梁上为均布载荷，弯矩图为抛物线。算出截面 C 上的弯矩为 $\left(7\times 4-\dfrac{1}{2}\times 1\times 4\times 4\right)$ kN·m$=20$ kN·m。从 C 到 D 弯矩图为另一抛物线。在截面

F 上剪力等于零,弯矩为极值。F 至左端的距离为 5 m,故可求出截面 F 上弯矩的极值为

$$M_{max} = \left(7 \times 5 - 2 \times 1 - \frac{1}{2} \times 1 \times 5 \times 5\right) \text{kN} \cdot \text{m} = 20.5 \text{ kN} \cdot \text{m}$$

在集中力偶 m 左侧截面上弯矩为 16 kN·m。已知 C、F 及 D 等三个截面上的弯矩,即可连成 C 到 D 之间的抛物线。截面 D 上有一集中力偶,弯矩图突然变化,而且变化的数值等于 m。所以在 m 右侧梁截面上,$M=(16-10)$kN·m$=6$ kN·m。从 D 到 B 梁上无载荷,弯矩图为斜直线。算出在截面 B 上,$M_B = -6$ kN·m,于是就决定了这条直线。B 到 E 之间的弯矩图也是斜直线,由于 $M_E = 0$,斜直线是容易画出的。

建议读者用公式(6-5)和(6-6)校核所得结果。

本章所讲的作剪力图和弯矩图的方法,基本上也适用于刚架。所谓刚架,就是由一些杆件作刚性连接所组成的结构,在连接处不能有任何的相对位移和转动,这种连接称为刚节点,如图 6-15(a)所示。

刚架横截面上的内力一般有轴力、剪力和弯矩。对于静定刚架,内力可由静力平衡方程确定。在绘制刚架的弯矩图时,约定把弯矩图画在杆件弯曲变形凹入的一侧,亦即画在受压一侧,而不再考虑正负号。下面以例说明刚架的内力图的做法。

例 6-7 作图 6-15(a)所示刚架的轴力图、剪力图和弯矩图。

解: (1) 求支反力 设各支座反力的方向如图 6-15(a)所示,由平衡方程得

$$F_{Ax} = ql \quad (\leftarrow)$$

$$F_{R_B} = \frac{ql}{2} \quad (\uparrow)$$

$$F_{Ay} = F_{R_B} = \frac{ql}{2} \quad (\leftarrow) \quad \text{(求解过程略)}$$

(2) 将 AC 段及 CB 段坐标原点分别设在 A 点和 B 点,并设截面至原点的距离分别为 x_1 及 x_2,可列出两段的内力方程如下

AC 段

$$F_{N1} = F_{Ay} = \frac{ql}{2} \quad (0 < x_1 \leqslant l)$$

$$F_{Q1} = F_{Ax} - qx_1 = ql - qx_1 \quad (0 < x_1 \leqslant l)$$

$$M_1 = F_{Ax}x_1 - qx_1 \cdot \frac{x_1}{2} = qlx_1 - \frac{qx_1^2}{2} \quad (0 < x_1 \leqslant l)$$

CB 段

$$F_{N2} = 0 \quad (0 < x_2 \leqslant l)$$

$$F_{Q2} = -F_{R_B} = -\frac{ql}{2} \quad (0 < x_2 < l)$$

$$M_2 = F_{R_B} \cdot x_2 = \frac{ql}{2} \cdot x_2 \quad (0 \leqslant x_2 \leqslant l)$$

(3) 画内力图 由上列各式知,CB 段的轴力为零,AC 段的弯矩图为二次抛物线,其他各段的内力图皆为直线。确定有关截面的坐标后可画出刚架的轴力图、剪力图,如图 6-15(b)、

(c)所示;按弯矩图画在受压一侧的规定作出刚架的弯矩图,如图 6-15(d)所示。

图 6-15

思 考 题

1. 悬臂梁的 B 端作用有集中力 F,它与 Oxy 平面的夹角如侧视图所示。试说明当截面为圆形、正方形和长方形时,梁是否发生平面弯曲?为什么?

图 6-16

2. 何谓横截面上的剪力和弯矩?剪力和弯矩的大小如何计算?正负如何确定?

3. 如何列出剪力方程和弯矩方程?如何应用剪力方程和弯矩方程画剪力图和弯矩图?

4. 在梁上受集中力和集中力偶作用处,其剪力图和弯矩图在该处如何变化?

5. 弯矩图为二次曲线时,其极值点位置如何确定?$|M_{极值}|$是否一定是全梁中弯曲的最

大值?

习 题

6-1 求出题 6-1 图示中各梁中 C、D 和 e 截面的内力。其中 Δ 趋于零。

题 6-1 图

6-2 试列出题 6-2 图示中各梁的剪力方程和弯矩方程式,作剪力图和弯矩图,并求出 $|F_{Q,\max}|$ 和 $|M_{\max}|$。

题 6-2 图

6-3 试按题6-3图示中给出的剪力图和弯矩图,确定出作用在梁上的载荷图,并在梁上画出。

6-4 试求题6-4图示中三梁的$|M_{max}|$,并加以比较。

题 6-3 图   题 6-4 图

6-5 按题6-5图示起吊一根自重为q的等截面钢筋混凝土构件。问吊装时起吊点位置x应为多少才最合适(最不易使构件折断)?

答:$x = 0.207l$。

6-6 题6-6图示中的天车梁小车轮距为c,起重力为G,问小车走到什么位置时,梁的弯矩最大?并求出M_{max}。

答:$x = \dfrac{l}{2} - \dfrac{c}{4}$, $M_{max} = \dfrac{G}{4l}\left(l - \dfrac{c}{4}\right)^2$。

题 6-5 图   题 6-6 图

6-7 试用q,F_Q及M的微分关系作题6-7图示各梁的剪力图和弯矩图,并求出$|F_{Q,max}|$和$|M_{max}|$。

*6-8 作题6-8图示刚架的内力图。

题 6-7 图

题 6-8 图

第7章 弯曲应力及弯曲强度计算

本章详细地推导了梁弯曲时的正应力和切应力公式,在此基础上讨论梁的正应力和切应力强度计算。

7.1 纯弯曲梁横截面上的正应力

在确定了梁横截面上的内力之后,还要进一步研究截面上的应力。不仅要找出应力在截面上的分布规律,还要找出它和整个截面上的内力之间的定量关系,从而建立梁的强度条件,进行强度计算。

7.1.1 纯弯曲概念

一般情况下,梁截面上既有弯矩,又有剪力。对于横截面上的某点而言,则既有正应力又有切应力。但是,梁的强度主要决定于截面上的正应力,切应力居于次要地位。所以本节将讨论梁在纯弯曲(截面上没有切应力)时横截面上的正应力。

一简支梁如图7-1(a)所示。梁上作用着两个对称的集中力 F,该梁的剪力图和弯矩图如图7-1(b)、(c)所示。梁在 AC 和 DB 两段内,各横截面上既有弯矩 M 又有剪力 F_Q,这种弯曲称为**剪切弯曲**;而在梁的 CD 段内,横截面上只有弯矩而没有剪力,且全段内弯矩为一常数,这种情况下的弯曲,称为**纯弯曲**。

图 7-1

7.1.2 实验观察与假设

将图 7-1 中简支梁受纯弯曲的 CD 段作为研究对象。变形之前,在梁的表面画两条与轴线相垂直的横线Ⅰ-Ⅰ和Ⅱ-Ⅱ,再画两条与轴线平行的纵线 ab 和 cd[见图 7-2(a)]。梁 CD 段是纯弯曲,相当于两端受力偶(力偶矩 $M=Fa$)作用,如图 7-2(b)所示。观察纯弯曲时梁的变形可以看到如下现象:

(1) 梁变形后,横向线段Ⅰ-Ⅰ和Ⅱ-Ⅱ还是直线,与变形后的轴线仍然垂直,但倾斜了一个小角度 $d\theta$[见图 7-2(b)和图 7-3]。

图 7-2

(2) 纵线 ab 缩短了,而纵线 cd 伸长了。根据观察到的外表现象来推测梁的内部变形情况,如果认为表面上的横向线反映了整个截面的变形,便可作出如下假设:横截面在变形前为平面,变形后仍为平面,且仍垂直于变形后梁的轴线,只是绕横截面上某个轴旋转了一个角度。这就是梁纯弯曲时的**平面假设**。根据这个假设可以推知梁的各纵向纤维都是受到轴向拉伸和压缩的作用,因此横截面上只有正应力。

7.1.3 正应力计算公式

研究梁横截面上的正应力,需要考虑变形几何关系、物理关系和静力学关系 3 个方面,下面分别进行分析。

1. 几何关系

将变形后梁Ⅰ-Ⅰ、Ⅱ-Ⅱ之间的一段截取出来进行研究(见图 7-3)。两截面Ⅰ-Ⅰ、Ⅱ-Ⅱ原来是平行的,现在互相倾斜了一个小角度 $d\theta$,纵线 ab 变成了纵线 $a'b'$,比原来长度缩短了,纵线 cd 变成了 $c'd'$,比原来长度伸长了。由于材料是均匀连续的,所以变形也是连续的。这样,由压缩过渡到伸长之间,必有一条纵线 OO' 的长度保持不变。若把 OO' 纵线看成材料的一层纤维,则这层纤维既不伸长也不缩短,称为**中性层**。中性层与横截面的交线称为**中性轴**,如图 7-4 所示。

第 7 章 弯曲应力及弯曲强度计算

图 7-3

图 7-4

在图 7-3 中，OO' 即为中性层，设其曲率为 ρ，$c'd'$ 到中性轴的距离为 y，则纵线 cd 的绝对伸长为

$$\Delta cd = c'd' - cd = (\rho + y)d\theta - \rho \cdot d\theta = yd\theta$$

纵线 cd 的线应变为

$$\varepsilon = \frac{\Delta cd}{cd} = \frac{yd\theta}{\rho d\theta} = \frac{y}{\rho} \tag{7-1}$$

显然，$1/\rho$ 是中性层的曲率。该曲率由梁及其受力情况确定，故它是一个常量。由此不难看出：**线应变的大小与其到中性层的距离成正比**。这个结论反映了纯弯曲时变形的几何关系。

2. 物理关系

由于纯弯曲时，各层纤维是受到轴向拉伸和压缩的作用，因此材料的应力与应变的关系应符合拉压胡克定律

$$\sigma = E \cdot \varepsilon$$

将式(7-1)代入上式可得

$$\sigma = E \frac{y}{\rho} \tag{7-2}$$

式(7-2)中：E 是材料的弹性模量；对于指定的截面，ρ 为常数。故式(7-2)说明，**横截面上任一点的正应力与该点到中性轴的距离 y 成正比**，即应力沿梁的高度按直线规律分布，如图 7-5 所示。

式(7-2)中中性轴位置尚未确定，$1/\rho$ 是未知量，所以不能直接求出正应力 σ，为此必须通过静力学关系来解决。

3. 静力学关系

在梁的横截面上 K 点附近取微面积 $\mathrm{d}A$,设 z 为横截面的中性轴,K 点到中性轴的距离为 y,若该点的正应力为 σ,则微面积 $\mathrm{d}A$ 的法向内力为 $\sigma \cdot \mathrm{d}A$。截面上各处的法向内力构成一个空间平行力系。应用平衡条件 $\sum F_x = 0$,则有

图 7-5

$$\int_A \sigma \mathrm{d}A = 0 \qquad (7-3)$$

将式(7-2)代入式(7-3)中得

$$\int_A \frac{E}{\rho} y \cdot \mathrm{d}A = 0$$

或写成

$$\frac{E}{\rho} \int_A y \cdot \mathrm{d}A = 0$$

即

$$\int_A y \cdot \mathrm{d}A = 0 \qquad (7-4)$$

式中,积分 $\int_A y \cdot \mathrm{d}A = y_C \cdot A = S_z$,为截面对 z 轴的静矩,故有

$$y_C \cdot A = 0$$

显然,横截面面积 $A \neq 0$,只有 $y_C = 0$。这说明横截面的形心在 z 轴上,即中性轴必须通过横截面的形心。这样,就确定了中性轴的位置。再由 $\sum m_z(F) = 0$,得

$$M_{外} = \int_A \sigma y \mathrm{d}A = M \qquad (7-5)$$

式中,$M_{外}$ 是此段梁所受的外力偶,其值应等于截面上的弯矩。将式(7-2)代入式(7-5)中,得

$$M = \int_A \frac{E}{\rho} y^2 \mathrm{d}A = \frac{E}{\rho} \int_A y^2 \mathrm{d}A$$

令

$$I_z = \int_A y^2 \mathrm{d}A$$

则

$$\frac{1}{\rho} = \frac{M}{EI_z} \qquad (7-6)$$

式中:I_z 称为横截面对中性轴 z 的**惯性矩**;$1/\rho$ 表示梁的弯曲程度,$1/\rho$ 愈大,梁弯曲愈大,$1/\rho$ 愈小,梁弯曲愈小;EI_z 与 $1/\rho$ 成反比,所以 EI_z 表示梁抵抗弯曲变形的能力,称为**抗弯刚度**。

将式(7-6)代入式(7-2)中,即可求出正应力

$$\sigma = E \cdot \frac{y}{\rho} = E \cdot y \cdot \frac{M}{EI_z}$$

即

$$\sigma = \frac{M}{I_z} y \tag{7-7}$$

式中：σ 为横截面上任一点处的正应力；M 为横截面上的弯矩；y 为横截面上任一点到中性轴的距离；I_z 为横截面对中性轴 z 的惯性矩。

从公式(7-7)可以看出，中性轴上 $y=0$，故 $\sigma=0$，而最大正应力 σ_{max} 产生在离中性轴最远的边缘，即 $y=y_{max}$ 时，$\sigma=\sigma_{max}$，即

$$\sigma_{max} = \frac{M}{I_z} y_{max} \tag{7-8}$$

由式(7-8)知，对梁上某一横截面来说，最大正应力位于距中性轴最远的地方。

令

$$\frac{I_z}{y_{max}} = W_z$$

于是有

$$\sigma_{max} = \frac{M}{W_z} \tag{7-9}$$

式中，W_z 称为**抗弯截面模量**，它也是只与截面的形状和尺寸有关的一种几何量，单位为 mm^3。对于矩形截面(宽为 b，高为 h)，则

$$W_z = \frac{I_z}{y_{max}} = \frac{bh^3/12}{h/2} = \frac{bh^2}{6} \tag{7-10}$$

对于圆形截面(直径为 d)，有

$$W_z = \frac{I_z}{y_{max}} = \frac{\pi d^4/64}{d/2} = \frac{\pi d^3}{32} \tag{7-11}$$

对于空心圆截面(外径为 D，内径为 d，令 $\alpha=d/D$)，则

$$W_z = \frac{I_z}{y_{max}} = \frac{\frac{\pi}{64}(D^4-d^4)}{D/2} = \frac{\pi D^3}{32}(1-\alpha^4) \tag{7-12}$$

各种型钢的 W_z 值可以从型钢表中查得。

例 7-1 一空心矩形截面悬臂梁受均布载荷作用，如图 7-6(a)所示。已知梁跨长 $l=1.2\ m$，均布载荷集度 $q=20\ kN/m$，横截面尺寸为 $H=12\ cm$，$B=6\ cm$，$h=8\ cm$，$b=3\ cm$。试求此梁外壁和内壁的最大正应力，并画出应力分布图。

解：(1) 作弯矩图，求最大弯矩 梁的弯矩图如图 7-6(b)所示，在固定端横截面上的弯矩绝对值最大，为

$$|M|_{max} = \frac{ql^2}{2} = \frac{20 \times 1\ 000\ N/m \times 1.2^2\ m^2}{2} = 14\ 400\ N \cdot m$$

(2) 计算横截面的惯性矩　横截面对中性轴的惯性矩为

$$I_z = \frac{BH^3}{12} - \frac{bh^3}{12} = \left(\frac{6 \times 12^3}{12} - \frac{3 \times 8^3}{12}\right) \text{cm}^4 = 736 \text{ cm}^4$$

(3) 计算应力　由公式(7-8)，外壁和内壁处的最大应力分别为

$$\sigma_{外\max} = \frac{M_{\max}}{I_z} \times \frac{H}{2} = \frac{14\,400 \text{ N} \cdot \text{m}}{736 \times 10^{-8} \text{ m}^4} \times \frac{12 \times 10^{-2} \text{ m}}{2} = 117.4 \times 10^6 \text{ Pa} = 117.4 \text{ MPa}$$

$$\sigma_{内\max} = \frac{M_{\max}}{I_z} \times \frac{h}{2} = \frac{14\,400 \text{ N} \cdot \text{m}}{736 \times 10^{-8} \text{ m}^4} \times \frac{8 \times 10^{-2} \text{ m}}{2} = 78.3 \times 10^6 \text{ Pa} = 78.3 \text{ MPa}$$

图 7-6

例 7-2　一受集中载荷的简支梁，由 18 号槽钢制成，如图 7-7(a)所示。已知梁的跨长 $l = 2$ m，$F = 5$ kN。求此梁的最大拉应力和最大压应力。

解：(1) 作弯矩图，求最大弯矩　梁的弯矩图如图 7-7(b)所示，由图可知在梁中点截面上的弯矩最大，其值为

$$M_{\max} = \frac{Fl}{4} = \left(\frac{5\,000 \times 2}{4}\right) \text{N} \cdot \text{m} = 2\,500 \text{ N} \cdot \text{m}$$

(2) 求截面的惯性矩及有关尺寸　由型钢表查得，18 号槽钢对中性轴的惯性矩为

$$I_z = 111 \text{ cm}^4$$

横截面上边缘及下端至中性轴的距离分别为

$$y_2 = 1.84 \text{ cm}, \quad y_1 = (7 - 1.84) \text{cm} = 5.16 \text{ cm}$$

(3) 计算最大应力　因危险截面的弯矩为正，故截面下端受最大拉应力，由式(7-8)得

$$\sigma_{T,\max} = \frac{M_{\max}}{I_z} \times y_1 = \left(\frac{2\,500}{111 \times 10^{-8}} \times 5.16 \times 10^{-2}\right) \text{Pa} = 116.2 \times 10^6 \text{ Pa} = 116.2 \text{ MPa}$$

截面上缘受最大压应力，其值为

$$\sigma_{C,\max} = \frac{M_{\max}}{I_z} \times y_2 = \left(\frac{2\,500}{111 \times 10^{-8}} \times 1.84 \times 10^{-2}\right) \text{Pa} = 41.4 \times 10^6 \text{ Pa} = 41.4 \text{ MPa}$$

图 7-7

7.2 弯曲切应力

横力弯曲的梁横截面上既有弯矩又有剪力,所以横截面上既有正应力又有切应力。现在按梁截面的形状,分几种情况讨论弯曲切应力。

7.2.1 矩形截面梁

在图 7-8(a)所示的矩形截面梁的任意截面上,剪力 F_Q 皆与截面对称轴 y 重合[图 7-8(b)]。关于横截面上切应力的分布规律,作以下两个假设:

(1) 横截面上各点的切应力的方向都平行于剪力 F_Q;

(2) 切应力沿截面宽度均匀分布。

在截面高度 h 大于宽度 b 的情况下,以上述假定为基础得到的解,与精确解相比有足够的准确度。按照这两个假设,在距中性轴为 y 的横线 pq 上,各点的切应力 τ 都相等,且都平行于 F_Q。再由切应力互等定理可知,在沿 pq 切出的平行于中性层的 pr 平面上,也必有与 τ 相等的 τ'(图 7-8(b)中未画 τ',画在图 7-9 中),而且沿宽度 b,τ' 也是均匀分布的。

图 7-8

如以横截面 $m-n$ 和 m_1-n_1 从图 7-8(a)所示梁中取出长为 dx 的一段(见图 7-9),设截面 $m-n$ 和 m_1-n_1 上的弯矩分别为 M 和 $M+dM$,再以平行于中性层且距中性层为 y 的 pr 平面从这一段梁中截出一部分 $prnn_1$,则在这一截出一部分的左侧面 rn 上,作用着因弯矩 M 引起的正应力;而在右侧面 pn_1 上,作用着因弯矩 $M+dM$ 引起的正应力。

在顶面 pr 上,作用着切应力 τ'。以上 3 种应力(即两侧正应力和切应力 τ')都平行于 x 轴[见图 7-9(a)]。在右侧面 pn_1 上[见图 7-9(b)],由微内力 σdA 组成的内力系的合力是

$$F_{N2} = \int_{A_1} \sigma dA \tag{7-13}$$

图 7-9

式中 A_1 为侧面 pn_1 的面积。正应力 σ 应按式(7-7)计算,于是

$$F_{N2} = \int_{A_1} \sigma dA = \int_{A_1} \frac{(M+dM)y_1}{I_z} dA = \frac{(M+dM)}{I_z} \int_{A_1} y_1 dA = \frac{(M+dM)}{I_z} S_z^*$$

式中

$$S_z^* = \int_{A_1} y_1 dA \tag{7-14}$$

是横截面的部分面积 A_1 对中性轴的静矩,也就是距中性轴为 y 的横线 pq 以下的面积对中性轴的静矩。同理,可以求得左侧面 rn 上的内力系合力 F_{N1} 为

$$F_{N1} = \frac{M}{I_z} S_z^*$$

在顶面 rp 上,与顶面相切的内力系的合力是

$$dF_Q' = \tau' b dx$$

F_{N2}、F_{N1} 和 dF_Q' 的方向都平行于 x 轴,应满足平衡方程 $\sum F_x = 0$,即

$$F_{N2} - F_{N1} - dF_Q' = 0$$

将 F_{N2}、F_{N1} 和 dF_Q' 的表达式代入上式,得

$$\frac{(M+dM)}{I_z} S_z^* - \frac{M}{I_z} S_z^* - \tau' b dx = 0$$

简化后得出

$$\tau' = \frac{dM}{dx} \cdot \frac{S_z^*}{I_z b}$$

由于 $\frac{dM}{dx} = F_Q$，于是上式化为

$$\tau' = \frac{F_Q S_z^*}{I_z b}$$

式中 τ' 虽是距中性层为 y 的 pr 平面上的切应力，但由于切应力互等定理，它等于横截面的横线 pq 上的切应力 τ，即

$$\tau = \frac{F_Q S_z^*}{I_z b} \tag{7-15}$$

式中：F_Q 为横截面上的剪力；b 为截面宽度；I_z 为整个截面对中性轴的惯性矩；S_z^* 为截面上距中性轴为 y 的横线以外部分面积对中性轴的静矩。这就是矩形截面梁弯曲切应力的计算公式。

对于矩形截面（见图 7-10），可取 $dA = b dy_1$，于是式（7-14）化为

$$S_z^* = \int_{A_1} y_1 dA = \int_y b y_1 dy_1 = \frac{b}{2}\left(\frac{h^2}{4} - y^2\right)$$

图 7-10

这样，公式（7-15）可以写成

$$\tau = \frac{F_Q}{2 I_z}\left(\frac{h^2}{4} - y^2\right) \tag{7-16}$$

从式（7-16）看出，沿截面高度切应力 τ 按抛物线规律变化。当 $y = \pm h/2$ 时，$\tau = 0$。这表明在截面的上、下边缘各点处，切应力等于零。随着离中性轴的距离 y 的减小，τ 逐渐增大。当 $y = 0$ 时，τ 为最大值，即最大切应力发生于中性轴上，且

$$\tau_{max} = \frac{F_Q h^2}{8 I_z}$$

如以 $I_z = \frac{bh^3}{12}$ 代入上式，即可得出

$$\tau_{max} = \frac{3}{2} \frac{F_Q}{bh} \tag{7-17}$$

可见矩形截面梁的最大切应力为平均切应力 $\frac{F_Q}{bh}$ 的 1.5 倍。

7.2.2 工字形截面梁

首先讨论工字形截面梁腹板上的切应力。腹板截面是一个狭长矩形,关于矩形截面上的切应力分布的两个假设仍然使用。用相同的方法,必然导出相同的应力计算公式,即

$$\tau = \frac{F_Q S_z^*}{I_z b}$$

若需要计算梁腹板上距中性轴为 y 处的切应力,则 S_z^* 为图 7-11(a)中画阴影部分的面积对中性轴的静矩,即

$$S_z^* = B\left(\frac{H}{2} - \frac{h}{2}\right)\left[\frac{h}{2} + \frac{1}{2}\left(\frac{H}{2} - \frac{h}{2}\right)\right] + b\left(\frac{h}{2} - y\right)\left[y + \frac{1}{2}\left(\frac{h}{2} - y\right)\right]$$
$$= \frac{B}{8}(H^2 - h^2) + \frac{b}{2}\left(\frac{h^2}{4} - y^2\right)$$

于是

$$\tau = \frac{F_Q}{I_z b}\left[\frac{B}{8}(H^2 - h^2) + \frac{b}{2}\left(\frac{h^2}{4} - y^2\right)\right] \tag{7-18}$$

可见,沿腹板高度,切应力也是按抛物线规律分布的[见图 7-11(b)]。以 $y=0$ 和 $y=\pm h/2$ 分别代入公式(7-18),求出腹板上的最大和最小切应力分别是

$$\tau_{\max} = \frac{F_Q}{I_z b}\left[\frac{BH^2}{8} - (B-b)\frac{h^2}{8}\right], \quad \tau_{\min} = \frac{F_Q}{I_z b}\left(\frac{BH^2}{8} - \frac{Bh^2}{8}\right)$$

图 7-11

从以上两式看出,因为腹板的宽度远小于翼缘的宽度 B,$\tau_{\max}$ 与 $\tau_{\min}$ 实际上相差不大,所以,可以认为在腹板上切应力大致是均匀分布的。若以图 7-11(b)中应力分布图的面积乘以腹板厚度 b,即可得到腹板上的总剪力 F_{Q1}。计算结果表明,F_{Q1} 约等于 $(0.95 \sim 0.97)F_Q$。可见,横截面上的剪力 F_Q 绝大部分为腹板所负担。既然腹板几乎负担了横截面上的全部剪力,而且腹板上的切应力又接近于均匀分布,这样可用腹板的截面面积除剪力 F_Q,近似地得出腹板内的切应力为

$$\tau = \frac{F_Q}{bh} \tag{7-19}$$

在翼缘上,也应有平行于 F_Q 的切应力分量,分布情况比较复杂,但数量很少,并无实际意义,所以通常并不进行计算。此外,翼缘上还有平行于翼缘宽度 B 的切应力分量。它与腹板内的切应力比较,一般说也是次要的。如须计算时,可用例 7-3 提出的方法。

工字梁翼缘的全部面积都在离中性轴最远处,每一点的正应力都比较大,所以翼缘负担了截面上的大部分弯矩。

7.2.3 圆形截面梁

当梁的横截面为圆形时,已经不能再假设截面上各点的切应力都平行于剪力 F_Q。截面边缘上各点的切应力与圆周相切。这样,在水平弦 AB 的两个端点上与圆周相切的切应力作用线相交于 y 轴上的某点 p[见图 7-12(a)]。此外,由于对称,AB 中点 C 的切应力必定是垂直的,因而通过 p 点。由此可以假设,AB 弦上各点切应力的作用线都通过 p 点。如再假设 AB 弦上各点切应力的垂直分量 τ_y 是相等的,于是对 τ_y 来说,就与矩形截面所作的假设完全相同,所以可用公式(7-15)来计算

$$\tau_y = \frac{F_Q S_z^*}{I_z b} \tag{7-20}$$

式中,b 为 AB 弦的长度,S_z^* 为图 7-12(b)中画阴影线的面积对 z 轴的静矩。

在中性轴上,切应力为最大值 τ_{max},且各点的 τ_y 就是该点的总切应力。对中性轴上的点

$$b = 2R, \quad S_z^* = \frac{\pi R^2}{2} \times \frac{4R}{3\pi}$$

代入式(7-20),并注意到 $I_z = \frac{\pi R^4}{4}$,最后得出

$$\tau_{max} = \frac{4}{3} \times \frac{F_Q}{\pi R^2} \tag{7-21}$$

式中:$\frac{F_Q}{\pi R^2}$ 是梁截面上的平均切应力,R 为圆截面梁的半径。可见最大切应力是平均切应力的 $1\frac{1}{3}$ 倍。

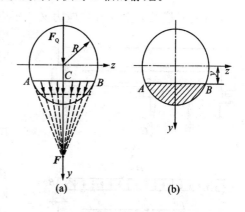

图 7-12

用同样的方法可得出圆环形截面梁的最大切应力为

$$\tau_{max} = 2\frac{F_Q}{A} \tag{7-22}$$

圆形截面和圆环形截面梁的最大切应力均发生在中性轴上的各点处,并沿中性轴均匀分布(见图 7-13)

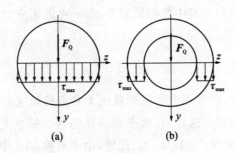

图 7-13

7.3 弯曲梁的强度计算

7.3.1 弯曲梁的正应力强度计算

梁弯曲时横截面上既有拉应力又有压应力,当最大的拉、压应力分别小于它们的许用应力

图 7-14

值时,梁具有足够的强度。当材料的拉压强度相等时,梁的正应力强度条件为

$$\sigma_{max} = \frac{M}{W_z} \leqslant [\sigma] \quad (7-23)$$

对抗拉和抗压强度不等的材料(如铸铁),则拉、压的最大应力不超过各自的许用应力。

例 7-3 某单梁桥式吊车如图 7-14 所示,跨长 $l=10$ m,起重量(包括电动葫芦自重)为 $G=30$ kN,梁由 28 号工字钢制成,材料的许用应力 $[\sigma]=160$ MPa,试校核该梁的正应力强度。

解:(1)画计算简图 将吊车横梁简化为简支梁,梁自重为均布载荷 q,由型钢表查得:28 号工字钢的理论自重为 $q=43.4$ kg/m$=0.425\,3$ kN/m,吊重 G 为集中力[见图 7-14(b)]。

(2)画弯矩图 由梁的自重和吊重引起的弯矩图分别如图 7-14(c),(d)所示,其跨中的弯矩最大,其值为

$$M_{max} = \frac{ql^2}{8} + \frac{Gl}{4} = \frac{0.425\,3 \text{ kN/m} \times 10^2 \text{ m}^2}{8} +$$

$$\frac{30 \text{ kN} \times 10 \text{ m}}{4} = 80.32 \text{ kN} \cdot \text{m}$$

(3) 校核弯曲正应力强度　　由型钢表查得：№28号工字钢，$W_z = 508.15 \text{ cm}^3$，于是得

$$\sigma_{\max} = \frac{M_{\max}}{W_z} = \left(\frac{80.32 \times 10^6}{508.15 \times 10^3}\right) \text{MPa} = 158.1 \text{ MPa} < [\sigma]$$

故此梁的强度足够。

例 7-4　螺栓压板夹紧装置如图 7-15 所示。已知板长 $3a = 150 \text{ mm}$，压板材料的弯曲许用应力为 $[\sigma] = 140 \text{ MPa}$。试确定压板传给工件的最大允许压紧力 F。

解：压板可简化为图 7-15(b) 所示的外伸梁。由梁的外伸部分 BC 可以求得截面 B 的弯矩为 $M_B = Fa$。此外又知 A、C 两截面上的弯矩等于零，从而作出如图 7-15(c) 所示弯矩图。最大弯矩在截面 B 上，且

$$M_{\max} = M_B = Fa$$

根据截面 B 的尺寸求出

$$I_z = \frac{3 \times 2^3}{12} \text{ cm}^4 - \frac{1.4 \times 2^3}{12} \text{ cm}^4 = 1.07 \text{ cm}^4, \quad W_z = \frac{I_z}{y_{\max}} = \frac{1.07 \text{ cm}^4}{1 \text{ cm}} = 1.07 \text{ cm}^3$$

将强度条件改写为 $M_{\max} \leqslant W_a [\sigma]$

于是有　　$F \leqslant \dfrac{W_z [\sigma]}{a} = \dfrac{1.07 \times (10^{-2})^3 \text{ m}^3 \times 140 \times 10^6 \text{ Pa}}{5 \times 10^{-3} \text{ m}} = 3\,000 \text{ N} = 3 \text{ kN}$

所以根据压板的强度，最大压紧力不应超过 3 kN。

图 7-15

例 7-5　T形截面铸铁梁的载荷和截面尺寸如图 7-16 所示。铸铁的抗拉许用应力为 $[\sigma_T] = 30 \text{ MPa}$，抗压许用应力为 $[\sigma_c] = 160 \text{ MPa}$。已知截面对形心轴 z 的惯性矩为 $I_z = 763 \text{ cm}^4$，且 $|y_1| = 52 \text{ mm}$。试校核梁的强度。

解：由静力平衡方程求出梁的支座反力为

$$F_{R_A} = 2.5 \text{ kN}, \quad F_{R_B} = 10.5 \text{ kN}$$

作弯矩图如图 7-16(b) 所示。最大正弯矩在截面 C 上，$M_C = 2.5 \text{ kN} \cdot \text{m}$。最大负弯矩在截面 B 上，$M_B = -4 \text{ kN} \cdot \text{m}$。

图 7-16

T 形截面对中性轴不对称,同一截面上的最大拉应力和压应力并不相等。计算最大应力时,应以 y_1 和 y_2 分别代入式(7-7)。在截面 B 上,弯矩是负的,最大拉应力发生于上边缘各点[见图 7-16(c)],且

$$\sigma_T = \frac{M_B y_1}{I_z} = \left(\frac{4 \times 10^3 \times 52 \times 10^{-3}}{763 \times (10^{-2})^4}\right) \text{Pa} = 27.2 \times 10^6 \text{ Pa} = 27.2 \text{ MPa}$$

最大压应力发生于下边缘各点,且

$$\sigma_C = \frac{M_B y_2}{I_z} = \frac{4 \times 10^3 \times (120+20-52) \times 10^{-3}}{763 \times (10^{-2})^4} = 46.2 \text{ MPa}$$

在截面 C 上,虽然弯矩 M_C 的数值小于 M_B,但 M_C 是正弯矩,最大拉应力发生于下边缘各点,而这些点到中性轴的距离却比较远,因而就有可能发生比截面 B 还要大的许用拉应力,即

$$[\sigma_t] = \frac{M_B y_2}{I_z} = \left[\frac{2.5 \times 10^3 \times (120+20-52) \times 10^{-3}}{763 \times (10^{-2})^4}\right] \text{Pa} = 28.8 \times 10^6 \text{ Pa} = 28.8 \text{ MPa}$$

所以,最大拉应力是在截面 C 的下边缘各点处,但从所得结果看出,无论是最大拉应力或最大压应力都未超过许用应力,强度条件是满足的。

7.3.2 横力弯曲梁的切应力强度计算

由 7.2 节的应力分析知,梁在横力弯曲情况下,切应力通常发生在中性轴处,而中性轴处的正应力为零。因此,产生最大切应力各点处于纯切应力状态。所以,弯曲切应力的强度条件为

$$\tau_{max} = \frac{F_{Q,max} S_z^*}{I_z b} \leqslant [\tau] \qquad (7-24)$$

细长梁的控制因素通常是弯曲正应力。满足弯曲正应力强度条件的梁一般说都能满足切

应力强度条件。只有在下列一些情况下要进行梁的弯曲切应力强度校核：

（1）梁的跨度较短，或在支座附近作用较大的载荷，以致梁的弯矩较小而剪力颇大；

（2）铆接或焊接的工字梁，如腹板较薄而截面高度颇大以致厚度与高度的比值小于型钢的相应比值，这时，对腹板应进行切应力校核；

（3）经焊接、铆接或胶合而成的梁，对焊缝、铆钉或胶合面等，一般要进行剪切计算。

例 7-6 外伸梁如图 7-17(a)所示，外伸端受集中力 F 的作用，已知 $F=20$ kN, $l=0.5$ m, $a=0.3$ m, 材料的许用正应力 $[\sigma]=160$ MPa，许用切应力 $[\tau]=100$ MPa，试选择工字钢型号。

解：（1）画剪力图和弯矩图[见 7-17(b)、(c)]，由剪力图和弯矩图确定最大剪力和最大弯矩为

$$F_{Q,\max}=200 \text{ kN}, \qquad M_{\max}=60 \text{ kN}\cdot\text{m}$$

（2）由正应力强度条件，初选工字钢型号

$$W_z=\frac{M_{\max}}{[\sigma]}=\left(\frac{60\times 10^6}{160}\right)\text{mm}^3=375\times 10^3 \text{ mm}^3$$

依据 $W_z=375\times 10^3$ mm³，查型钢表得，25a 号工字钢的

$$W_z=401.88 \text{ cm}^3, \quad d=8 \text{ mm}, \quad I/S_z=21.58 \text{ cm}, \quad h=250 \text{ mm}$$

（3）校核切应力强度　由式 7-15，梁内最大弯曲切应力为

$$\tau_{\max}=\frac{F_{Q,\max}S_z^*}{I_z b}=\frac{200\times 10^3 \text{ N}}{21.58\times 10 \text{ mm}\times 8 \text{ mm}}=115.85 \text{ MPa}>[\tau]=100 \text{ MPa}$$

由此结果可知，梁的切应力强度不够。

（4）按切应力强度条件选择工字钢型号　由式(7-23)可得

$$\frac{I_z d}{S_z}\geqslant\frac{F_{Q,\max}}{[\tau]}=\frac{200\times 10^3 \text{ N}}{100 \text{ MPa}}=2\,000 \text{ mm}^2$$

依据上面数据查型钢表，选取 25b 号工字钢，其几何量为

$$d=10 \text{ mm}, \quad I/S_z=21.27 \text{ cm}。而$$

$$I_z d/S_z=21.27\times 10 \text{ mm}\times 10 \text{ mm}=2\,127 \text{ mm}^2>2\,000 \text{ mm}^2$$

所以，最后选定工字钢型号为 25b。

7.4　提高梁的弯曲强度的措施

前面曾经指出，弯曲正应力是控制梁的主要因素。所以弯曲正应力的强度条件

$$\sigma_{\max}=\frac{M_{\max}}{W_z}\leqslant[\sigma]$$

往往是设计梁的主要依据。从这个条件看出,要提高梁的承载能力应从两个方面考虑:一方面是合理安排梁的受力情况,以降低 M_{max} 的数值;另一方面则是采用合理的截面形状,以提高 W_z 的数值,充分利用材料的性能。

下面我们分成几点进行讨论。

7.4.1 合理安排梁的受力情况

改善梁的受力情况,尽量降低梁内最大弯矩,相对来说也就是提高了梁的强度。为此,首先应合理布置梁的支座。以图 7-18(a)所示,在均布载荷作用下的简支梁为例

$$M_{max} = \frac{ql^2}{8} = 0.125ql^2$$

若将两端支座各向里移动 $0.2l$ [见图 7-18(b)],则最大弯矩减小为

$$M_{max} = \frac{ql^2}{40} = 0.025ql^2$$

这只及前者的 1/5。也就是说,按图 7-18(b)布置支座,载荷还可以提高 4 倍。图 7-19(a)所示的门式起重机的大梁,图 7-19(b)所示的锅炉筒体等,起支撑点略向中间移动,都可以取得降低 M_{max} 的效果。

图 7-18

图 7-19

其次，合理布置载荷，也可以收到降低最大弯矩的效果。例如将轴上的齿轮安置得紧靠轴承，就会使齿轮传到轴上的力 F 紧靠支座。像图 7-20 所示的情况，轴的最大弯矩仅为：$M_{max}=\frac{5}{36}Fl$；但如把集中力 F 作用于轴的中点，则 $M_{max}=Fl/4$。相比之下，前者的最大弯矩就减少很多。此外，在情况允许的条件下，应尽可能把较大的集中力分散成较小的力，或者改变成分布载荷。例如把作用于跨度中点的集中力 F 分散成图 7-21 所示的两个集中力，则最大弯矩将由 $M_{max}=\frac{Fl}{4}$ 降低为 $M_{max}=\frac{Fl}{8}$。

图 7-20

图 7-21

7.4.2 梁的合理截面

若把弯曲正应力的强度条件改写成：$M_{max} \leqslant [\sigma]W$，则梁可能承受的 M_{max} 与抗弯截面模量 W 成正比，W 越大越有利。另一方面，使用材料的多少和自重的大小，则与截面面积 A 成正比，面积越小越经济，越轻巧。因而合理的截面形状应该是截面面积 A 较小，而抗弯截面模量 W_z 较大。例如使截面高度 h 大于宽度 b 的矩形截面梁，抵抗垂直于平面内的弯曲变形时，如把截面竖放[见图 7-22(a)]，则 $W_{z1}=\frac{bh^2}{6}$；如把截面平放，则 $W_{z2}=\frac{b^2h}{6}$。两者之比是

$$\frac{W_{z1}}{W_{z2}}=\frac{h}{b}>1$$

所以，竖放比平放有较高的抗弯强度，更为合理。因此，房屋和桥梁等建筑物中的矩形截面梁，一般都是竖放的。

截面的形状不同，其抗弯截面模量 W_z 也就不同。可以用比值 W_z/A 来衡量截面形状的合理性和经济性。比值 W_z/A 较大，则截面的形状就较为经济合理。可以算出矩形截面的比值 W_z/A 为 $W_z/A=\frac{1}{6}bh^2/bh=0.167\ h$；圆形的比值 W_z/A 为 $W_z/A=\frac{\pi d^3/32}{\pi d^2/4}=0.125\ d$。

图 7-22

几种常用截面的比值 W_z/A 已列入表 7-1 中。从表中所列的数值看出,工字钢或槽钢比矩形截面经济合理,矩形截面比圆形截面经济合理。所以桥式起重机的大梁以及其他钢结构中的抗弯杆件,经常采用工字形截面、槽形截面或箱形截面等。从正应力的分布规律来看,这也是可以理解的。因为弯曲时梁截面上的点离中性轴越远,正应力越大。

表 7-1 几种截面的 W_z 和 A 的比值

截面形状	矩 形	圆 形	槽 钢	工字钢
$\dfrac{W_z}{A}$	$0.167\,h$	$0.125\,d$	$(0.27\sim0.31)\,h$	$(0.27\sim0.31)\,h$

为了充分利用材料,应尽可能地把材料置放到离中性轴较远处。圆截面在中性轴附近聚集了较多的材料,使其未能充分发挥作用。为了将材料移置到离中性轴较远处,可将实心圆截面改成空心圆截面。至于矩形截面,如把中性轴附近的材料移植到上、下边缘处(见图 7-23) 这就成了工字形截面。采用槽形或箱形截面也是按同样的做法。以上是从静载抗弯强度的角度讨论问题。但事物往往是复杂的,在讨论截面的合理形状时,还应考虑到材料的特性。对抗拉和抗压强度相等的材料(如碳钢),宜采用对中性轴对称的截面,如圆形、矩形和工字形等。这样可使截面上、下边缘处的最大拉应力和最大压应力数值相等,同时接近许用应力。对抗拉和抗压强度不等的材料(如铸铁),宜采用中性轴靠近受拉一侧的截面形状,例如图 7-24 中所表示的一些截面。对这类截面,如能使 y_1 和 y_2 之比接近于下列关系,即

$$\frac{\sigma_{T,\max}}{\sigma_{C,\max}} = \frac{M_{\max}y_1/I_z}{M_{\max}y_2/I_z} = \frac{y_1}{y_2} = \frac{[\sigma_T]}{[\sigma_C]}$$

则最大拉应力和最大压应力便可同时接近许用应力,式中$[\sigma_T]$,$[\sigma_C]$分别表示拉伸和压缩的许用应力。

图 7-23　　　　　　　　　图 7-24

7.4.3 等强度梁的概念

前面讨论的梁都是等截面的,即 $W=$ 常数,但梁在各截面上的弯矩却随截面的位置而变化。由 $\sigma_{\max}$ 的计算公式可知,对于等截面的梁来说,只有在弯矩为最大值 $M_{\max}$ 的截面上,最大应力才有可能接近许用应力。其余各截面上弯矩较小,应力也就较低,材料没有充分利用。为了节约材料,减轻自重,可改变截面尺寸,使抗弯截面模量随弯矩而变化。在弯矩较大处采用较大截面,而在弯矩较小处采用较小截面。这种截面沿轴线变化的梁,称为**变截面梁**。变截面梁的正应力计算仍可近似地用等截面梁的公式。如变截面梁各横截面上的最大正应力都相等,且都等于许用应力,就是**等强度梁**。设梁在任一截面上的弯矩为 $M(x)$,而截面的抗弯截面模量为 $W(x)$,根据上述等强度梁的要求,应有

$$\sigma_{\max} = \frac{M(x)}{W(x)} = [\sigma]$$

或者写成

$$W(x) = \frac{M(x)}{[\sigma]} \tag{7-25}$$

这是等强度梁的 $W(x)$ 沿梁轴线变化的规律。

若图 7-25 所示在集中力 F 作用下的简支梁为等强度梁,截面为矩形,且设截面高度 $h=$ 常数,而宽度 b 为 x 的函数,即 $b=b(x)\left(0\leqslant x\leqslant \dfrac{l}{2}\right)$,则由公式(7-24),得

$$W(x) = \frac{b(x)h^2}{6} = \frac{M(x)}{[\sigma]} = \frac{Fx/2}{[\sigma]}$$

于是

$$b(x) = \frac{3F}{[\sigma]h^2}x \tag{7-26}$$

截面宽度 $b(x)$ 是 x 的一次函数[见图 7-25(b)]。因为载荷对称于跨度中点,因而截面形状也对称于跨度中点。按照式(7-26)所表示的关系,在梁两端,$x=0$,$b(x)=0$,即截面宽度等于零。这显然不能满足剪切强度的要求,因而要按剪切强度条件改变支座附近截面的宽度。

设所需的最小截面宽度为 $b_{\min}$[见图 7-25(c)],根据剪切强度条件

$$\tau_{\max} = \frac{3}{2}\frac{F_{Q,\max}}{A} = \frac{3F/2}{2b_{\min}h} = [\tau]$$

由此得

$$b_{\min} = \frac{3F}{4h[\tau]} \tag{7-27}$$

若设想把这一等强度梁分成若干狭条,然后叠置起来,并使其略微拱起,这就成为汽车以及其他车辆上经常使用的叠板弹簧,如图 7-26 所示。

图 7-25

图 7-26

若上述矩形截面等强度梁的截面宽度 $b(x)$ 为常数,而高度 h 为 x 的函数,即 $h=h(x)$,用完全相同的方法可以求得。

$$h(x) = \sqrt{\frac{3Fx}{b[\sigma]}} \tag{7-28}$$

$$h_{\min} = \frac{3F}{4b[\tau]} \tag{7-29}$$

按式(7-28)和式(7-29)所确定的梁的形状如图 7-27(a)所示。如把梁做成图 7-27(b)所示的形式,就成为在厂房建筑中广泛使用的"鱼腹梁"了。使用公式(7-25),也可求得圆截面等强度梁的截面直径沿轴线的变化规律。但考虑到加工的方便及结构上的要求,常用阶梯形状的变截面梁(阶梯轴)来代替理论上的等强度梁,如图 7-28 所示。

图 7-27   图 7-28

思考题

1. 什么是中性层？什么是中性轴？它们之间存在什么关系？
2. 根据梁的弯曲正应力分析，确定塑性材料和脆性材料各选用哪种截面形状合适。
3. 在推导平面弯曲切应力计算公式过程中做了哪些基本假设？
4. 挑东西的扁担常在中间折断，而游泳池的跳水板易在固定端处折断，这是为什么？

图 7-29

5. 选择题：梁的截面为 T 字形，z 轴通过截面形心，其弯矩图如图 7-30 所示。

选择：(1) 横截面上最大拉应力和压应力位于同一截面，即截面 c 或截面 d；

(2) 最大拉应力位于截面 c，最大压应力位于截面 d；

(3) 最大拉应力位于截面 d，最大压应力位于截面 c。

图 7-30

6. 丁字尺的截面为矩形。设 $\frac{b}{h} \approx 12$。由经验可知,当垂直长边 h 加力[见图 7-31(a)]时,丁字尺很容易变形或折断,若沿长边加力[见图 7-31(b)]时,则不然,为什么?

(a)

(b)

图 7-31

7. 当梁的材料是钢时,应选用＿＿＿＿的截面形状;若是铸铁则采用＿＿＿＿的截面形状。

8. 选择题:两梁的横截面上最大正应力值相等的条件是:
(1) M_{max} 与截面积相等;
(2) M_{max} 与 W_{min}(抗弯截面模量)相等;
(3) M_{max} 与 W_{min} 相等,且材料相同。

习 题

7-1 求题 7-1 图中 A 截面上 a、b 点的正应力。

答:$\sigma_a = -58.6$ MPa;$\sigma_b = 37.3$ MPa。

7-2 求题 7-2 图中截面 A 上 a、b 点的正应力。

答:$\sigma_a = -122$ MPa;$\sigma_b = 0$。

题 7-1 图

题 7-2 图

7-3 倒 T 形截面的铸铁梁如题 7-3 图所示,试求梁内最大拉应力和最大压应力。画出危险截面上的正应力分布图。

答:$\sigma_{l,max} = 3.68$ MPa;$\sigma_{y,max} = 10.88$ MPa。

7-4 如题 7-4 图所示为一矩形截面简支梁。已知 $F = 16$ kN,$b = 50$ mm,$h = 150$ mm。

题 7 - 3 图

试求:(1) 截面 1-1 上 D、E、F、H 各点的正应力;(2) 梁的最大正应力;(3) 若将截面转 $90°$ [见题 $7-4(c)$图],则最大正应力是原来正应力的几倍?

答:(1) $\sigma_H = -\sigma_D = 34.1 \text{ MPa}$, $\sigma_E = -18.2 \text{ MPa}$, $\sigma_F = 0$;(2) $\sigma_{\max} = 41 \text{ MPa}$;(3) 3 倍。

题 7 - 4 图

7 - 5 简支梁承受均布载荷如题 7 - 5 图所示。若分别采用截面面积相等的实心和空心圆截面,且 $D_1 = 40 \text{ mm}$, $\dfrac{d_2}{D_2} = \dfrac{3}{5}$,试分别计算它们的最大正应力,问空心截面比实心截面的最大正应力减小了百分之几?

答:实心轴 $\sigma_{\max} = 159 \text{ MPa}$,空心轴 $\sigma_{\max} = 93.6 \text{ MPa}$,减少了 41 %。

题 7 - 5 图

7 - 6 试求题 7 - 6 图示的梁 1 - 1 截面上 A、B 两点的切应力及最大切应力。

答:$\tau_A = 0.074 \text{ MPa}$,$\tau_B = 0.125 \text{ MPa}$,$\tau_{\max} = 0.16 \text{ MPa}$。

7 - 7 题 7 - 7 图示简支梁长 L,截面为矩形,其高度为 h,受均布载荷 q 作用。试求最大

题 7-6 图

切应力与最大正应力之比。

答：$\tau_{\max}/\sigma_{\max}=h/l$。

7-8 剪刀机构的 AB 与 CD 杆的截面均为圆形，材料相同，许用应力 $[\sigma]=100$ MPa，设 $F=200$ N。试确定 AB 与 CD 杆的直径。

答：6 mm，23 mm。

题 7-7 图　　　　　　　　　题 7-8 图

7-9 梁 AB 为 No.10 号工字钢（见题 7-9 图）。B 处由 $d=20$ mm 的圆杆 BC 吊起，梁和杆的许用应力 $[\sigma]=160$ MPa，试求许可均布载荷集度 q（不计梁自重）。

答：$q\leqslant 15.68$ kN/m。

7-10 受均布载荷作用的外伸梁受力如题 7-10 图所示。已知 $q=12$ kN/m，材料的许用应力 $[\sigma]=160$ MPa，试选择梁的工字钢型号。

答：$W_z\geqslant 187.5$ cm³，并选 No.18 工字钢。

题 7-9 图　　　　　　　　　题 7-10 图

7-11 T字形截面外伸梁(见题7-11图),已知均布载荷 $q=6$ kN/m,材料的许用应力 $[\sigma_T]=35$ MPa,$[\sigma_c]=120$ MPa,截面尺寸如图所示,试校核该梁的强度。

答:$\sigma_{T,\max}=34.97$ MPa,$\sigma_{c,\max}=62$ MPa。

7-12 梁的材料为铸铁(见题7-12图),已知$[\sigma_t]=35$ MPa,$[\sigma_c]=100$ MPa,截面对中性轴的惯性矩$I_z=10^3$ cm^4,试校核其正应力强度。

答:$\sigma_{c,\max}=90$ MPa$<[\sigma_c]$;$\sigma_{t,\max}=60$ MPa$>[\sigma_t]$,不安全。

题 7-11 图　　　　　　　　题 7-12 图

第8章 梁的弯曲变形及其刚度计算

本章首先介绍挠度和转角的概念,建立挠曲线近似微分方程,进而讨论求挠度。还介绍了转角的积分法、叠加原理及其在求挠度、转角中的应用以及梁的刚度计算。最后介绍了超静定梁的变形比较法。

8.1 工程中的弯曲变形问题

前面一章讨论了梁的强度计算。工程中对某些受弯杆件除强度要求外,往往还有刚度要求,即要求它变形不能过大。以车床主轴为例,若其变形过大(见图8-1),将影响齿轮的啮合和轴承的配合,造成磨损不均,产生噪音,降低寿命,还会影响加工精度。再以吊车梁为例,当变形过大时,将使梁上小车行走困难,出现爬坡现象,还会引起较严重的振动。所以,若变形超过允许值,即使仍然是弹性的,也被认为是一种失效。

工程中虽然经常是限制弯曲变形,但是在另一些情况下,常常又利用弯曲变形达到某种要求。例如,叠板弹簧(见图8-2)应有较大的变形,才可以更好地起缓冲作用。弹簧扳手(见图8-3)要有明显的弯曲变形,才可以使测得的力矩更为准确。

图 8-1

图 8-2

图 8-3

弯曲变形计算除用于解决弯曲刚度问题外,还用于求解静不定系统和振动计算。

8.2 挠曲线近似微分方程

8.2.1 挠度和转角

设一悬臂梁 AB,如图 8-4 所示,在载荷作用下,其轴线将弯曲成一条光滑的连续曲线 AB'。在平面弯曲的情况下,这是一条位于载荷所在平面内的平面曲线。梁弯曲后的轴线称为**挠曲线**。因这是在弹性范围内的挠曲线,故也称为**弹性曲线**。

梁的弯曲变形可用挠度和转角来表示。

1. 挠 度

由图 8-4 可见,梁轴线上任一点 C(即梁某一横截面的形心),在梁变形后将移至 C'。由于梁的变形很小,变形后的挠曲线是一条平坦的曲线,故 C 点的水平位移可以忽略不计,从而认为线位移 CC' 垂直于变

图 8-4

形前的梁的轴线。梁变形后,横截面形心,沿 y 方向的位移称为**挠度**。图中以 y_C 表示,单位为 mm。

2. 转 角

梁变形时,横截面还将绕中性轴转动一个角度。梁任一横截面相对于其原来位置所转动的角度称为该截面的**转角**,单位为 rad。图 8-4 中的 θ_C 即为截面 C 的转角。

为描述梁的挠度和转角,取一个直角坐标系,以梁的左端为原点,令 x 轴与梁变形前的轴线重合,方向向右;y 轴与之垂直,方向向上(见图 8-4)。这样,变形后梁任一横截面的挠度就可用其形心在挠曲线上的纵坐标 y 表示。根据平面假设,梁变形后横截面仍垂直于梁的轴线,因此,任一横截面的转角,也可用挠曲线在该截面形心处的切线与 x 轴的夹角 θ 来表示。

挠度 y 和转角 θ 随截面位置 x 而变化,即 y 和 θ 是 x 的函数。因此,梁的挠曲线可表示为

$$y = f(x) \tag{8-1}$$

此式称为**梁的挠曲线方程**。由微分学知,过挠曲线上任意点切线与 x 轴的夹角的正切就是挠曲线在该点处的斜率,即

$$\tan\theta = \frac{\mathrm{d}y}{\mathrm{d}x} = y' \tag{8-2}$$

由于工程实际中梁的转角 θ 一般很小,$\tan\theta \approx \theta$,故可以认为

$$\theta = \frac{\mathrm{d}y}{\mathrm{d}x} = y' \tag{8-3}$$

可见 y 与 θ 之间存在一定的关系,即梁任一横截面的转角 θ 的值等于该截面的挠度 y 对

x 的一阶导数。这样,只要求出挠曲线方程,就可以确定梁上任一横截面的挠度和转角。

挠度和转角的符号,是根据所选定的坐标系而定的。与 y 轴正方向一致的挠度为正,反之为负;挠曲线上某点处的斜率为正时,则该处横截面的转角为正,反之为负。例如,在图 8-4 所选定的坐标系中,挠度向上时为正,向下时为负;转角反时针转向为正,顺时针转向为负。

8.2.2 挠曲线近似微分方程

在 7.1 节中,曾导出在纯弯曲时的梁变形的基本公式,即

$$\frac{1}{\rho} = \frac{M}{EI}$$

因为一般梁横截面的高度远小于跨长,剪力对变形的影响很小,可以忽略不计,所以上式也可推广到非纯弯曲的情况。但此时弯矩 M 和曲率半径 ρ 都是截面位置 x 的函数,故上式应改写为

$$\frac{1}{\rho(x)} = \frac{M(x)}{EI} \tag{8-4}$$

式(8-4)所描述的是梁弯曲后轴线的曲率,而不是梁的挠度和转角,式中 EI 为抗弯刚度。但由这一公式出发,可建立梁的挠曲线方程,从而可得梁的挠度和转角。

如果在梁的挠曲线中任取一微段梁 ds 则由图 8-5 可见,它与曲率半径的关系为

$$ds = \rho(x) d\theta$$

或

$$\frac{1}{\rho(x)} = \frac{d\theta}{ds}$$

图 8-5

式中的 $d\theta$ 为微段梁两端面的相对转角。由于梁的变形很小,$ds \approx dx$,可近似地认为

$$\frac{1}{\rho(x)} = \frac{d\theta}{dx} \tag{8-5}$$

又由式(8-3),$\theta = \dfrac{dy}{dx}$,故

$$\frac{1}{\rho(x)} = \frac{d^2 y}{dx^2} \tag{8-6}$$

将式(8-6)代入式(8-4),最后得到 y 的二阶导数为

$$y'' = \frac{d^2 y}{dx^2} = \frac{M(x)}{EI} \tag{8-7}$$

这样,就将描述挠曲线曲率的公式转换为上述微分方程,并称之为梁的**挠曲线近似微分方程**。之所以说是近似,是因为推导这一公式时,略去了剪力对变形的影响,并认为 $ds \approx dx$。但

根据这一公式所得到的解在工程中应用是足够精确的。

应当注意,在推导公式(8-7)时,所取的 y 轴方向是向上的。只有这样,等式两边的符号才是一致的。因为,当弯矩 $M(x)$ 为正时,将使梁的挠曲线呈凹形。由微分学知,此时曲线的二阶导数 y'' 在所选取的坐标系中也为正值[见图 8-6(a)];同样,当弯矩 $M(x)$ 为负时,梁挠曲线呈上凸形,此时 y'' 也为负值[见图 8-6(b)]。

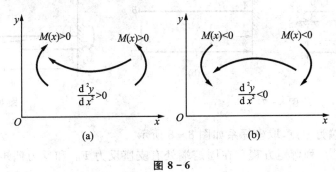

图 8-6

8.3 用积分法求梁的挠度和转角

对挠曲线近似微分方程(8-7)进行积分,可求得梁的挠度方程和转角方程。对于等截面梁,其刚度为常数,此时式(8-7)可改写为

$$EIy'' = M(x) \qquad (8-8)$$

将式(8-8)两边乘以 $\mathrm{d}x$,积分一次得

$$EIy' = \int M(x)\mathrm{d}x + C \qquad (8-9)$$

同样,将式(8-9)两边乘以 $\mathrm{d}x$,再积分一次又得

$$EIy = \int\left[\int M(x)\mathrm{d}x + C\right]\mathrm{d}x + D$$

或

$$EIy = \iint M(x)\mathrm{d}x\mathrm{d}x + Cx + D \qquad (8-10)$$

在式(8-9)和式(8-10)中出现了两个积分常数 C 和 D,其值可以通过梁边界的已知挠度和转角来确定,这些条件称为**边界条件**。例如,在简支梁两端支座处的挠度为零[见图 8-7 (a)],可列出边界条件:$x=0$ 处,$y_A=0$;$x=l$ 处,$y_B=0$。悬臂梁固定端的挠度和转角皆为零[见图 8-7(b)],可列出边界条件:$x=0$ 处,$y_A=0$ 和 $x=0$ 处,转角 $\theta_A=0$。根据这些边界条件,即可求得两个积分常数 C 和 D。将已确定的积分常数再代入公式(8-9)和(8-10),由此可求出任一横截面的转角和挠度。

上述求梁的挠度和转角的方法,称为积分法。

例 8-1 一悬臂梁,在其自由端受集中力的作用,如图 8-8 所示。试求梁的转角方程和挠度方程,并确定最大转角 $|\theta|_{max}$ 和最大挠度 $|y|_{max}$。

图 8-7　　　　　　　　　　　　　图 8-8

解: 以固定端为原点,取坐标系如图 8-8 所示。

(1) 求支座反力,列弯矩方程　在固定端处有支座反力 F_{R_A} 和反力偶矩 M_A,由平衡方程可得
$$F_{R_A} = F, \quad M_A = Fl$$
在距原点 x 处取截面,可列出弯矩方程为
$$M(x) = -M_A + F_{R_A} x = -Fl + Fx \tag{1}$$

(2) 列挠曲线近似微分方程并进行积分　将弯矩方程式(1)代入公式(8-8)得
$$EIy'' = -Fl + Fx \tag{2}$$
积分一次,得
$$EIy' = -Flx + \frac{F}{2}x^2 + C \tag{3}$$
再积分一次得
$$EIy = -\frac{Fl}{2}x^2 + \frac{F}{6}x^3 + Cx + D \tag{4}$$

(3) 确定积分常数　悬臂梁在固定端处的挠度和转角均为零,即在 $x=0$ 处,得
$$\theta_A = y'_A = 0 \tag{5}$$
$$y_A = 0 \tag{6}$$
将式(6)代入式(4),将式(5)代入式(3),得
$$D = 0 \quad C = 0$$

(4) 确定转角方程和挠度方程　将所求得的积分常数 C 和 D 代入式(3)和式(4),得梁的转角方程和挠度方程为
$$\theta = y' = \frac{1}{EI}\left(-Flx + \frac{F}{2}x^2\right) = -\frac{Fx}{2EI}(2l-x) \tag{7}$$
$$y = \frac{1}{EI}\left(-\frac{Fl}{2}x^2 + \frac{F}{6}x^3\right) = -\frac{Fx^2}{6EI}(3l-x) \tag{8}$$

(5) 求最大转角和最大挠度 利用式(7)和式(8)可求得任一截面的转角和挠度。由图 8-8 可以看出，B 截面的挠度和转角绝对值为最大。以 $x=l$ 代入式(7)和式(8)，可得

$$\theta_B = -\frac{Fl^2}{2EI}$$

即

$$|\theta|_{\max} = \frac{Fl^2}{2EI}, \qquad y_B = -\frac{Fl^3}{3EI}$$

即

$$|y|_{\max} = \frac{Fl^3}{3EI}$$

所得的转角 θ_B 为负值，说明截面 B 作顺时针方向转动；y_B 为负值，说明 B 截面的挠度向下。

例 8-2 一简支梁如图 8-9 所示，在全梁上受集度为 q 的均布载荷作用。试求此梁的转角方程和挠度方程，并确定最大转角 $|\theta|_{\max}$ 和最大挠度 $|y|_{\max}$。

解：（1）求支座反力，列弯矩方程 由对称关系可求得梁的两个支座反力为

图 8-9

$$F_{R_A} = F_{R_B} = \frac{ql}{2}$$

以 A 为原点，取坐标如图，列出梁的弯矩方程为

$$M(x) = \frac{ql}{2}x - \frac{qx^2}{2} \tag{1}$$

(2) 列挠曲线近似微分方程并进行积分 将式(1)代入公式(8-8)得

$$EIy'' = \frac{ql}{2}x - \frac{qx^2}{2} \tag{2}$$

通过两次积分，分别得

$$EIy' = \frac{ql}{4}x^2 - \frac{qx^3}{6} + C \tag{3}$$

$$EIy = \frac{ql}{12}x^3 - \frac{qx^4}{24} + Cx + D \tag{4}$$

(3) 确定积分常数 简支梁两端支座处的挠度均为零，即在 $x=0$ 处

$$y_A = 0 \tag{5}$$

将式(5)代入式(4)，得 $D=0$；在 $x=l$ 处，

$$y_B = 0; \tag{6}$$

将其仍代入式(4)得 $y_B = \frac{q}{12}l^4 - \frac{q}{24}l^4 + Cl = 0$；由此解出 $C = -\frac{ql^3}{24}$。

(4) 确定转角方程和挠度方程 将所求得的积分常数 C 和 D 代入式(3)和(4)得

$$\theta = y' = \frac{1}{EI}\left(\frac{ql}{4}x^2 - \frac{q}{6}x^3 - \frac{ql^3}{24}\right) = -\frac{q}{24EI}(l^3 - 6lx^2 + 4x^3) \qquad (7)$$

$$y = \frac{1}{EI}\left(\frac{ql}{12}x^3 - \frac{q}{24}x^4 - \frac{ql^3}{24}x\right) = -\frac{qx}{24EI}(l^3 - 2lx^2 + x^3) \qquad (8)$$

(5) 求最大转角和最大挠度　梁上载荷和边界条件均对称于梁跨的中点,故梁的挠曲线必对称。由此可知,最大挠度必位于梁的中点。以 $x=l/2$ 代入式(8)后得

$$y_C = -\frac{ql/2}{24EI}\left(l^3 - \frac{l^3}{2} + \frac{l^3}{8}\right) = -\frac{5ql^4}{384EI}$$

式中的负号表示梁中点的挠度向下。由此知绝对值最大的挠度为

$$|y|_{\max} = \frac{5ql^4}{384EI}$$

又由图 8-9 可见,在两端支座处横截面的转角数值相等,绝对值均为最大。以 $x=0$ 和 $x=l$ 代入式(7)后转角得

$$\theta_A = \frac{ql^3}{24EI}, \qquad \theta_B = \frac{ql^3}{24EI}$$

故

$$|\theta|_{\max} = \frac{ql^3}{24EI}$$

由以上两例中的式(3)和式(4),可以看出积分常数 C 和 D 的几何意义。如以 $x=0$ 代入此两式,则

$$EIy' = EI\theta_0 = C, \qquad EIy = EIy_0 = D$$

可见,积分常数 C,D 分别表示坐标原点处截面的转角 θ_0 和挠度 y_0 与抗弯刚度 EI 的乘积。

例 8-3　一简支梁如图 8-10 所示,在 C 点处受一集中力 F 作用。试求此梁的转角方程和挠度方程,并确定最大转角 $|\theta|_{\max}$ 和最大挠度 $|y|_{\max}$。

解： (1) 求支座反力,列弯矩方程　与上两例不同,此梁上的外力将梁分为两段,故须分别列出左右两段的弯矩方程。先求支座反力

由 $\sum M_B(\boldsymbol{F}) = 0$ 得 $\qquad F_{R_A} = \dfrac{Fb}{l}$

由 $\sum M_A(\boldsymbol{F}) = 0$ 得 $\qquad F_{R_B} = \dfrac{Fa}{l}$

取坐标系如图 8-10 所示,再列出两段梁的弯矩方程为

AC 段 $\qquad M_1(x) = \dfrac{Fb}{l}x \qquad (0 \leqslant x_1 \leqslant a)$

CB 段 $\qquad M_2(x) = \dfrac{Fb}{l}x_2 - F(x_2 - a) \qquad (a \leqslant x_2 \leqslant l)$

(2) 列挠曲线近似微分方程并进行积分 因两段的弯矩方程不同,故梁的挠曲线近似微分方程也须分别列出。两段梁的挠曲线近似微分方程及其积分分别列入表 8-1 中。

表 8-1 两段梁的挠曲线近似微分方程及积分表

AC 段 $(0 \leqslant x \leqslant a)$		CB 段 $(a \leqslant x \leqslant l)$	
$EIy''_1 = \dfrac{Fb}{l} x_1$	(b_1)	$EIy''_2 = \dfrac{Fb}{l} x_2 - F(x_2 - a)$	(b_2)
$EIy'_1 = \dfrac{Fb}{2l} x_1^2 + C_1$	(c_1)	$EIy'_1 = \dfrac{Fb}{2l} x_2^2 - \dfrac{F}{2}(x_2-a)^2 + C_2$	(c_2)
$EIy_1 = \dfrac{Fb}{6l} x_1^3 + C_1 x_1 + D_1$	(d_1)	$EIy_2 = \dfrac{Fb}{6l} x_2^3 - \dfrac{F}{6}(x_2-a)^3 + C_2 x_2 + D_2$	(d_2)

(3) 确定积分常数 上面的积分结果出现了 4 个积分常数,需要 4 个已知的变形条件才能确定。由于梁变形后其挠曲线是一条光滑连续的曲线,在 AC 和 CB 两段梁交接处 C 的横截面,既属于 AC 段,又属于 CB 段,故其转角或挠度必须相等,否则挠曲线就会出现不光滑或不连续的现象(见图 8-11)。因此,在两段梁交接处的变形应满足条件:

在 $x_1 = x_2 = a$ 处,

$$\theta_1 = \theta_2 \tag{1}$$

$$y_1 = y_2 \tag{2}$$

图 8-10

图 8-11

这样的条件称为**连续条件**。式(1)表示挠曲线在 C 处应光滑;式(2)表示挠曲线在该处应连续。利用上述的两个连续条件,连同梁的两个边界条件,即可确定 4 个积分常数。

以 $x = a$ 代入表 8-1 中的式(c_1)和(c_2),并按上列条件,令两式相等,即

$$\frac{Fb}{2l}a^2 + C_1 = \frac{Fb}{2l}a^2 - \frac{F}{2}(a-a)^2 + C_2$$

由此得
$$C_1 = C_2$$

再以 $x_1 = x_2 = a$ 代入表 8-1 中的 (d_1) 和 (d_2)，并令二式相等，即
$$\frac{Fb}{6l}a^3 + C_1 a + D_1 = \frac{Fb}{6l}a^3 - \frac{F}{2}(a-a)^3 + C_2 a + D_2$$

故由此又得
$$D_1 = D_2$$

又由于梁在 A、B 两端支座处应满足的边界条件是：

在 $x=0$ 处
$$y_1 = y_A = 0 \tag{3}$$

在 $x=l$ 处
$$y_2 = y_B = 0 \tag{4}$$

以式(3)代入表 8-1 的式(d_1)，得
$$D_1 = D_2 = 0$$

以式(4)代入式表 8-1(d_2)，得
$$C_1 = C_2 = -\frac{Fb}{6l}(l^2 - b^2)$$

(4) 确定转角方程和挠度方程　将所求得的积分常数代回表 8-1 中的 (c_1)、(c_2)、(d_1) 和 (d_2) 各式，即得两段梁的转角方程和挠度方程如表 8-2 所列。

表 8-2　两段梁的转角、挠度方程

AC 段 $(0 \leqslant x \leqslant a)$		CB 段 $(a \leqslant x \leqslant l)$	
$EIy'_1 = \frac{Fb}{6l}(l^2 - 3x_1^2 - b^2)$	(i_1)	$EIy'_2 = -\frac{Fb}{6l}\left[(l^2 - b^2) - 3x_2^2 + \frac{3l}{b}(x_2-a)^2\right]$	(i_2)
$EIy_1 = -\frac{Fbx}{6l}(l^2 - x_1^2 - b^2)$	(j_1)	$EIy_2 = \frac{Fb}{6l}\left[(l^2 - b^2)x - x^3 + \frac{l}{b}(x-a)^3\right]$	(j_2)

(5) 求最大转角和最大挠度　最大转角：由图 8-10 可见，梁 A 端或 B 端的转角可能最大。以 $x=0$ 代入表 8-2 中的式(i_1)，得梁 A 端截面的转角为
$$\theta_A = -\frac{Fb(l^2 - b^2)}{6EIl} = -\frac{Fab(l+b)}{6EIl} \tag{5}$$

以 $x=l$ 代入表 8-2 中的式(i_2)，得梁 B 端截面的转角为
$$\theta_B = \frac{Fab(l+a)}{6EIl} \tag{6}$$

比较两式的绝对值可知，当 $a > b$ 时，θ_B 为最大转角。

最大挠度：在 $\theta = y' = 0$ 处，y 为极值，此处的挠度绝对值最大。故应先确定转角为零的截

面位置,然后再求最大挠度。先研究 AC 段,设在 x_0 处,截面的转角为零,以 x_0 代入表 8-2 中的式(i_1)并令 $y'=0$,即

$$-\frac{Fb}{6l}(l^2-3x_0^2-b^2)=0$$

由此解得

$$x_0=\sqrt{\frac{l^2-b^2}{3}} \tag{7}$$

由式(7)可以看出,当 $a>b$ 时,$x_0<a$,故知转角 θ 为零的截面必在 AC 段内,以式(7)代入表 8-2 中的式(j_1)并整理后,即可求得绝对值最大的挠度为

$$|y|_{max}=\frac{Fb}{9\sqrt{3}EIl}\sqrt{(l^2-b^2)^3} \tag{8}$$

(6) 讨论 由式(7)可以看出,当载荷 F 无限接近 B 端支座时,即 $b\to 0$ 时,则

$$x_0\to\frac{1}{\sqrt{3}}=0.577l$$

这说明,即使在这种极限情况下,梁最大挠度的所在位置仍与梁的中点非常接近。因此可以近似地用梁中点的挠度来代替梁的实际最大挠度。以 $x=\frac{l}{2}$ 代入表 8-2 中的式(j_1),即可算出梁中点处的挠度为

$$|y_{l/2}|=\frac{Fb}{48EI}(3l^2-4b^2) \tag{9}$$

以 $y_{l/2}$ 代替 y_{max} 所引起的误差不超过 3%。

当载荷 F 位于梁的中点,即当 $a=b=\frac{l}{2}$ 时,则由式(5)、(6)和式(8)得梁的最大转角和最大挠度为

$$|\theta|_{max}=-\theta_A=\theta_B=\frac{Fl^2}{16EI}, \qquad |y|_{max}=|y_{l/2}|=\frac{Fl^3}{48EI}$$

综合上述各例可见,用积分法求梁变形的步骤是:
(1) 求支座反力,列弯矩方程;
(2) 列出梁的挠曲线近似微分方程,并对其逐次积分;
(3) 利用边界条件和连续条件确定积分常数;
(4) 建立转角方程和挠度方程;
(5) 求最大转角$|\theta|_{max}$和最大挠度$|y|_{max}$,或指定截面的转角和挠度。

积分法是求梁变形的一种基本方法,其优点是可以求得梁的转角方程和挠度方程;其缺点是运算过程较繁琐。因此,在一般设计手册中,已将常用梁的挠度和转角的有关计算公式列成表格,以备查用。表 8-3 给出了简单载荷作用下常见梁的挠度和转角。

表 8-3 梁在简单载荷作用下的变形

序号	梁的形式及其载荷	挠曲线方程	端截面转角	最大挠度
1		$y = -\dfrac{Mx^2}{2EI}$	$\theta_B = -\dfrac{Ml}{EI}$	$y_B = -\dfrac{Ml^2}{2EI}$
2		$y = -\dfrac{Fx^2}{6EI}(3l-x)$	$\theta_B = -\dfrac{Fl^2}{2EI}$	$y_B = -\dfrac{Fl^3}{3EI}$
3		$y = -\dfrac{qx^2}{24EI}(x^2-4lx+6l^2)$	$\theta_B = -\dfrac{ql^3}{6EI}$	$y_B = -\dfrac{ql^4}{8EI}$
4		$y = -\dfrac{Fx^2}{6EI}(3a-x)$ $(0 \leqslant x \leqslant a)$ $y = -\dfrac{Fa^2}{6EI}(3x-a)$ $(a \leqslant x \leqslant l)$	$\theta_B = -\dfrac{Fa^2}{2EI}$	$y_B = -\dfrac{Fa^2}{6EI}(3l-a)$
5		$y = -\dfrac{Mx^2}{2EI}$ $(0 \leqslant x \leqslant a)$ $y = -\dfrac{Ma}{EI}\left(x-\dfrac{a}{2}\right)$ $(a \leqslant x \leqslant l)$	$\theta_B = -\dfrac{Ma}{EI}$	$y_B = -\dfrac{Ma}{EI}\left(l-\dfrac{a}{2}\right)$
6		$y = -\dfrac{Mx}{6EIl}(l-x)(2l-x)$	$\theta_A = -\dfrac{Ml}{3EI}$ $\theta_B = -\dfrac{Ml}{6EI}$	$x = \left(1-\dfrac{1}{\sqrt{3}}\right)l$ $y_{\max} = -\dfrac{Ml^2}{9\sqrt{3}EI}$ $x = \dfrac{l}{2}$, $y_{l/2} = -\dfrac{Ml^2}{16EI}$
7		$y = -\dfrac{Fx}{48EI}(3l^2-4x^2)$ $\left(0 \leqslant x \leqslant \dfrac{l}{2}\right)$	$\theta_A = -\dfrac{Fl^2}{16EI}$ $\theta_B = \dfrac{Fl^2}{16EI}$	$x = \dfrac{l}{2}$, $y_{\max} = -\dfrac{Fl^3}{48EI}$

续表 8 – 3

序号	梁的形式及其载荷	挠曲线方程	端截面转角	最大挠度
8		$y=-\dfrac{Fbx}{6EIl}(l^2-x^2-b^2)\ (0\leqslant x\leqslant a)$ $y=-\dfrac{Fbx}{6EIl}\left[\dfrac{l}{b}(x-a)^3+(l^2-b^2)x-x^3\right]$ $(a\leqslant x\leqslant l)$	$\theta_A=-\dfrac{Fab(l+b)}{6EIl}$ $\theta_B=\dfrac{Fab(l+a)}{6EIl}$	$a>b,\ x=\sqrt{\dfrac{l^2-b^2}{3}}$ $y_{\max}=-\dfrac{Fb\sqrt{(l^2-b^2)^2}}{9\sqrt{3}EIl}$ $x=\dfrac{l}{2},\ y_{l/2}=-\dfrac{Fb(3l^2-4b^2)}{48EI}$
9		$y=-\dfrac{qx}{24EI}(l^3-2lx^2+x^3)$	$\theta_A=-\dfrac{ql^3}{24EI}$ $\theta_B=\dfrac{ql^3}{24EI}$	$y_{\max}=-\dfrac{5ql^4}{384EI}$
10		$y=-\dfrac{Mx}{6EIl}(l^2-3b^2-x^2)\ (0\leqslant x\leqslant a)$ $y=-\dfrac{M(l-x)}{6EIl}[l^2-3a^2-(l-x)^2]$ $(a\leqslant x\leqslant l)$	$\theta_A=\dfrac{M}{6EIl}(l^2-3b^2)$ $\theta_B=\dfrac{M}{6EIl}(l^2-3a^2)$ $\theta_C=-\dfrac{M}{6EIl}(3a^2+3b^2-l^2)$	$x=\sqrt{\dfrac{l^2-3b^2}{3}}$ 处, $y_{1\max}=-\dfrac{M(l^2-3b^2)^{\frac{3}{2}}}{9\sqrt{3}EIl}$ $x=\sqrt{\dfrac{l^2-3a^2}{3}}$ 处, $y_{2\max}=-\dfrac{M(l^2-3a^2)^{\frac{3}{2}}}{9\sqrt{3}EIl}$
11		$y=-\dfrac{Ex}{6EIl}(l^2-x^2)\ (0\leqslant x\leqslant l)$ $y=-\dfrac{M}{6EI}(3x^2-4xl+l^2)\ (l\leqslant x\leqslant l+a)$	$\theta_A=\dfrac{Ml}{6EI}$ $\theta_B=-\dfrac{Ml}{3EI}$ $\theta_C=-\dfrac{M}{3EI}(l+3a)$	$x=\dfrac{l}{\sqrt{3}}$ 处, $y_{\max}=\dfrac{Ml^2}{9\sqrt{3}EI}$ $x=l+a$ 处, $y_{\max}=$
12		$y=-\dfrac{Fax}{6EIl}(l^2-x^2)\ (0\leqslant x\leqslant l)$ $y=\dfrac{F(x-l)}{6EI}[a(3x-l)-(x-l)^2]$ $(l\leqslant x\leqslant l+a)$	$\theta_A=\dfrac{Fal}{6EI}$ $\theta_B=-\dfrac{Fal}{3EI}$ $\theta_C=-\dfrac{Fa}{6EI}(2l+3a)$	$x=\dfrac{l}{\sqrt{3}}$ 处, $y_{\max}=\dfrac{Fal^2}{9\sqrt{3}EI}$ $x=l+a$ 处, $y_{\max}=-\dfrac{Fa^2}{3EI}(l+a)$
13		$y=-\dfrac{qa^2}{12EIl}\left(lx-\dfrac{x^3}{l}\right)\ (0\leqslant x\leqslant l)$ $y=-\dfrac{qa^2}{12EIl}\left[\dfrac{x^3}{l}-\dfrac{(2l+a)(x-l)^3}{a}-lx\right]$ $+\dfrac{(x-l)^4}{2a^2}$ $(l\leqslant x\leqslant l+a)$	$\theta_A=\dfrac{qa^2l}{12EI}$ $\theta_B=-\dfrac{qa^2l}{6EI}$ $\theta_C=-\dfrac{qa^2}{6EI}(l+a)$	$x=\dfrac{l}{\sqrt{3}}$ 处, $y_{\max}=-\dfrac{qa^2l^2}{18\sqrt{3}EI}$ $x=l+a$ 处, $y_{\max}=-\dfrac{qa^3}{24EI}(3a+4l)$

8.4 用叠加法求挠度和转角

在弯曲变形很小,且材料服从胡克定律的情况下,挠曲线微分方程是线性的。又因在很小变形前提下,计算弯矩时,用梁变形前的位置,结果弯矩与载荷的关系也是线性的。这样梁在几个力共同作用下产生的变形(或支座反力、弯矩)将等于各个力单独作用时产生的变形(或支座反力、弯矩)的代数和。

下面举例说明求梁变形的叠加法。

例 8-4 图 8-12(a)所示的悬臂梁,受集中力 F 和集度为 q 的均布载荷作用。求端点 B 处的挠度和转角。

解: 由表 8-3 中查得,因集中力 F 而引起的 B 端的挠度和转角[见图 8-12(b)]分别为

$$y_{BF} = \frac{Fl^3}{3EI}, \qquad \theta_{BF} = \frac{Fl^2}{2EI}$$

因分布载荷而引起的 B 端的挠度和转角[见图 8-12(c)]分别为

$$y_{Bq} = -\frac{ql^4}{8EI}, \qquad \theta_{Bq} = -\frac{ql^3}{6EI}$$

则由叠加法得 B 端的总挠度和总转角分别为

$$y_B = y_{BF} + y_{Bq} = \frac{Fl^3}{3EI} - \frac{ql^4}{8EI}, \qquad \theta_B = \theta_{BF} + \theta_{Bq} = \frac{Fl^2}{2EI} - \frac{ql^3}{6EI}$$

例 8-5 一变截面外伸梁如图 8-13(a)所示,AB 段的刚度为 EI_1,BC 段的刚度为 EI_2;在 C 端受集中力 F 的作用。求截面 C 的挠度和转角。

图 8-12

图 8-13

解： 此梁因两段的刚度不同，不能直接用表 8-3 的公式；如用积分法求解，推算较繁。现采用叠加的方法。

先设梁在 B 点的截面不转动，BC 段视为一悬臂梁，如图 8-13(b)所示。由表 8-3 查得，此时截面 C 的转角和挠度分别为

$$\theta'_C = -\frac{Fa^2}{2EI_2}, \qquad y'_C = -\frac{Fa^3}{3EI_2}$$

再将梁在支座 B 稍右处假想地截开，截面上作用有剪力 $\boldsymbol{F}_{Q_B} = \boldsymbol{F}$，弯矩 $M_B = Fa$。其中剪力 $\boldsymbol{F}_{Q_B}$ 可由 B 端的支座反力所平衡，不引起梁的变形，而弯矩 M_B 则相当于一个集中力偶。由表 8-3 查得，因 M_B 而使截面 B 产生的转角为

$$\theta_B = -\frac{(Fa)l}{3EI_1}$$

此时 BC 段将转至位置 BC''，截面 C 同时产生与 θ_B 相同的转角，即

$$\theta''_C = \theta_B = -\frac{(Fa)l}{3EI_1}$$

并产生挠度

$$y''_C = \theta_B \cdot a = -\frac{(Fa)la}{3EI_1}$$

在此基础上，再考虑因 BC 段的变形而引起的转角 θ'_C 及挠度 y'_C。由叠加法，截面 C 的总转角和总挠度为

$$\theta_C = \theta''_C + \theta'_C = -\frac{Fal}{3EI_1} - \frac{Fa^2}{2EI_2}, \qquad y_C = y''_C + y'_C = -\frac{Fa^2 l}{3EI_1} - \frac{Fa^3}{3EI_2}$$

8.5　梁的刚度计算

在工程实际中，对弯曲构件的刚度要求，就是要求其最大挠度或转角不得超过某一规定的限度，即

$$|y|_{max} \leqslant [y] \tag{8-11}$$

$$|\theta|_{max} \leqslant [\theta] \tag{8-12}$$

式中：$[y]$ 为构件的许用挠度，单位为 mm；$[\theta]$ 为构件的许用转角，单位为弧度(rad)。

上两式为弯曲构件的刚度条件。式中的许用挠度和转角，对不同类别的构件有不同的规定，一般可由设计规范中查得。例如：

对吊车梁　　　　　　　　　　$[y] = \left(\dfrac{1}{400} \sim \dfrac{1}{750}\right)l$

对架空管道　　　　　　　　　$[y] = \dfrac{l}{500}$

式中，l 为梁的跨度。在机械中，对轴则有如下的刚度要求：

一般用途的轴	$[y]=(0.000\ 3\sim0.000\ 5)l$
刚度要求较高的轴	$[y]=0.000\ 2\ l$
安装齿轮的轴	$[y]=(0.01\sim0.03)m$
安装蜗轮的轴	$[y]=(0.02\sim0.05)m$

式中，l 为支撑间的跨距；m 为齿轮或蜗轮的模数。

对一般弯曲构件，如其强度条件能够满足，刚度方面的要求一般也能达到。所以在设计计算中，通常是根据强度条件或构造上的要求，先确定构件的截面尺寸，然后进行刚度校核。

例 8-6 一台起重量为 50 kN 的单梁吊车[见图 8-14(a)]，由 45a 号工字钢制成。已知电葫芦重 5 kN，吊车梁跨度 $l=9.2$ m，许用挠度 $[y]=l/500$，材料的弹性模量 $E=210$ GPa。试校核此吊车梁的刚度。

解： 将吊车梁简化为如图 8-14(b)所示的简支梁。梁的自重为均布载荷，其集度为 q；电葫芦的轮压近似地视为一个集中力 F，当它行至梁跨度中点时，所产生的挠度为最大。

(1) 计算变形 电葫芦给吊车梁的轮压为

$$F=(50+5)\text{kN}=55\text{ kN}$$

图 8-14

由型钢表查得 45a 号工字钢横截面的惯性矩和自重分别为

$$I=32\ 240\text{ cm}^4,\quad q=80.4\text{ kgf/m}\approx 804\text{ N/m}$$

因集中力 F 和均布载荷 q 而引起的最大挠度位于梁的中点 C，由表 8-3 查得

$$|y_{CF}|=\frac{Fl^3}{48EI}=\left(\frac{55\times10^3\times9.2^3}{48\times210\times10^9\times32\ 240\times10^{-8}}\right)\text{m}=0.013\ 17\text{ m}=1.317\text{ cm}$$

$$|y_{Cq}|=\frac{5ql^4}{384EI}=\left(\frac{5\times804\times9.2^4}{384\times210\times10^9\times32\ 240\times10^{-8}}\right)\text{m}=0.001\ 1\text{ m}=0.11\text{ cm}$$

由叠加法求得梁的最大挠度为

$$|y|_{\max}=|y_{CF}|+|y_{Cq}|=(1.317+0.11)\text{cm}=1.427\text{ cm}$$

(2) 校核刚度 吊车梁的许用挠度为

$$[y]=\frac{l}{500}=\left(\frac{9.2\times10^2}{500}\right)\text{cm}=1.84\text{ cm}$$

将梁的最大挠度与其比较，知

$$|y|_{max} = 1.427 \text{ cm} < [y] = 1.84 \text{ cm}$$

可知满足刚度要求。

例 8-7 某车床主轴如图 8-15(a)所示,已知工作时的切削力 $F_1 = 2$ kN,齿轮所受的径向啮合力 $F_2 = 1$ kN;主轴的外径 $D = 8$ cm,内径 $d = 4$ cm,$l = 40$ cm,$a = 20$ cm;C 点处的许用挠度 $[y] = 0.0001\, l$,轴承 B 处的许用转角 $[\theta] = 0.001$ rad。设材料的弹性模量 $E = 210$ GPa,试校核其刚度。

解: 将主轴简化为如图 8-15(b)所示的外伸梁,外伸部分的抗弯刚度 EI 近似地视为与主轴相同。此梁的变形又可视为图 8-15(c)及(d)所示的两梁的变形叠加。

(1) 计算变形 主轴横截面的惯性矩为

$$I = \frac{\pi}{64}(D^4 - d^4) = \frac{\pi}{64}(8^4 - 4^4)\text{cm}^4 = 188.5 \text{ cm}^4$$

由图 8-15(c),自表 8-3 查得,因 F_1 而引起的 C 端的挠度为

$$y_{CF1} = \frac{F_1 a^2}{3EI}(l+a) = \left[\frac{2 \times 10^3 \times 20^2 \times 10^{-4}}{3 \times 210 \times 10^9 \times 1\,885 \times 10^{-8}}(40 \times 10^{-2} + 20 \times 10^{-2})\right]\text{m}$$

$$= 40.4 \times 10^{-4} \text{ m} = 4.04 \times 10^{-3} \text{ cm}$$

图 8-15

因 F_1 而引起的 B 处的转角为

$$\theta_{BF1} = \frac{F_1 al}{3EI} = \left(\frac{2 \times 10^3 \times 20 \times 10^{-2} \times 40 \times 10^{-2}}{3 \times 210 \times 10^9 \times 188.5 \times 10^{-8}}\right)\text{rad} = 0.1347 \times 10^{-3} \text{ rad}$$

由图 8-15(d),因 F_2 而引起的 B 处的转角及 C 端的挠度,可根据简支梁中点受集中力的情况,从表 8-3 中查得

$$\theta_{BF2} = -\frac{F_2 l^2}{16EI} = \left(\frac{1 \times 10^3 \times 40^2 \times 10^{-2}}{16 \times 210 \times 10^9 \times 188.5 \times 10^{-8}}\right)\text{rad} = -0.0253 \times 10^{-3} \text{ rad}$$

$$y_{CF2} = \theta_{CF2} \cdot a = -0.025\ 3 \times 10^{-3} \times 20\ \text{cm} = -0.506 \times 10^{-3}\ \text{cm}$$

最后由叠加法,得 C 处的总挠度为

$$y_C = y_{CF1} + y_{CF2} = (4.04 \times 10^{-3} - 0.506 \times 10^{-3})\text{cm} = 3.53 \times 10^{-3}\ \text{cm}$$

B 处截面的总转角为

$$\theta_B = \theta_{CF1} + \theta_{CF2} = (0.134\ 7 \times 10^{-3} - 0.025\ 3 \times 10^{-3})\text{rad} = 0.109\ 4 \times 10^{-3}\ \text{rad}$$

(2) 校核刚度　主轴的许用挠度和许用转角为

$$[y] = 0.000\ 1l = (0.000\ 1 \times 40)\text{cm} = 4 \times 10^{-3}\ \text{cm}$$

$$[\theta] = 0.001\ \text{rad} = 1 \times 10^{-3}\ \text{rad}$$

将主轴的 y_C 和 θ_B 与其比较,可知:

$$y_C = 3.53 \times 10^{-3}\ \text{cm} < [y] = 4 \times 10^{-3}\ \text{cm}$$

$$\theta_B = 0.109\ 4 \times 10^{-3}\ \text{rad} < [\theta] = 1 \times 10^{-3}\ \text{rad}$$

主轴满足刚度条件。

8.6　提高梁的刚度的措施

由梁的挠曲线近似微分方程可以看出,梁的弯曲变形与弯矩 $M(x)$ 及抗弯刚度 EI 有关;而影响弯矩的因素又包括载荷、支撑情况、梁的跨长等。这些影响梁变形的因素在本章各例和表 8-3 所列的计算公式中都有所反映。因此,根据这些因素,可以通过以下途径来提高梁的弯曲刚度。

1. 调整加载方式

在可能的情况下,适当调整梁的加载方式,可以起到降低弯矩的作用。如例题 8-7 中的车床主轴,若将主动齿轮安装于从动轮的上面,则此时主轴所受到的径向啮合力 F_2 将向下(见图 8-16),这样,在 F_1 和 F_2 的作用下主轴将产生更大的挠度和转角。而按照例题 8-7 中的安装方式(见图 8-15),则可使因 F_1 和 F_2 引起的挠度和转角相互抵消一部分,从而提高了主轴的刚度。又如图 8-17(a)所示的简支梁,其中点的挠度为

$$|y_{CF}| = \frac{Fl^3}{48EI}$$

如将集中力 F 分散为均布载荷,其集度为 $q = \dfrac{F}{l}$[见图 8-17(b)],此时梁中点的挠度使后者比前者降低了近一半,即

$$|y_{Cq}| = \frac{5\left(\dfrac{F}{l}\right)l^4}{384\ EI} = \frac{5Fl^3}{384\ EI}$$

图 8-16   图 8-17

2. 减小跨长或增加支座

梁的跨长或有关长度对梁的变形影响较大,由表 8-3 中可以看出,梁的挠度和转角是与跨长或有关长度的二次方、三次方甚至四次方成比例的。因此,在可能情况下减小梁的跨长或有关长度,对减小梁的变形会起到很大的作用。例如一受均布载荷的简支梁[见图 8-18 (a)],如将两端的支座向内移动某一距离,减小两支座的跨距[见图 8-18(b)],可使梁的变形明显减小。图 8-19 所示的传动轴,应尽可能地令皮带轮及齿轮靠近支座,减小外伸臂的长度,这样,梁的弯矩和变形都会随之降低。

图 8-18   图 8-19

在跨长不允许减小的情况下,为提高梁的刚度,也可增加支座。例如在简支梁的中点处增加一个支座(见图 8-20),也可大大地减小梁的挠度和转角;机械加工中的镗杆在镗孔时,为减少镗刀处的挠度,可在镗杆的一端加一个顶尖(见图 8-21)。这些都是增加弯曲构件刚度的有效方法。增加支座后的弯曲构件将成为一个超静定梁,关于超静定梁的解法,将在下一节中讨论。

3. 选用合理截面

从提高梁弯曲刚度的角度考虑,合理的截面应该是,以较小截面面积,获得较大的惯性矩。例如,工程实际中常以工字钢、槽钢等作为弯曲构件,吊车梁常采用由钢板焊接而成的箱形截面,一些机器的机架采用不同形式的薄壁空心截面等,这些都是以增大截面惯性矩的办法来增加构件的刚度。

图 8-20

图 8-21

最后必须指出,弯曲构件的变形虽与材料的弹性模量 E 有关,E 值愈大,构件的变形愈小。但就钢材而言,如采用强度较高的钢材来代替强度较低的钢材,并不能起到提高构件刚度的作用,因为各种钢材的弹性模量 E 值非常接近。

*8.7 超静定梁

8.7.1 超静定梁的概念

前面所讨论的梁中,其约束反力都可以通过静力平衡方程求得。这种梁称为静定梁。但在工程实际中,有时为了降低梁的应力或变形,保证其有足够的强度和刚度,或者因构造上的需要,往往在维持平衡所必需的约束之外,再增加一个或几个约束。这时,未知反力的数目将相应增加,因而多于平衡方程的数目,仅用静力平衡方程已不能完全求解,这样的梁称为**超静定梁**或**静不定梁**。

超静定梁在工程实际中是经常遇到的。例如上节中所提到的镗杆,为减小镗刀处的挠度,提高加工精度,在其自由端用尾架上的顶尖顶住[见图 8-21(a)],这就相当于增加了一个支座[见图 8-21(b)],这时镗杆上有 4 个约束反力:F_{Ax}、F_{Ay}、M_A 和 F_{R_B}(顶尖给镗杆的水平力忽略不计);而可列出的平衡方程只有 3 个:

$$\sum F_X = 0, \quad \sum F_Y = 0, \quad \sum M_A(F) = 0$$,未知反力数目比平衡方程数目多出一个,这是一个超静定梁。

又如由多个支座固定的吊车梁(见图 8-22)为二次超静定梁;一些机器中的齿轮轴(见图 8-23),采用 3 个轴承支撑,这些构件都属于超静定梁。

图 8-22

图 8-23

8.7.2 用变形比较法求解超静定梁

对超静定梁进行强度计算或刚度计算时，首先须求出梁的支座反力，求解方法与解拉压超静定问题类似，需要根据梁的变形协调条件和力与变形间的物理关系，建立补充方程，然后与平衡方程联立求解。建立补充方程是解超静定梁的关键。下面以铣床刀杆为例说明超静定梁的解法。

图 8-24(a)所示为万能铣床的刀杆，左端与刚性很大的主轴紧固连接，右端以轴承支撑，加工时工件给铣刀的切削力为 F，其计算简图如图 8-24(b)所示，现求刀杆的支座反力。根据支座的约束性质，刀杆的支座反力有 4 个，而只能列出三个平衡方程，这是一个超静定问题。

在超静定梁中，那些超过维持梁平衡所必需的约束，习惯上称为多余约束；与其对应的支座反力称为多余约束反力或多余支座反力。可以设想，如果解除某超静定梁的多余约束，它将变为一个静定梁。这种静定梁称为原超静定梁的基本静定梁。在图 8-24(b)中，如果以 B 端的可动铰支座为多余约束，将其解除后，就可得到图 8-24(c)所示的悬臂梁，它就是原超静定梁的基本静定梁。

作用于基本静定梁上的外力，除原来的载荷 F 外，还必须加上多余支座反力 F_{R_B}[见图 8-24(d)]，使其与原超静定梁的受力情况相同；同时还应满足一个变形协调条件，使基本静定梁的变形情况与原超静定梁一致。例如在图 8-24(b)中，原超静定梁在 B 端有可动铰支座的约束，不可能产生挠度。因此，就要求基本静定梁在原载荷 F 和多余支座反力 F_{R_B} 的作用下，B 端的挠度为零[见图 8-24(d)]，即

$$y_B = 0 \tag{1}$$

图 8-24

这样，就将一个集中力 F 作用下的超静定梁，转换为一个在原载荷 F 和多余支座反力 F_{R_B} 的作用下，B 端的挠度为零的静定梁了。

根据上述考虑，应用叠加法可得

$$y_B = y_{BF} + y_{BR} \tag{2}$$

这就是基本静定梁应满足的变形协调条件（简称变形条件）。式中的 y_{BF} 和 y_{BR} 分别为力 F 和 F_{R_B} 所引起的 B 端的挠度[见图 8-24(e)、(f)]，可由表 8-3 查得

$$y_{BF} = \frac{F\left(\frac{l}{2}\right)^2}{6EI}\left(3l - \frac{l}{2}\right) = \frac{5Fl^3}{48EI} \tag{3}$$

$$y_{BF_R} = -\frac{F_{R_B}}{3EI} \tag{4}$$

式(3)、式(4)即为力与变形间的物理关系，将它们带入式(2)，得

$$\frac{5Fl^3}{48EI} - \frac{F_{R_B}l^3}{3EI} = 0 \tag{5}$$

这就是所需的补充方程。由此方程可以解出

$$F_{R_B} = \frac{5}{16}F(\uparrow)$$

求得多余支反力后，再利用平衡方程，不难求出其他支座反力。由图 8-24(d)，可列出平衡方程

$$\sum F_x = 0, \quad F_{Ax} = 0 \tag{6}$$

$$\sum F_y = 0, \quad F_{Ay} - F + F_{R_B} = 0 \tag{7}$$

$$\sum M_A(\boldsymbol{F}) = 0, \quad M_A + F_{R_B}l - \frac{Fl}{2} = 0 \tag{8}$$

将 F_{R_B} 之值代入上列各式，解得刀杆的约束反力为

$$F_{Ax} = 0, \quad F_{Ay} = \frac{11}{16}F(\uparrow), \quad M_A = \frac{3}{16}Fl$$

所得结果均为正值，说明各支座反力的方向与原设方向一致。支座反力求出以后，即可如静定梁一样，进行强度和刚度计算。

由以上分析可见，上述求解超静定梁的方法和步骤是：

(1) 解除多余约束，选取适当的基本静定梁，在基本静定梁作用有原梁载荷和多余的支座反力。

(2) 列出基本静定梁在所解除约束处的变形条件，这一变形条件要求符合原超静定梁在多余约束处的边界条件。

(3) 分别求出在原载荷和多余支座反力作用下，解除约束处的挠度和转角，将其代入变形条件，建立补充方程。

(4) 由补充方程和平衡方程解出多余支座反力和其他支座反力。
(5) 进行强度或刚度计算。
这种解超静定梁的方法,称为变形比较法。

解超静定梁时,选择哪个约束为多余约束,可根据解题时的方便而定。若选择的多余约束不同,相应的基本静定梁的形式和变形条件也随之而异。例如上例中的超静定梁,也可以选择阻止 A 端转动的约束为多余约束,相应的多余支座反力为力偶矩 M_A。解除这一多余约束后,A 端将由固定端支座变为固定铰支座,相应的基本静定梁则为简支梁,其上作用有原载荷 F 和多余反力偶矩 M_A[见图 8-25 (b)]。这时的变形条件是 A 端的转角为零,即

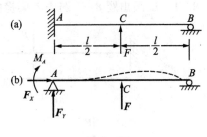

图 8-25

$$\theta_A = \theta_{AF} + \theta_{AM} = 0$$

由表 8-3 查得,因集中力 F 和力偶矩 M_A 而引起的 A 端的转角分别为

$$\theta_{AF} = \frac{Fl^2}{16EI}, \qquad \theta_{AM} = -\frac{M_A l}{3EI}$$

将其代入变形条件得到补充方程

$$\frac{Fl^2}{16EI} - \frac{M_A l}{3EI} = 0$$

由此解得

$$M_A = \frac{3}{16}Fl$$

最后再利用平衡方程解出其余的支座反力,其结果与前一解法相同。

思 考 题

1. 什么叫转角和挠度,它们之间有什么关系?其符号如何规定?
2. 什么叫梁变形的边界条件和连续条件?用积分法求梁的变形时,它们起了什么作用?
3. 梁的变形和弯矩有什么关系?正弯矩产生正转角,负弯矩产生负转角;弯矩最大的地方转角最大,弯矩为零的地方转角为零。这种说法对吗?
4. 叠加原理的适用条件是什么?
5. 试述用变形比较法解超静定梁的方法和步骤。

习 题

8-1 试画出题 8-1 图中各梁挠曲线的大致形状。

题 8-1 图

8-2 用积分法求题 8-2 图中各梁的转角方程、挠曲线方程以及指定的转角和挠度。已知 EI 为常数。

答：(a) $\theta_B = \dfrac{M_0 l}{EI}$，$y_B = \dfrac{M_0 l^2}{2EI}$ (b) $\theta_C = \dfrac{3Fl^2}{8EI}$，$y_C = -\dfrac{5Fl^3}{48EI}$；

(c) $\theta_A = \dfrac{M_0 l}{6EI}$，$\theta_B = \dfrac{M_0 l}{3EI}$，$y_C = \dfrac{M_0 l^2}{16EI}$ (d) $\theta_B = \dfrac{ql^3}{6EI}$，$y_A = -\dfrac{ql^4}{8EI}$。

题 8-2 图

8-3 用叠加法求题 8-3 图中各梁指定的转角和挠度。已知 EI 为常数。

答：(a) $\theta_B = \dfrac{3Fa^2}{2EI}$，$y_B = \dfrac{7Fa^2}{6EI}$；　(b) $\theta_B = \dfrac{7ql^3}{24EI}$，$y_A = -\dfrac{11ql^4}{48EI}$；

(c) $\theta_B = \dfrac{3Fl^2}{32EI}$，$y_B = -\dfrac{11Fl^3}{384EI}$；　(d) $\theta_A = \dfrac{5ql^2}{24EI}$，$y_C = -\dfrac{17ql^4}{384EI}$。

题 8-3 图

8-4 写出题 8-4 图示中各梁的边界条件和连续条件。

题 8-4 图

8-5 求题 8-5 图示中悬臂梁的挠曲线方程及自由端的挠度和转角，设 EI = 常量。

答：(a) $\theta_B = -\dfrac{Fa^2}{2EI}$，$y_B = -\dfrac{Fa^2}{6EI}(3l-a)$；

(b) $\theta_B = -\dfrac{ma}{EI}$，$y_B = -\dfrac{ma}{EI}\left(l-\dfrac{a}{2}\right)$。

***8-6** 在简支梁的一半跨度内作用均布载荷 q [见题 8-6(a) 图]，试求跨度中点的挠度。设 EI 为常数（提示：把图(a)的载荷看作是图(b)和图(c)的叠加，但在图(b)所示载荷作

用下,跨度中点的挠度等于零)。

答:$y_C = \dfrac{59 l^4}{768 EI}$。

8-7 简支梁受载荷作用,如题 8-7 图示。试用叠加法求跨度中点的挠度。设 EI 为常数。

答:(a) $y = \dfrac{5 q_0 l^4}{768 EI}$, (b) $y = -\dfrac{5(q_1 + q) l^4}{768 EI}$。

题 8-5 图　　　　题 8-6 图　　　　题 8-7 图

8-8 题 8-8 图示结构中 1,2 两杆的抗拉刚度同为 EA,若:

(1) 将横梁 AB 视为刚体,试求 1,2 杆的内力;

(2) 考虑横梁的变形,且抗弯刚度为 EI,试求 1,2 两杆的拉力。

答:(1) $F_{N1} = \dfrac{F}{5}$, $F_{N2} = \dfrac{2F}{5}$;

(2) $F_{N1} = \dfrac{(3lI + 2a^3 A)}{15 lI + 2 a^3 A} F$, $F_{N2} = \dfrac{6 lI}{15(I + 2 a^3 A)} F$。

8-9 一简支梁如题 8-9 图所示,已知 $F = 22$ kN,$l = 4$ m;若许用应力 $[\sigma] = 160$ MPa,许用挠度 $[y] = \dfrac{1}{400} l$,试选择工字钢的型号。

答:选 No.18 工字钢。

8-10 松木板自由地放置在两个支座上(见题 8-10 图),载荷 $F = 4$ kN,测得梁中点处的挠度 $y = 2$ mm,试求此材料的弹性模量。

答:$E = 11.57$ GPa。

题 8-8 图　　　题 8-9 图　　　题 8-10 图

*8-11　试求题 8-11 图示中各梁的支座反力，并作弯矩图。

答：(a) $F_{R_A} = F_{R_B} = \frac{3}{8}ql(\uparrow), R_C = \frac{5}{4}ql(\uparrow)$；

(b) $F_{R_A} = \frac{7}{4}F(\uparrow), F_{R_B} = \frac{3}{4}F(\downarrow); m_B = \frac{F}{4}l(\uparrow)$

(c) $F_{Ax} = F(\leftarrow), F_{Ay} = \frac{9Fb}{10a}(\downarrow), m_A = \frac{Fb}{8}(\downarrow)$；

(d) $F_{R_A} = 6\,500\text{ N}(\uparrow), F_{R_B} = 9\,500\text{ N}(\uparrow), m_A = 2\,800\text{ N}\cdot\text{m}(\uparrow)$。

*8-12　悬臂梁 AB 因强度和刚度不足，用相同材料和相同截面的一根短梁 AC 加固，如题 8-12 图所示。问：

题 8-11 图　　　　　　　　　题 8-12 图

(1) 支座 C 处的反力 F_{R_C} 为多少？答：$F_{R_C} = \frac{5}{4}F$。

(2) 梁 AB 的最大弯矩和 B 点的挠度比没有梁 AC 支撑时减少多少？

答：最大弯矩减少 $\frac{Fl}{2}$，B 点挠度减少 $\frac{125Fl^3}{192EI}$。

第9章 应力状态分析及强度理论

本章首先重点研究了平面应力状态理论,并对三向应力状态作了一般介绍。然后介绍了广义胡克定律及其应用,最后重点介绍了4种常见的强度理论及莫尔强度理论。学习强度理论的目的在于解决复杂应力状态下构件的强度计算问题。

9.1 点的应力状态及其分类

9.1.1 概 述

在第3章中曾经指出,通过受拉、压构件一点处所取的截面若方向不同,则该点在不同的截面上将有不同的应力[见图9-1(a)]。在进行受扭转、弯曲构件的应力分析时,分析了构件横截面上的应力。我们知道,在同一横截面上各点处的应力并不相同。进一步分析还可知道,通过构件内某一点处的各斜截面上的应力也是不同的。

图 9-1

构件受力后,某一点的各个不同截面的应力变化情况称为**点的应力状态**。
为什么要研究一点处的应力状态呢?

(1) 为解决构件的强度问题,就需要知道构件受力后,在哪一点处并在什么斜截面上的应力为最大。

(2) 对一些构件和材料的破坏现象,也常需要通过应力状态分析,才能解释其破坏原因。例如低碳钢拉伸试验,加力达到屈服阶段时,在试件表面沿着与试件轴线成45°方向上会出现滑移线;又如铸铁压缩时,在与轴线成稍大于45°的斜截面上试件发生破坏。这些破坏现象都与斜截面上的应力有密切关系。

(3) 在测定构件应力的实验应力分析中,以及在弹性力学、塑性力学和断裂力学等学科的研究中,都要广泛应用到应力状态理论。

9.1.2 应力状态的研究方法

表示构件中一点处应力状态的方法,是用围绕该点截取单元体的方法。首先围绕该点截取一微小的直角六面体,这个六面体就称为该点的**单元体**,然后再给出此单元体各侧面上的应力。

如图 9-1(a)所示,从轴向拉伸杆件中 C 点处截取如图 9-1(b)所示单元体[或用图 9-1(c)表示],根据拉压杆件的应力计算公式可知,其左右两侧面上仅有均布正应力,即 $\sigma = F/A$,其他各面上无应力作用。

再以图 9-2(a)所示的悬臂梁为例,在梁上边缘点 A 处截取如图 9-2(b)所示单元体,其左右两侧面上的正应力,可按弯曲正应力公式 $\sigma_{\max} = M/W_z$ 算出。在离中性层为 y 的 B 点处截取如图 9-2(c)所示单元体,其左右两侧面上的正应力 σ 和切应力 τ,可由 $\sigma = My/I$ 和 $\tau = F_Q S^*/Ib$ 求得,再根据切应力互等定理,在上下两个平面上还有切应力 τ。单元体 A、B 的前后两个侧面上都没有应力作用。

图 9-2

应该指出,取所截取的单元体一般都极其微小,可认为单元体各面上的应力是均匀分布的。同时,在两个平行平面上的应力大小相等、方向相反。从所截取的单元体出发,根据其各侧面上的已知应力,借助于截面法和静力平衡条件即可求出。通过这一单元体的任何斜截面上的应力,从而确定此点处的应力状态。这就是研究一点处应力状态的基本方法。

9.1.3 应力状态分类

在图 9-1 上的 C 点处或图 9-2 上的 A 点处截取单元体,其两侧面上只有正应力,没有切应力。单元体上没有切应力作用的平面,称为**主平面**;主平面上的正应力,称为**主应力**。

为了研究方便,常将应力状态分 3 类:

1. 单向应力状态

单元体上只有一个主应力不为零的应力状态,称为单向应力状态。例如,梁的上边缘 A 点处的单元体即处于单向应力状态[见图 9-2(b)]。

2. 二向应力状态

单元体两个互相垂直的截面上都有主应力的应力状态,称为二向应力状态。如图 9-3 所示的薄壁球形容器,在内压力 p 的作用下,球壁将向外膨胀而产生的拉伸应力。若在球壁上用通过球心的直径平面截取单元体,由于圆球形状和受力的对称性,可知单元体各侧面上没有切应力,只有拉伸应力。这就是二向应力状态的一个实例。单向应力状态和二向应力状态统称为平面应力状态。

3. 三向应力状态

单元体三个互相垂直的截面上都有主应力的应力状态,称为三向应力状态。如图 9-4 所示单元体即为三向应力状态,三个主应力分别用 σ_1、σ_2、σ_3 表示。通常规定拉应力为正,压应力为负,并按主应力代数值的大小顺序排列,即 $\sigma_1 \geqslant \sigma_2 \geqslant \sigma_3$。例如三个主应力值为 -100 MPa,0,50 MPa,则 $\sigma_1 = 50$ MPa,$\sigma_2 = 0$ 和 $\sigma_3 = -100$ MPa。

二向应力状态和三向应力状态,又统称为复杂应力状态。

图 9-3　　　　　　　　　　图 9-4

9.2　二向应力状态分析

二向应力状态是工程实际中最常遇到的。为了对构件进行强度计算,必须了解构件危险点处的应力状态,找出主应力及其方位。为此,有必要根据单元体某些截面上的已知应力来确定主应力和主平面。研究应力状态的方法有解析法和图解法,下面首先来研究解析法。

9.2.1　解析法

1. 任意斜截面上的应力公式

设从受力构件中一点处取如图 9-5(a)所示一单元体,已知在与 x 轴垂直的平面上存在正应力 σ_x 和切应力 τ_x,在与 y 轴垂直的平面上存在正应力 σ_y 和切应力 τ_y,在与 z 轴垂直的平面上没有正应力。这是二向应力状态的一般情形。

上述单元体又可表示为如图 9-5(b)所示。如以 α 表示垂直于 xy 平面的任意斜截面 ce 的外法线 n 与 x 轴的夹角,并将单元体沿该斜截面假想地截开,通常在此斜截面上将作用有沿某个方向的应力,这个应力总可分解为垂直于该截面的正应力 σ_α 和平行于该截面的切应力 τ_α [见图 9-5(c)]。现取楔形体 cde 为研究对象,利用平衡条件来求此斜截面上的应力。

由于作用在单元体各平面上的应力是单位面积上的内力,所以必须将应力乘以其作用面的面积后,才能考虑各力之间的平衡关系。因此,设斜截面 ce 的面积为 dA,则平面 cd 和 de 的面积分别为 dAcos α 和 dAsin α。作用在楔形体 cde 各平面上的力,如图 9-5(d)所示。列出平衡条件

$$\sum F_x = 0, \quad \sigma_a dA\cos\alpha + \tau_a dA\sin\alpha - \sigma_x dA\cos\alpha + \tau_y dA\sin\alpha = 0$$

$$\sum F_y = 0, \quad \sigma_a dA\cos\alpha - \tau_a dA\sin\alpha - \sigma_y dA\sin\alpha + \tau_x dA\cos\alpha = 0$$

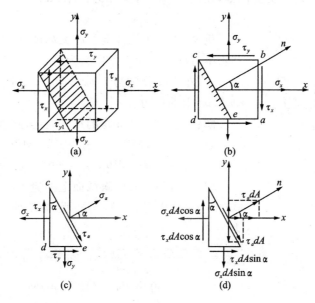

图 9-5

联立求解上面两个方程式,并考虑到切应力互等定理,$\tau_x = \tau_y$(两者的符号不同,已在图上画出相反的方向),可得

$$\sigma_a = \sigma_x \cos^2\alpha + \sigma_y \sin^2\alpha - 2\tau_x \sin\alpha\cos\alpha$$

$$\tau_a = (\sigma_x - \sigma_y)\sin\alpha\cos\alpha + \tau_x(\cos^2\alpha - \sin^2\alpha)$$

利用三角关系

$$\cos^2\alpha = \frac{1 + \cos 2\alpha}{2}$$

$$\sin^2\alpha = \frac{1 - \cos 2\alpha}{2}, \quad 2\sin\alpha\cos\alpha = \sin 2\alpha$$

可以得到

$$\sigma_a = \frac{\sigma_x + \sigma_y}{2} + \frac{\sigma_x - \sigma_y}{2}\cos 2\alpha - \tau_x \sin 2\alpha \tag{9-1}$$

$$\tau_a = \frac{\sigma_x - \sigma_y}{2}\sin 2\alpha + \tau_x \cos 2\alpha \qquad (9-2)$$

式(9-1)、式(9-2)就是计算二向应力状态斜截面上的基本公式。利用此两式可由单元体上的已知应力 σ_x、σ_y、τ_x 和 τ_y，求得任意斜截面上的正应力 σ_a 和切应力 τ_a。

利用上述公式计算时，应注意其符号的规定：正应力以拉应力为正，压应力为负；切应力以绕单元体内任一点顺时针转向时为正，反之为负；夹角 α 则规定从 x 轴逆时针方向转到斜截面的外法线 n 时为正，反之为负。例如，在图 9-5 中，应力 σ_x、σ_y、τ_x、σ_a、τ_a 和角度 α 均为正值，而 τ_y 则为负值。

图 9-6

例 9-1 单元体上的应力如图 9-6 所示，其垂直方向和水平方向各平面上的应力为已知，互相垂直的两斜截面 ab 和 bc 的外法线分别与 x 轴成 $30°$ 和 $-60°$ 角。试求两斜截面 ab 和 bc 上的应力。

解： 按应力和夹角的符号规定，此题中 $\sigma_x = +10$ MPa；$\sigma_y = 30$ MPa，$\tau_x = +20$ MPa，$\tau_y = -20$ MPa，$\alpha_1 = +30°$，$\alpha_2 = -60°$。

(1) 求 $\alpha_1 = +30°$ 斜截面上的应力 将有关数据代入公式(9-1)和式(9-2)，可得此斜截面上的正应力和切应力为

$$\sigma_{a1} = \frac{\sigma_x + \sigma_y}{2} + \frac{\sigma_x - \sigma_y}{2}\cos 2\alpha_1 - \tau_x \sin 2\alpha_1$$
$$= \frac{(10+30)\text{MPa}}{2} + \frac{(10-30)\text{MPa}}{2}\cos 60° - 20 \sin 60°$$
$$= (20 - 10 \times 0.5 - 20 \times 0.866)\text{MPa} = -2.32 \text{ MPa}$$

$$\tau_{a1} = \frac{\sigma_x - \sigma_y}{2}\sin 2\alpha_1 + \tau_x \cos 2\alpha_1$$
$$= \frac{(10-30)\text{MPa}}{2}\sin 60° + 20 \cos 60°$$
$$= (-10 \times 0.866 + 20 \times 0.5)\text{MPa} = +1.33 \text{ MPa}$$

所得正应力 σ_{a1} 为负值，表明它是压应力；切应力 τ_{a1} 为正值，其方向如图 9-6 所示。

(2) 求 $\alpha_2 = -60°$ 斜截面上的应力 由式(9-1)和式(9-2)求得此斜截面上的正应力和切应力为

$$\sigma_{a2} = \frac{\sigma_x + \sigma_y}{2} + \frac{\sigma_x - \sigma_y}{2}\cos 2\alpha_2 - \tau_x \sin 2\alpha_2$$
$$= \frac{(10+30)\text{MPa}}{2} + \frac{(10-30)\text{MPa}}{2}\cos(-120°) - 20\sin(-120°)$$

$$= \left[20 - 10\left(-\frac{1}{2}\right) - 20(-0.866)\right]\text{MPa} = +42.32 \text{ MPa}$$

$$\tau_{a2} = \frac{\sigma_x - \sigma_y}{2}\sin 2\alpha_2 + \tau_x \cos 2\alpha_2$$

$$= \frac{(10-30)\text{MPa}}{2}\sin(-120°) + 20\cos(-120°)$$

$$= \left[-10(-0.866) + 20\left(-\frac{1}{2}\right)\right]\text{MPa} = -1.33 \text{ MPa}$$

由上面的计算结果,可得两相互垂直平面上的应力关系为

$$\sigma_{a1} + \sigma_{a2} = \sigma_x + \sigma_y = +40 \text{ MPa}$$

$$\tau_{a1} = -\tau_{a2} = +1.33 \text{ MPa}$$

第一式表明,单元体的互相垂直平面上的正应力之和是不变的。第二式表明单元体的互相垂直平面上切应力数值相等而方向相反,此即为第 5 章中切应力互等定律。这两点结论也可直接利用公式(9-1)和式(9-2)加以证明。

2. 主应力、主平面

式(9-1)和式(9-2)表明,斜截面上的正应力 σ_a 和切应力 τ_a 都随 α 角的改变而变化,即 σ_a 和 τ_a 都是 α 的函数。利用式(9-1)和式(9-2)便可确定正应力和切应力的极值,并确定它们所在的位置,将式(9-1)对 α 取导数得

$$\frac{d\sigma_a}{d\alpha} = -2\left[\frac{\sigma_x - \sigma_y}{2}\sin 2\alpha + \tau_x \cos 2\alpha\right] \tag{a}$$

若 $\alpha = \alpha_0$ 时,能使导数 $\frac{d\sigma_a}{d\alpha} = 0$,则在 α_0 所确定的截面上,正应力即为最大值和最小值。

将 α_0 代入式(a),并令其等于零,得到

$$\frac{\sigma_x - \sigma_y}{2}\sin 2\alpha_0 + \tau_x \cos 2\alpha_0 = 0 \tag{b}$$

由此得出

$$\tan 2\alpha_0 = -\frac{2\tau_x}{\sigma_x - \sigma_y} \tag{9-3}$$

由式(9-3)可以求出相差 90°的两个角度 α_0,它们是两个相互垂直的平面,其中一个是最大正应力所在的平面,另一个是最小正应力所在的平面。比较式(9-2)和式(b)可见,满足式(b)的 α_0 角恰好使 τ_a 等于零。在切应力等于零的平面上,正应力为最大值或最小值。因切应力为零的平面为主平面,主平面上的正应力为主应力,所以,主应力就是最大或最小的正应力。

从式(9-3)求出 $\sin 2\alpha_0$ 和 $\cos 2\alpha_0$ 代入式(9-1),求得最大及最小正应力为

$$\left.\begin{array}{c}\sigma_{\max}\\ \sigma_{\min}\end{array}\right\} = \frac{\sigma_x + \sigma_y}{2} \pm \sqrt{\left(\frac{\sigma_x - \sigma_y}{2}\right)^2 + \tau_x^2} \tag{9-4}$$

利用完全相似的方法，可以确定最大和最小切应力以及它们所在的平面。

将式(9-2)对 α 求导

$$\frac{d\tau_\alpha}{d\alpha} = (\sigma_x - \sigma_y)\cos 2\alpha - 2\tau_x \sin 2\alpha \tag{c}$$

若 $\alpha = \alpha_1$ 时，能使导数 $\dfrac{d\tau_\alpha}{d\alpha}=0$，则在 α_1 所确定的斜截面上，切应力为最大值或最小值。

将 α_1 代入式(c)，且令其等于零得

$$(\sigma_x - \sigma_y)\cos 2\alpha + 2\tau_x \sin 2\alpha_1 = 0$$

由此求得

$$\tan 2\alpha_1 = \frac{\sigma_x - \sigma_y}{2\tau_x} \tag{9-5}$$

式(9-5)可以解出两个角度 α_1，它们相差 $90°$，从而确定两个相互垂直的平面，这两个平面上分别作用着最大切应力和最小切应力。由式(9-5)解出 $\sin 2\alpha_1$ 和 $\cos 2\alpha_1$，代入式(9-2)，求得切应力的最大值和最小值是

$$\left.\begin{matrix}\tau_{\max}\\ \tau_{\min}\end{matrix}\right\} = \pm\sqrt{\left(\frac{\sigma_x-\sigma_y}{2}\right)^2 + \tau_x^2} \tag{9-6}$$

比较式(9-3)和式(9-5)可见

$$\tan 2\alpha_0 = -\frac{1}{\tan 2\alpha_1}$$

所以有

$$2\alpha_1 = 2\alpha_0 + \frac{\pi}{2}, \qquad \alpha_1 = \alpha_0 + \frac{\pi}{4}$$

即最大和最小切应力所在的平面与主平面的夹角为 $45°$。

9.2.2　图解法——应力圆

1. 原理

利用式(9-1)和式(9-2)可以得出分析平面的应力状态的图解法。为此将式(9-1)改写为

$$\sigma_\alpha - \frac{\sigma_x + \sigma_y}{2} = \frac{\sigma_x - \sigma_y}{2}\cos 2\alpha - \tau_x \sin 2\alpha$$

将上式与式(9-2)的 $\tau_\alpha = \dfrac{\sigma_x - \sigma_y}{2}\sin 2\alpha + \tau_x \cos 2\alpha$ 各自平方，然后相加，得

$$\left(\sigma_\alpha - \frac{\sigma_x + \sigma_y}{2}\right)^2 + \tau_\alpha^2 = \left(\frac{\sigma_x - \sigma_y}{2}\right)^2 + \tau_x^2 \tag{9-7}$$

式中，由于单元体上的应力 σ_x、σ_y 和 τ_x 的值为已知，故 $\dfrac{\sigma_x + \sigma_y}{2}$ 及式(9-7)的右端各项均为定值。

由解析几何得知,圆的一般方程为
$$(x-a)^2 + (y-b)^2 = R^2$$

将上式与式(9-7)比较,可知 σ_α 与 τ_α 的关系也是一个圆。如果取横坐标表示 τ_α,纵坐标表示 τ_α,则式(9-7)所表示的 σ_α 与 τ_α 之间的关系是以 $\left(\dfrac{\sigma_x - \sigma_y}{2}, 0\right)$ 为圆心,以 $\sqrt{\left(\dfrac{\sigma_x - \sigma_y}{2}\right)^2 + \tau_x^2}$ 为半径 R 的一个圆(见图 9-7)。这样,在此圆上任一点的坐标,就代表受力构件一点处相应斜截面上的应力 σ_α 及 τ_α。这个圆称为**应力圆**,因为是德国学者莫尔(O. Mohr)于 1882 年首先提出来的,故又称莫尔圆。

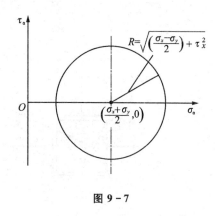

图 9-7

2. 应力圆的作法

设从受力构件中任一点处取单元体,如图 9-8 所示,根据其上已知应力 σ_x、τ_x、σ_y 和 τ_y,可画出此单元体的应力圆,其作图步骤如下:

(1) 先画 $O\sigma\tau$ 直角坐标系,横轴 σ_α 向右为正,纵轴 τ_α 向上为正,如图 9-8(b)所示。

(2) 设单元体上的应力 $\sigma_x > \sigma_y > 0$、$\tau_x > 0$,则平面 ab 和 cd 上的应力 σ_x 和 τ_x 都为正值,取适当比例尺,在横轴 σ_α 上,从原点 O 向右量取 $\overline{OA} = \sigma_x$,再向上量取 $\overline{DA} = \tau_x$,可得 D 点。

(3) 因在单元体的平面 bc 和 ad 上,正应力 σ_y 为正值,而切应力 τ_y 为负值,以相同的比例尺,在横轴 σ_α 上,向右量取 $\overline{OB} = \sigma_y$,再向下量取 $\overline{BD'} = \tau_y$,得 D' 点。

(4) 连接 $\overline{DD'}$ 线交横轴 σ 于 C 点,以 C 点为圆心,$\overline{CD}$ 为半径,即可作出应力圆,如图 9-8(b)所示。

3. 应力圆与单元体的对应关系

(1) 应力圆上的点与单元体上的截面一一对应。即应力圆上任一点都与单元体上某一确定的截面相对应;

(2) 应力圆上任一点的纵、横坐标值,就代表单元体相应斜截面上的切应力和正应力;

(3) 过圆上任意两点的两半径之间的夹角,等于单元体上对应二截面外法线夹角的两倍,并且两者转向相同。

若求单元体上外法线 n 与 x 轴成 α 角的斜截面上的应力 σ_α 及 τ_α[见图 9-8(a)],则可自应力圆上的 D 点沿圆周逆时针方向转一圆心角 2α,得圆周上一点 E。E 点的坐标即表示所求斜截面上的应力。证明如下:

从图 9-8(b)可知,应力圆上的 E 点的横坐标为
$$\overline{OF} = \overline{OC} + \overline{CF} = \overline{OC} + \overline{CE}\cos(2\alpha_0 + 2\alpha) = \overline{OC} + (\overline{CD}\cos 2\alpha_0)\cos 2\alpha - (\overline{CD}\sin 2\alpha_0)\sin 2\alpha$$
即
$$\sigma_\alpha = \frac{\sigma_x + \sigma_y}{2} + \frac{\sigma_x - \sigma_y}{2}\cos 2\alpha - \tau_x \sin 2\alpha$$

· 170 ·   材料力学

图 9-8

同理,可证明 E 点的纵坐标 $\overline{EF} = \tau_a$,建议读者自己证明。

例 9-2 从受力构件中截取一单元体,其应力如图 9-9(a)所示。试求斜截面 ab 上的应力。

图 9-9

解：用解析法和图解法两种方法求解。

(1) 用解析法计算 已知单元体上的应力为 $\sigma_x = +40$ MPa, $\sigma_y = -20$ MPa, $\tau_x = -40$ MPa, $\alpha = +45°$,利用公式(9-1)得

$$\sigma_a = \frac{\sigma_x + \sigma_y}{2} + \frac{\sigma_x - \sigma_y}{2}\cos 2\alpha - \tau_x \sin 2\alpha$$

$$= \frac{[40+(-20)]\text{MPa}}{2} + \frac{[40-(-20)]\text{MPa}}{2}\cos 90° + 40 \text{ MPa} \sin 90°$$

$$= (10 + 30 \times 0 + 40 \times 1)\text{MPa} = 50 \text{ MPa}$$

$$\tau_a = \frac{\sigma_x - \sigma_y}{2}\sin 2\alpha + \tau_x \cos 2\alpha$$

$$= \frac{[40-(-20)]\text{MPa}}{2}\sin 90° - 40 \cos 90°$$

$$= (30 \times 1 - 40 \times 0)\text{MPa} = +30 \text{ MPa}$$

(2) 用图解法求解 作 $O\sigma\tau$ 坐标系，按选定的比例尺，量取 $\overline{OA}=\sigma_x=+40$ MPa，$\overline{AD}=\tau_x=-40$ MPa 得 D 点；再量取 $\overline{OB}=\sigma_y=-20$ MPa，$\overline{BD'}=\tau_y=+40$ MPa 得 D' 点。连接 DD' 与横轴交于 C 点，以 C 点为圆心，$\overline{CD}$ 为半径，画出如图 9-9(b) 所示的应力圆。

为了求得 $\alpha=+45°$ 斜截面上的应力，由 D 点沿圆周逆时针方向转一圆心角 $2\alpha=90°$ 至 E 点。按选定的比例尺量出 E 点的横坐标和纵坐标，得到

$$\sigma_a = +50 \text{ MPa}, \quad \tau_a = +30 \text{ MPa}$$

应力的方向画在图 9-9(a) 的单元体上。

4. 图解法求主应力和主平面

二向应力状态的单元体 $abcd$，如图 9-10(a) 所示。已知各侧面上的应力，现求它的主应力 σ_1 和 σ_2 的数值及主平面的位置。

根据单元体上的已知应力 σ_x、τ_x 和 σ_y、τ_y，可画出如图 9-10(b) 所示应力圆。从主应力的定义可知，主应力是主平面上的正应力，在该平面上的切应力等于零，在应力圆上则由纵坐标为零的两点 M 和 N 来表示，即

$$\overline{OM} = \sigma_1, \quad \overline{ON} = \sigma_2$$

按照主应力的顺序规定，$\overline{OM} > \overline{ON}$，则 M 和 N 两点的横坐标值就分别表示二主应力 σ_1 和 σ_2 值，并且一个主应力为最大正应力，另一个为最小正应力，即

$$\sigma_{\max} = \sigma_1, \quad \sigma_{\min} = \sigma_2$$

现在来确定主平面的位置。自应力圆上的 D 点沿圆周顺时针方向转一圆心角 $\angle DCM = 2\alpha_0$ 到 M 点，即自单元体上从 x 轴顺时针方向转角度 α_0，就得到主应力 σ_1 所在主平面外法线 n_1 的位置。同理，在应力圆上由 D 点逆时针方向转 $\angle DCN = 2\alpha_0'$ 到 N 点，在单元体上应从 x 轴逆时针方向转角度 α_0'，得到主应力 σ_2 所在主平面外法线 n_2 的位置。于是可画出由主应力 σ_1 和 σ_2 所作用的单元体 1234，如图 9-10(a) 所示。

因为直线 $\overline{CM}$ 与 $\overline{CN}$ 成 180° 角，所以单元体上外法线 n_1 与 n_2 互相垂直，可知单元体上的二主应力的方向也互相垂直，即主应力 σ_1 和 σ_2 所在的两个平面也一定互相垂直。

图 9-10

$\overline{CH}$ 与 $\overline{CG}$ 分别代表 τ_{max} 与 τ_{min}，与前面一样，不难看出其绝对值等于应力圆的半径。

从上面的讨论可知，应力圆可以形象地显示出一点处各不同截面上应力的变化规律，为研究一点处的应力状态，提供了使用方便而又有效的图解方法。因此，莫尔圆在研究构件一点处的应力等方面，获得了广泛地应用。下面举例说明。

例 9-3 从受力构件中截取单元体，其应力状态如图 9-11(a) 所示。试求主应力的值和主平面位置。

解： 用解析法和应力圆两种方法求解。

(1) 用应力圆计算 先作 $O\sigma\tau$ 直角坐标，选定适当比例尺，量取 $\overline{OA} = \sigma_x = +80$ MPa、$\overline{AD} = \tau_x = -60$ MPa 得 D 点；再量取 $\overline{OB} = \sigma_y = +30$ MPa、$\overline{BD'} = \tau_y = +60$ MPa 得 D' 点。连接 DD' 与横轴交于 C 点，以 C 点为圆心，$\overline{DD'}$ 为直径，可画出应力圆，如图 9-11(b) 所示。

应力圆与横轴 σ 交于两点 M 和 N，其横坐标即为主应力 σ_1 和 σ_3。由图上量得

$$\sigma_{max} = \sigma_1 = +120 \text{ MPa}, \qquad \sigma_{min} = \sigma_3 = -10 \text{ MPa}$$

因为单元体的前后平面上无应力作用，按主应力的顺序规定，主应力 $\sigma_2 = 0$。在应力圆上量得 $\overline{CD}$ 与 $\overline{CM}$ 两半径间的夹角为 $67.4°$，由于 D 点到 M 点是逆时针转向，所以单元体上就应从 x 轴逆时针转 $\dfrac{67.4°}{2} = 33.7°$，即得主应力 σ_1 的方向，从而确定出其主平面位置。同样，在图 9-11(b) 上得 $2\alpha_0' = -112.6°$，所以在单元体上从 x 轴顺时针转 $\alpha_0' = -56.3°$，可得主应力 σ_3 的方向及其主平面，从而画出单元体 1234，如图 9-11(a) 所示。

(2) 用解析法计算 将应力 $\sigma_x = +80$ MPa，$\sigma_y = +30$ MPa 和 $\tau_x = -60$ MPa 代入公式 (9-4) 可得

第 9 章 应力状态分析及强度理论

图 9-11

$$\left.\begin{array}{l}\sigma_1\\ \sigma_3\end{array}\right\} = \frac{\sigma_x + \sigma_y}{2} \pm \sqrt{\left(\frac{\sigma_x - \sigma_y}{2}\right)^2 + \tau_x^2} = \frac{80+30}{2}\text{MPa} \pm$$

$$\sqrt{\left(\frac{80-30}{2}\right)^2 + (-60)^2}\text{ MPa} = \begin{cases} +120\text{ MPa} \\ -10\text{ MPa} \end{cases}$$

算得的主应力 σ_1 和 σ_3 的值是否正确,可利用下式进行校核

$$\sigma_x + \sigma_y = \sigma_1 + \sigma_3$$

得 $(80+30)\text{MPa} = (120-10)\text{MPa} = 110\text{ MPa}$

可知计算无误。

再由公式(9-3)计算主平面的位置为

$$\tan 2\alpha_0 = -\frac{2\tau_x}{\sigma_x - \sigma_y} = -\frac{2(-60)\text{MPa}}{80-30\text{ MPa}} = 2.4$$

得 $\alpha_0 = +33.7°$

$$\alpha_0' = \alpha_0 - 90° = 33.7° - 90° = -56.3°$$

由此得主应力 σ_1 和 σ_3 作用的单元体 1234,如图 9-11(a)所示。

例 9-4 圆轴在力偶矩 M_0 作用下,由其中截取一单元体 A,如图 9-12(a)、(b)所示。已知切应力 $\tau_x = +30$ MPa,试求 A 点处的主应力值,并确定主平面位置。

解: 此单元体处于纯剪切状态,现采用应力圆和解析法,计算其主应力。

(1)用应力圆计算 先作 $O\sigma\tau$ 直角坐标系,选定适当比例尺。根据 $\sigma_x = 0$,$\tau_x = +30$ MPa 及 $\sigma_y = 0$,$\tau_y = -30$ MPa,在图 9-12(c)上可量得 D 与 D' 两点,连接 DD' 横轴交于 O 点,以 O 点为圆心、$\overline{DD'}$ 为直径,可画出应力圆。此圆与横轴交于两点 M,N。可量得

$$\sigma_1 = \overline{OM} = +30\text{ MPa}, \quad \sigma_3 = \overline{ON} = -30\text{ MPa}$$

从应力圆上 D 点顺时针方向转 $90°$ 角到 M 点,在单元体上则从 x 轴也顺时针方向转 $\frac{90°}{2}=45°$,即得主应力 σ_1 的方向,如图 9-12(b) 所示。同样,在圆上从 D 点逆时针方向转 $90°$ 角到 N 点,单元体上则从 x 轴逆时针方向转 $\frac{90°}{2}=45°$,可得主应力 σ_3 的方向。主应力作用下的单元体 1234,如图 9-12(b) 所示。

图 9-12

(2) 用解析法计算 将应力 $\sigma_x=0, \tau_x=+30$ MPa 及 $\sigma_y=0, \tau_y=-30$ MPa 代入公式 (9-4) 和 (9-3) 可得两主应力值为

$$\left.\begin{array}{r}\sigma_1\\ \sigma_3\end{array}\right\}=\sqrt{\tau_x^2}=\pm\tau_x=\pm 30 \text{ MPa}, \quad \tan 2\alpha_0=-\frac{2\tau_x}{\sigma_x-\sigma_y}=-\infty$$

所以 $2\alpha_0=-90°$ 或 $-270°$,$\alpha_0=-45°$ 或 $135°$。

主应力 σ_1 和 σ_3 所作用的单元体 1234,如图 9-12(b) 所示。

由此可得,当单元体处于纯剪切应力状态时,主平面与纯剪面成 45° 角,其主应力值等于切应力值,即 $\sigma_1=-\sigma_3=\tau_x$。

例 9-5 简支梁如图 9-13(a) 所示,截取单元体 A,其各侧面的应力如图 9-13(b) 所示。试用图解法求主应力值和主平面位置。

解:用应力圆计算 先作 $O\sigma\tau$ 直角坐标,选定适当比例尺,量取 $\overline{OA}=\sigma_x=-100$ MPa 和 $\overline{AD}=\tau_x=-40$ MPa,由此,在图 9-13(c) 可得 D 点;因为 $\sigma_y=0$,则由 O 点取 $\overline{OD'}=\tau_y=40$ MPa 得 D' 点。连接 DD' 交横轴于 C 点,以 C 点为圆心,$\overline{DD'}$ 为直径,可画出应力圆,如图 9-13(c) 所示。

应力圆与横轴 σ 交于两点 M 和 N,其横坐标即为主应力值。由图上量得

图 9 - 13

$$\sigma_1 = +14 \text{ MPa}, \quad \sigma_3 = -114 \text{ MPa}$$

单元体的前后平面上无应力作用,故主应力 $\sigma_2 = 0$。

在应力圆上量得 $\overline{CD}$ 与 $\overline{CM}$ 两半径间的夹角为 $142°$,由 D 点到 M 点是逆时针转向,所以单元体上就应从 x 轴逆时针转 $\dfrac{142°}{2} = 71°$,即得主应力 σ_1 的方向及其主平面位置,如图 9 - 13(b) 所示。

例 9 - 6 一单元体的应力如图 9 - 14(a) 所示,已知主应力 $\sigma_1 = \sigma_2$,试求斜截面 ab 上的应力。

解: 用应力圆计算 已知单元体各平面上作用的是主应力,并且 $\sigma_1 = \sigma_2 > 0$。作 $O\sigma\tau$ 直角坐标系,在横轴 σ 上可得一点 C,其横坐标为 $\overline{OC} = \sigma_1 = \sigma_2$,如图 9 - 14(b) 所示。在此特殊情况下,应力圆变成一点,称为点圆。

由于应力圆变为一点,就没有纵坐标值,可知单元体的任何斜截面上的切应力均为 $\tau_\alpha = 0$,且正应力 σ_α 就等于主应力值,即

$$\sigma_\alpha = \sigma_1 = \sigma_2$$

由此可得结论:若单元体两相互垂直的平面上,作用有数值相等的主应力,且都为拉应力或都为压应力,则该点处任何斜截面上必然作用着同样数值的主应力。

在图 9 - 14(a)、(c) 所示应力状态下的所有各方向的应力都相同,故称为各向同性应力。这在解释材料或构件的破坏现象时是有用的。

图 9-14

5. 图算法

用图解法作题将所求数字直接量取最简单,但数字不易精确,这里要特别说明的是用应力圆解题同样可以得到确切的数字,只需利用几何关系求解即可,现以例 9-3 为例说明。在按相应比例作出应力圆后(见图 9-11),可作如下计算

$$CA = CB = \frac{|OA|-|OB|}{2} = \frac{|80|-|30|}{2} = 25, \quad OC = OB + CB = 55$$

$$R = \sqrt{CA^2 + AD^2} = \sqrt{25^2 + 60^2} = 65, \quad \sigma_1 = OC + R = (55+65)\text{MPa} = 120 \text{ MPa}$$

$$\sigma_2 = 0, \quad \sigma_3 = -(R-OC) = -(65-55)\text{MPa} = -10 \text{ MPa}$$

$$\tan 2\alpha_0 = \frac{AD}{CA} = \frac{60}{25} = 2.4, \quad 2\alpha_0 = 67.4°, \quad \alpha_0 = 33.7°$$

在单元体上从 x 轴逆时针转 33.7°,即为主应力 σ_1 的方向,与之差 90°的方向即为 σ_3 的方向。

此种解题方法即可求得与解析法求解完全相同的精确数字。此方法也可求解任意斜截面上的正应力 σ_α、切应力 τ_α 的准确数字,而求解 $\tau_{\max}$ 及方位则更简单、直观。读者可自己参照前面所讲的例题来求解和验证。

9.3 三向应力状态简介

9.3.1 概述

图 9-15(a)所示的单元体为空间应力状态,其三个互相垂直平面上的应力可能是任意的方向,但都可以将其分解为垂直于作用面上的正应力,以及平行于单元体棱边的两个切应力。理论分析证明,与二向应力状态类似,也一定能找到这样的单元体,在三对互相垂直的平面上,只有正应力而没有切应力。也就是说,能找到只有三个主应力作用的单元体,如图 9-15(b)所示,这就是三向应力状态。

图 9-15

在工程实际中,也常遇到三向应力状态。例如,滚珠轴承中的滚珠与外环的接触处(见图 9-16),由于压力 F 的作用,在单元体 A 的上下平面上将产生主应力 σ_3;由于此处局部材料被周围大量材料所包围,其侧向变形受到阻碍,因而使单元体的四个侧面上也同时受到侧向压力,于是还要产生主应力 σ_1 和 σ_2,所以单元体处于三向压缩应力状态。

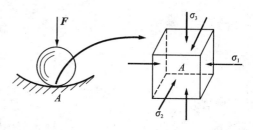

图 9-16

9.3.2 最大正应力和最大切应力

为了确定三向应力状态下的最大正应力和最大切应力,可做出三向应力状态的应力圆。

已知单元体上的主应力 σ_1、σ_2 和 σ_3,如图 9-17(a)所示。首先研究与 y 轴平行的各斜截面上的应力情况。作用在与 y 轴垂直的顶、底两面上的力互相平衡,不会在与 y 轴平行的各斜截面上引起应力。即平行于主应力 σ_2 的各斜截面上的应力不受 σ_2 影响,只与 σ_1 和 σ_3 有关,单元体上的应力状态如图 9-17(b)所示。对应它的应力圆可由主应力 σ_1 和 σ_3 画出,在图 9-17(e)上由圆 MN 表示。此圆上的各点坐标就代表了主应力 σ_2 平行的所有斜截面上的应力。同样,与主应力 σ_3 平行的各斜截面上的应力[见图 9-17(c)],在图 9-17(e)上由圆 MP 表示;与主应力 σ_1 平行的各斜截面上的应力[见图 9-17(d)],在图 9-17(e)上由圆 PN 表示。

可以证明,不与任一坐标轴平行的任意斜截面上的应力,可在 3 个应力圆所围成的阴影区域内一点 K 的坐标值来表示[见图 9-17(e)]。

从图 9-17(e)上不难看出,与 M 和 N 两点对应的主应力 σ_1 和 σ_3,就分别代表了三向应力状态的最大正应力和最小正应力,即

$$\left.\begin{array}{l}\sigma_{\max} = \sigma_1 \\ \sigma_{\min} = \sigma_3\end{array}\right\} \tag{9-8}$$

图 9-17

三个圆的半径分别给出图 9-17(b)、(c)和(d)三种情形的最大切应力。而三向应力状态的最大切应力 τ_{max} 就等于最大圆 MN 的半径,即

$$\tau_{max} = \frac{\sigma_1 - \sigma_3}{2} \tag{9-9}$$

9.4 广义胡克定律

9.4.1 三向应力状态下的应力、应变关系

现在讨论三向应力状态下应力与应变的关系。在第 3 章中已经得到单向应力状态下的应力与应变的关系,如图 9-18 所示,与应力方向一致的纵向线应变为

$$\varepsilon = \frac{\sigma}{E}$$

垂直于应力方向的横向应变为

$$\varepsilon' = -\mu\varepsilon = -\mu\frac{\sigma}{E}$$

在三向应力状态下,单元体同时受到主应力 σ_1、σ_2 和 σ_3 的作用,如图 9-19(a)所示,此时单元体沿主应力方向的线应变称为主应变。若计算沿 σ_1 方向(第一棱边)的主应变 ε_1,由 σ_1

引起的应变为[见图9-19(b)]

$$\varepsilon_1' = \frac{\sigma_1}{E}$$

由 σ_2 和 σ_3 所引起的应变[见图9-19(c)、(d)]分别为

$$\varepsilon_1'' = -\mu\frac{\sigma_2}{E}, \quad \varepsilon_1''' = -\mu\frac{\sigma_3}{E}$$

图 9-18

当主应力 σ_1、σ_2 和 σ_3 同时作用时，由于应力与应变呈线性关系，可用叠加原理将 ε_1'、ε_1'' 和 ε_1''' 三者相加，可得沿主应力 σ_1 方向的主应变为

$$\varepsilon_1 = \varepsilon_1' + \varepsilon_1'' + \varepsilon_1''' = \frac{\sigma_1}{E} - \mu\frac{\sigma_2}{E} - \mu\frac{\sigma_3}{E}$$

图 9-19

同理可得主应变 ε_2 和 ε_3，最终得

$$\left.\begin{array}{l}\varepsilon_1 = \dfrac{1}{E}[\sigma_1 - \mu(\sigma_2 + \sigma_3)] \\[4pt] \varepsilon_2 = \dfrac{1}{E}[\sigma_2 - \mu(\sigma_1 + \sigma_3)] \\[4pt] \varepsilon_3 = \dfrac{1}{E}[\sigma_3 - \mu(\sigma_1 + \sigma_2)]\end{array}\right\} \quad (9-10)$$

式(9-10)给出了三向应力状态下主应变与主应力之间的关系，称为**广义胡克定律**。式(9-10)中的 σ_1、σ_2 和 σ_3 均应以代数值代入，求出 ε_1、ε_2 或 ε_3 后，正值表示伸长，负值表示缩短。与主应力按代数值排列的顺序相同，这三个主应变的顺序是 $\varepsilon_1 \geqslant \varepsilon_2 \geqslant \varepsilon_3$。并且，沿主应力 σ_1 方向的主应变是所有不同方向线应变中的最大值，即

$$\varepsilon_{\max} = \varepsilon_1$$

对于各向同性材料，从理论和试验得知，正应力不会引起剪应变，而切应力又不会引起线应变。所以广义胡克定律也适用于单元体上同时有正应力和切应力作用的情形。如图9-15(a)所示，此时只要将式(9-10)中的主应变 ε_1、ε_2 和 ε_3 用线应变 ε_x、ε_y 和 ε_z 代换即可。

还须指出，广义胡克定律给出了材料的主应力与主应变(或正应力与线应变)之间存在的

线弹性关系。在实验应力分析中,在测得构件的三个主应变之后,就可利用此定律求得三个主应力,从而检查构件是否安全,或检验设计计算是否正确。

9.4.2 体积应变

现在计算三向应力状态下的体积改变。设图 9-19(a)所示的矩形正六面体的周围六个面皆为主平面,若三个边长分别等于 a、b 和 c,变形前六面体的体积为 $V_0=abc$。在主应力 σ_1、σ_2 和 σ_3 的作用下,其各棱边将产生线应变,变形后六面体的三个棱边分别为

$$a+\Delta a=a(1+\varepsilon_1), \quad b+\Delta b=b(1+\varepsilon_2), \quad c+\Delta c=c(1+\varepsilon_3)$$

变形后,它的体积为

$$V_1=(a+\Delta a)(b+\Delta b)(c+\Delta c)=abc(1+\varepsilon_1)(1+\varepsilon_2)(1+\varepsilon_3)$$

展开上式,并略去含有高阶微量 $\varepsilon_1\varepsilon_2$、$\varepsilon_2\varepsilon_3$、$\varepsilon_3\varepsilon_1$、$\varepsilon_1\varepsilon_2\varepsilon_3$ 的各项,得

$$V_1=abc(1+\varepsilon_1+\varepsilon_2+\varepsilon_3)$$

则单位体积改变为

$$\theta=\frac{V_1-V_0}{V_0}=\varepsilon_1+\varepsilon_2+\varepsilon_3$$

θ 也称为**体积应变**。如将式(9-10)代入上式,化简后就得

$$\theta=\frac{1-2\mu}{E}(\sigma_1+\sigma_2+\sigma_3) \tag{9-11}$$

从式(9-11)可以看出,单位体积改变 θ 仅决定于三个主应力之和,而与各个主应力的比值无关。由此可得,若作用于单元体各面上的应力相等,且都等于平均主应力

$$\sigma_m=\frac{\sigma_1+\sigma_2+\sigma_3}{3}$$

那么它的单位体积的改变将与上述在主应力 σ_1、σ_2 和 σ_3 作用下的单位体积改变 θ 相等。如果三个主应力之和等于零,则 θ 等于零,这时单元体没有体积改变。例如在纯剪切应力状态下,$\sigma_1=\tau$,$\sigma_2=0$,$\sigma_3=-\tau$,将其代入式(9-11)后,可得 $\theta=0$。

例 9-7 在如图 9-20 所示的二向应力状态下,已知主应力 $\sigma_1\neq 0$,$\sigma_2\neq 0$,$\sigma_3=0$,主应变 $\varepsilon_1=1.7\times 10^{-4}$,$\varepsilon_2=0.4\times 10^{-4}$,泊松比 $\mu=0.3$。试求主应变 ε_3。

解: 利用广义胡克定律公式(9-10),将前两式相加,然后令 $\sigma_3=0$,可得

$$\varepsilon_1+\varepsilon_2=\frac{\sigma_1+\sigma_2}{E}(1-\mu)$$

移项得

$$\sigma_1+\sigma_2=\frac{E}{1-\mu}(\varepsilon_1+\varepsilon_2)$$

图 9-20

在把上式代入广义胡克定律第三式得

$$\varepsilon_3 = -\frac{\mu}{E}(\sigma_1 + \sigma_2) = -\frac{\mu}{1-\mu}(\varepsilon_1 + \varepsilon_2)$$

代入已知数值后得

$$\varepsilon_3 = -\frac{0.3}{1-0.3}(1.7 + 0.4) \times 10^{-4} = -0.9 \times 10^{-4}$$

由于 ε_3 为负值,表明与 σ_3 平行的棱边变形是缩短。

例 9-8 图 9-21(a)所示的钢质圆杆,其直径为 D,弹性模量为 E,泊松系数为 μ,已知与水平线成 60°的方向上的正应变为 ε_{60},试求载荷 F。

解:(1) 在杆件上取出如图 9-21(b)所示单元体,此为单向应力状态,其上内力 $F_N = F$,横截面面积 $A = \dfrac{\pi D^2}{4}$,所以

$$\sigma_y = \frac{4F_y}{\pi D^2} \tag{a}$$

图 9-21

(2) 作出应力圆,此时 $\sigma_y = \sigma_1$,$\sigma_x = \sigma_2 = 0$,故圆心坐标为 $\left(\dfrac{\sigma_y}{2}, 0\right)$。

(3) 由应力圆的性质,很容易找出 $\alpha = 60°$ 以及与其垂直截面上的应力分量 $\sigma_{60°}$,$\tau_{60°}$ 及 $\sigma_{-30°}$,$\tau_{-30°}$ 与应力 σ_y 的关系

$$\left.\begin{array}{l}\sigma_{60°} = OC + R\cos 60° = \dfrac{\sigma_y}{2}(1 + \cos 60°) \\ \sigma_{-30°} = OC - R\cos 60° = \dfrac{\sigma_y}{2}(1 - \cos 60°)\end{array}\right\} \tag{b}$$

(4) 应用广义胡克定律

$$\varepsilon_{60°} = \frac{1}{E}[\sigma_{60°} - \mu(\sigma_{-30°}] = \frac{1}{E}\left[\frac{\sigma_y}{2}(1+\cos 60°) - \mu\frac{\sigma_y}{2}(1-\cos 60°)\right] \quad (c)$$

(5) 将式(a)代入式(c)并化简得

$$F = \frac{\pi E D^2 \varepsilon_{60°}}{2[(1-\mu)+(1+\mu)\cos 60°]}$$

9.5 四个基本强度理论及莫尔强度理论

9.5.1 强度理论的概念

我们知道在轴向拉压时,构件处于单向应力状态下的强度条件为

$$\sigma = \frac{F_N}{A} \leqslant [\sigma] = \frac{\sigma_0}{n}$$

式中 σ_0 为直接由材料试验测得的极限应力,如屈服极限 σ_s 或强度极限 σ_b。在第 5 章中还讨论了圆轴扭转时的强度问题,构件处于纯剪切应力状态下,其强度条件与上面相似。

但是,工程实际中常遇到一些组合变形的构件,其危险点不再处于单向应力或纯剪切应力状态。这时,应如何建立其强度条件,就是本章所要讨论的问题。

为了解决这个问题,是否仍和轴向拉伸(压缩)构件一样,直接通过试验来确定复杂应力状态下材料的极限应力呢?这是不可能的。由于对材料进行复杂应力状态下的试验较为复杂,并且主应力 σ_1、σ_2 和 σ_3 存在无数个组合,若一一进行试验极为困难,所以不可能直接通过试验来获得复杂应力状态下强度的完整数据。因此,必须寻求其他解决问题的途径。

在生产实践和科学研究中,人们对于复杂应力状态下构件和材料的破坏现象进行了大量的观察和深入分析,寻求导致破坏的主要原因,并分别提出了拉应力、切应力、变形能等因素达到某一极限值时,为引起材料破坏的主要原因,并且认为,无论是单向应力状态或复杂应力状态下,材料的破坏都是由某种同一因素所引起的。然后根据某一主要因素,把复杂应力状态下材料的强度问题与简单拉伸试验结果联系起来,也就是利用简单拉伸试验结果,来建立复杂应力状态下构件的强度条件。

对于材料发生破坏的主要原因,人们曾提出了一些不同的假说,那些经过实践检验,证明在一定范围内成立的假说,通常称为**强度理论**,或叫**破坏理论**。下面介绍几个常用的强度理论。

在前面所学的内容中我们知道,材料破坏的基本形式可分为脆性断裂和塑性屈服。相应的强度理论也可分为两类:一类是关于断裂破坏的强度理论,如最大拉应力理论;一类是关于屈服破坏的强度理论,如最大切应力理论和最大歪形能理论。

9.5.2 基本强度理论

1. 第一强度理论（最大拉应力强度理论）

这个理论认为，材料发生断裂破坏的主要因素是最大拉应力。即构件危险点处的最大拉应力 $\sigma_{\max}=\sigma_1$ 达到某一极限值时，就会引起材料的断裂破坏。这个极限值为通过拉伸试验测得的强度极限 σ_b。于是可得断裂条件为

$$\sigma_1 = \sigma_b$$

将 σ_b 除以安全系数 n 后，可得材料的许用拉应力 $[\sigma]$。按此理论建立的复杂应力状态下的强度条件为

$$\sigma_1 \leqslant [\sigma] \tag{9-12}$$

这个理论是在1858年由英国学者兰金（W. J. M. Rankine）提出的。试验表明，对于脆性材料如铸铁、砖和岩石等，此理论较为适合。但是，它没有考虑其他主应力 σ_2 和 σ_3 对材料破坏的影响。

2. 第二强度理论（最大拉应变强度理论）

这个理论认为，引起材料发生脆性断裂的主要因素是最大拉应变 $\varepsilon_{\max}$，即在复杂应力状态下构件危险点处的最大拉应变 $\varepsilon_{\max}$ 达到简单拉伸试验破坏时的线应变 ε_0 的数值，材料就发生脆性断裂。设达到破坏前，材料服从胡克定律，利用公式（9-10）计算 $\varepsilon_{\max}$，可得断裂条件

$$\frac{1}{E}[\sigma_1 - \mu(\sigma_2 + \sigma_3)] = \frac{\sigma_b}{E}$$

即

$$\sigma_1 - \mu(\sigma_2 + \sigma_3) = \sigma_b$$

考虑安全系数后，这个强度理论的强度条件为

$$\sigma_1 - \mu(\sigma_2 + \sigma_3) \leqslant [\sigma] \tag{9-13}$$

此理论对于某些脆性材料如岩石等，其理论值与试验结果大致符合，但未被金属材料的实验所证实。

3. 第三强度理论（最大切应力强度理论）

这个理论认为，使材料发生屈服破坏的主要因素是最大切应力 $\tau_{\max}$，即当构件的最大切应力 $\tau_{\max}$ 达到某一极限值 τ_0 时，就会引起材料的屈服被破坏。复杂应力状态下的最大切应力 $\tau_{\max}$ 可由公式（9-9）计算，即

$$\tau_{\max} = \frac{\sigma_1 - \sigma_3}{2}$$

τ_0 可以通过简单拉伸试验测得，其值为试件达到屈服时应力 σ_s 的一半，即

$$\tau_0 = \frac{\sigma_s}{2}$$

于是，破坏条件（又称屈服条件）可表示为

$$\frac{\sigma_1-\sigma_3}{2}=\frac{\sigma_s}{2} \quad \text{或} \quad \sigma_1-\sigma_3=\sigma_s$$

考虑安全系数后,按此理论所建立的复杂应力状态下的强度条件为

$$\sigma_1-\sigma_3\leqslant[\sigma] \tag{9-14}$$

这个理论是在 1773 年首先由库仑(C. A. Coulomb)提出,而后在 1864 年又由屈雷斯卡(H. Tresca)提出,所以又叫**屈雷斯卡理论**。一些实验结果表明,对于塑性材料如低碳钢、铜等,这个理论是符合的。但是它未考虑到中间主应力 σ_2 对材料屈服的影响。

4. 第四强度理论(歪形能强度理论)

此理论不是从应力出发,而是从变形能的角度来建立强度理论。受力构件体积内积蓄了歪形能(即形状改变比能)和体积改变比能。该理论认为,歪形能是引起材料破坏的主要因素。只要构件内部积蓄的歪形能达到某一极限值时,材料就发生屈服破坏。而这个极限值可通过简单拉伸试验求得。复杂应力状态下的歪形能可按下式计算

$$u_d=\frac{1+\mu}{6E}[(\sigma_1-\sigma_2)^2+(\sigma_2-\sigma_3)^2+(\sigma_3-\sigma_1)^2]$$

通过简单拉伸试验测得材料的屈服极限 σ_s 后,再令 $\sigma_2=\sigma_3=0$ 及 $\sigma_1=\sigma_s$ 代入上式,可得材料屈服时的歪形能,即

$$\frac{1+\mu}{6E}(2\sigma_1^2)=\frac{1+\mu}{3E}\sigma_1^2=\frac{1+\mu}{3E}\sigma_s^2$$

破坏条件(或称屈服条件)为

$$\frac{1+\mu}{6E}[(\sigma_1-\sigma_2)^2+(\sigma_2-\sigma_3)^2+(\sigma_3-\sigma_1)^2]=\frac{1+\mu}{3E}\sigma_s^2$$

即

$$\left\{\frac{1}{2}[(\sigma_1-\sigma_2)^2+(\sigma_2-\sigma_3)^2+(\sigma_3-\sigma_1)^2]\right\}^{\frac{1}{2}}=\sigma_s$$

再将 σ_s 除以安全系数 n,可得强度条件为

$$\sqrt{\frac{1}{2}[(\sigma_1-\sigma_2)^2+(\sigma_2-\sigma_3)^2+(\sigma_3-\sigma_1)^2]}\leqslant[\sigma] \tag{9-15}$$

这个理强度论是在 1904 年首先由波兰学者胡勃(M. T. Hiber)提出,后来又在 1913 年由德国塞密斯(R. Von. Moses)和在 1925 年由亨基(H. Hencky)先后独立提出来的。此强度理论对于塑性材料例如普通钢材和铜等与实验结果能较好符合。

5. 莫尔强度理论

此强度理论是由德国工程师莫尔在 1900 年提出的。它考虑到材料拉伸与压缩强度不等的情况,将最大切应力强度理论加以推广,并利用应力圆进行研究。

这个理论是以各种应力状态下材料的破坏试验结果为依据而建立起来的。按材料破坏时主应力 σ_1、σ_3 所作的应力圆(认为中间应力 σ_2 不影响材料的强度),就代表在极限应力状态下的应力圆,并可作出这些应力圆的公共包络线 AB,如图 9-22(a)所示。为了工程应用方便起

见,常利用简单拉伸和压缩时材料破坏的试验结果,作出两个极限应力圆,将公共包络线近似地用直线来代替,如图 9-22(b)所示。图上 σ_{bT} 和 σ_{bC} 分别表示简单拉伸和压缩时的强度极限。

图 9-22

莫尔理论认为,材料的破坏主要是某一截面上的切应力达到一定限度,同时还与该截面上的正应力有关。设某种材料在一点处受主应力 σ_1、σ_2 和 σ_3 作用,以 σ_1、σ_3 画出的应力圆 O_3 若与直线包络线切于 K 点,则该点处材料将发生破坏。此时,根据图 9-22(b)上的几何关系,经化简,并引入安全系数,便可得到莫尔强度理论的强度条件为

$$\sigma_1 - \frac{[\sigma_T]}{[\sigma_C]}\sigma_3 \leqslant [\sigma] \tag{9-16}$$

试验表明,对于拉伸与压缩强度不等的脆性材料如岩石等,此理论能给出比较满意的结果。对于拉伸与压缩强度相等的塑性材料,式(9-16)即变为式(9-14)。由此可知,最大切应力理论可看成莫尔理论的特殊情况。莫尔理论也未考虑到中间主应力 σ_2 对破坏的影响。

9.5.3 相当应力

前面已介绍了常用强度理论的强度条件,即公式(9-12)~(9-16),各式的左边是按不同强度理论得出的主应力综合值,称为**相当应力**,并用 σ_{eq} 表示。5 个强度理论的相当应力分别为

$$\left. \begin{array}{ll} \text{最大拉应力强度理论} & \sigma_{eq1} = \sigma_1 \\ \text{最大拉应变强度理论} & \sigma_{eq2} = \sigma_1 - \mu(\sigma_2 + \sigma_3) \\ \text{最大切应力强度理论} & \sigma_{eq3} = \sigma_1 - \sigma_3 \\ \text{最大歪形能强度理论} & \sigma_{eq4} = \sqrt{\frac{1}{2}[(\sigma_1-\sigma_2)^2 + (\sigma_2-\sigma_3)^2 + (\sigma_3-\sigma_1)^2]} \\ \text{莫尔强度理论} & \sigma_{eqm} = \sigma_1 - \frac{[\sigma_T]}{[\sigma_C]}\sigma_3 \end{array} \right\} \tag{9-17}$$

复杂应力状态下构件的强度条件有两种形式:一种为应力形式,即

$$\sigma_{eq} \leqslant [\sigma] \tag{9-18}$$

另一种安全系数形式,即

$$n = \frac{\sigma_0}{\sigma_{eq}} \geqslant [n] \tag{9-19}$$

式中:σ_0 为由简单拉伸试验测得的材料的极限应力 σ_s 或 σ_b;n 为由计算得到的工作安全系数;$[n]$ 为规定的安全系数。

9.5.4 强度理论的应用

一般来说,处于复杂应力状态并在常温和静载条件下的脆性材料,多发生断裂破坏,所以通常采用最大拉应力强度理论,或莫尔强度理论。塑性材料多发生屈服破坏,所以采用最大切应力强度理论,或歪形能强度理论;前者表达式比较简单,后者用于设计可得较为经济的截面尺寸。

根据材料来选择相应的强度理论,在多数情况下是合适的。但是,材料的脆性或塑性还与应力状态有关。例如三向拉伸或三向压缩应力状态,将会影响材料产生不同的破坏形式。因此,也要注意到少数特殊情况下,还须按可能发生的破坏形式和应力状态,来选择适宜的强度理论,对构件进行强度计算。例如在三向拉伸应力状态情况下,不论是脆性材料还是塑性材料,都应该采用最大拉应力强度理论或莫尔强度理论;在三向压缩应力状态的情况下,不论是脆性材料还是塑性材料,都应采用最大切应力理论或歪形能强度理论。此外,如铸铁这类脆性材料,在二向拉伸应力状态的情况下,以及在二向拉伸-压缩应力状态且拉应力较大的情况下,宜采用最大拉应力理论;而在二向拉伸-压缩应力状态且压应力较大的情况下,宜采用莫尔强度理论,或最大拉应变强度理论。

思 考 题

1. 什么叫一点处的应力状态?为什么要研究一点处的应力状态?应力状态的研究方法是什么?

2. 什么叫主平面和主应力?主应力与正应力有什么区别?

3. 对于一个单元体,在最大正应力所作用的平面上有无切应力?又在最大切应力所作用的平面上有无正应力?

4. 有一梁如图 9-23 所示,图中给出了单元体 A、B、C、D 和 E 的应力状态。试指出并改正各单元体上所给应力的错误。

5. 单元体与应力圆存在什么样的对应关系?

6. 图 9-24 中的(a)、(b)和(c)应力圆,分别表示什么应力状态?

7. 试由应力圆说明以下结论:(1)切应力互等定理;(2)主应力是正应力的极大值和极小值;(3) τ_{max} 所在平面与主平面成 $45°$。

图 9-23　　　　　　　　　　图 9-24

8. 广义胡克定律的适用条件是什么？

9. 材料破坏的基本形式是什么？低碳钢和铸铁在拉伸和压缩时的破坏形式有何不同？

10. 应力状态对材料的破坏形式有什么影响？三向拉伸和三向压缩应力状态，都使材料产生什么样的破坏形式？

11. 一根粉笔受扭转作用如图 9-25(a)所示，一受载的钢筋混凝土梁如图 9-25(b)所示，试分析其破坏面存在什么应力？并用应力状态理论结合材料的特性，解释所发生的破坏现象。

图 9-25

12. 自来水管在冬季结冰时，常因受内压力而膨胀；而水管内的冰也受到大小相等、方向相反的压力作用，为什么冰就不破坏呢？试从应力状态进行解释。

13. 为什么要提出强度理论？常用的强度理论有哪几种？它们的适用范围如何？

习　题

9-1　一拉伸试件，直径 $d=2$ cm，当在 45°斜截面上的切应力 $\tau=150$ MPa 时，其表面上将出现滑移线。试求此时试件的拉力 F。

答：$F=94.2$ kN。

9-2　已知单元体的应力状态如题 9-2 图(a)、(b)、(c)所示，试求指定斜截面上的应力。

答：(a) $\sigma_a=5$ MPa，$\tau_a=25$ MPa；　(b) $\sigma_a=10.98$ MPa，$\tau_a=10.98$ MPa；
　　(c) $\sigma_a=27.3$ MPa，$\tau_a=27.3$ MPa。

(a)　　　　　　(b)　　　　　　(c)

题 9-2 图

9-3 已知单元体的应力状态如题 9-3 图 (a)、(b)、(c) 和 (d) 所示（应力单位是 MPa）。试用解析法和应力圆求：(1) 主应力值和主平面位置，并画在单元体上；(2) 最大切应力值。

答：(a) $\sigma_1 = \sigma_2 = 0$，$\sigma_3 = -50$ MPa，$\alpha_0 = 26°33'$，$\tau_{max} = 25$ MPa；

(b) $\sigma_1 = 30$ MPa，$\sigma_2 = 0$，$\sigma_3 = -20$ MPa，$\alpha_0 = 26°33'$，$\tau_{max} = 25$ MPa；

(c) $\sigma_1 = 74.1$ MPa，$\sigma_2 = 15.9$ MPa，$\sigma_3 = 0$，$\alpha_0 = 29°30'$，$\tau_{max} = 29.1$ MPa；

(d) $\sigma_1 = 0$，$\sigma_2 = -4.6$ MPa，$\sigma_3 = -65.4$ MPa，$\alpha_0 = 48°12'$，$\tau_{max} = 30.4$ MPa。

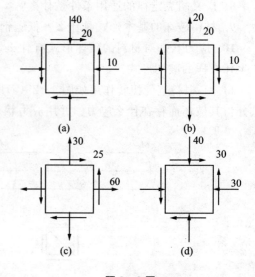

题 9-3 图

9-4 圆轴如题 9-4 图所示，右端横截面上的最大弯曲应力为 40 MPa，最大扭转应力为 30 MPa，由于剪力引起的最大切应力为 6 MPa。试求：(1) 画出 A、B、C 和 D 点处单元体的应力状态；(2) 用应力圆和解析法求 A 点的主应力值及最大切应力值。

答：$\sigma_1 = 56$ MPa；$\sigma_3 = -16$ MPa，$\tau_{max} = 36.1$ MPa。

9-5 已知题 9-5 图中各单元体 (a)、(b)、(c) 和 (d) 的应力状态（应力单位是 MPa）。求最大主应力和最大切应力。

答：(a) $\sigma_1 = 25$ MPa，$\sigma_2 = 0$，$\sigma_3 = -25$ MPa，$\tau_{max} = 25$ MPa；

(b) $\sigma_1 = \sigma_2 = 50$ MPa，$\sigma_3 = -50$ MPa，$\tau_{max} = 50$ MPa；

(c) $\sigma_1 = 50$ MPa，$\sigma_2 = 4.7$ MPa，$\sigma_3 = -84.7$ MPa，$\tau_{max} = 67.4$ MPa；

(d) $\sigma_1 = \sigma_2 = \sigma_3 = 60$ MPa，$\tau_{max} = 0$。

题 9-4 图

题 9-5 图

9-6 在一槽形刚体的槽内,放置一块边长为 1 cm 的正立方钢块,钢块与槽壁紧密靠紧接触无空隙,如题 9-6 图(a)所示。当钢块上表面作用 $F=6$ kN 的压力时,试求钢块内的主应力。已知材料的弹性常数:$\mu=0.33$,$E=200$ GPa。

答:$\sigma_1=0$,$\sigma_2=-19.8$ MPa,$\sigma_3=-60$ MPa。

9-7 矩形截面钢块,紧密地夹在两块固定刚性厚板之间,受压力 F 的作用,如题 9-7 图所示。已知 $a=30$ mm,$b=20$ mm,$l=60$ mm,$F=100$ kN,板所受压力 $F_1=45$ kN,钢的弹性模量 $E=200$ GPa。试求钢块的缩短 Δl 及泊松比 μ。

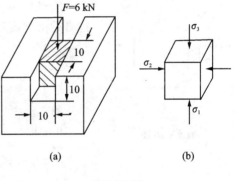

题 9-6 图

答:$\mu=0.225$,$\Delta l=47.5\times10^{-3}$。

9-8 外直径 $D=20$ mm 的钢制圆轴,两端受扭矩 M_T 的作用,现用变形仪测得圆轴截面上与母线成 45°方向的应变 $\varepsilon_{45°}=5.2\times10^{-4}$,如题 9-8 图所示。若钢的弹性模量和泊松比分别为 $E=200$ GPa,$\mu=0.3$,试求圆轴所承受的扭矩 M_T 的值。

答:$M_T=125.7$ N·m。

9-9 如题 9-9 图所示,一粗纹木块,如果沿木纹方向的切应力大于 5 MPa 时,就会沿木纹剪裂。若 $\sigma_y=8$ MPa,试问不使木块发生断裂,σ_x 的值应在什么范围内?

答:$-3.54\leqslant\sigma_x\leqslant19.54$ MPa。

9-10 两块楔形材料,粘合成正立方体,如果粘合处的拉应力大于 1.5 MPa 就会分裂。若 $\sigma_x=0.8$ MPa,$\tau=0.5$ MPa,问 σ_y 的最大值可为多少?

题 9-7 图　　　　题 9-8 图　　　　题 9-9 图

题 9-10 图

答：$\sigma_y = 1.2$ MPa。

9-11　有一低碳钢构件，已知许用应力$[\sigma]=120$ MPa，试选择合适的强度理论校核构件的强度。危险点处主应力分别如下：

(1) $\sigma_1 = -50$ MPa，$\sigma_2 = -70$ MPa，$\sigma_3 = -160$ MPa；

答：$\sigma_{eq3} = 110$ MPa，$\sigma_{eq4} = 101.5$ MPa。

(2) $\sigma_1 = 60$ MPa，$\sigma_2 = 0$，$\sigma_3 = -50$ MPa；

答：$\sigma_{eq3} = 110$ MPa，$\sigma_{eq4} = 95.4$ MPa。

9-12　有一铸铁构件，已知许用拉应力$[\sigma] = 30$ MPa，$\dfrac{[\sigma_T]}{[\sigma_C]} = 0.3$，试对构件进行强度校核。其危险点处主应力分别如下：

(a) $\sigma_1 = 30$ MPa，$\sigma_2 = 20$ MPa，$\sigma_3 = 15$ MPa；

答：$\sigma_{eq1} = 30$ MPa，$\sigma_{eqM} = 25.5$ MPa。

(b) $\sigma_1 = 25$ MPa，$\sigma_2 = 0$，$\sigma_3 = -20$ MPa；

答：$\sigma_{eq1} = 25$ MPa，$\sigma_{eqM} = 31$ MPa。

第 10 章 组合变形构件的强度计算

本章主要介绍运用力的独立作用原理解决构件拉(压)与弯曲的组合变形及弯曲与扭转组合变形的强度计算问题。

10.1 组合变形与力的独立作用原理

10.1.1 组合变形的概念

前面各章分别研究了构件在拉伸(或压缩)、剪切、扭转和弯曲等基本变形时的强度和刚度问题。在工程实际问题中,还有许多构件在外力作用下将产生两种或两种以上的基本变形的组合情况。例如,图 10-1 中的机架立柱在 F 力作用下将同时产生拉伸与弯曲的变形组合;图 10-2 中所示的传动轴在传动带轮张力 F_T 和转矩 M_0 作用下将同时产生弯曲与扭转变形的组合等。

图 10-1

图 10-2

构件在外力作用下同时产生两种或两种以上基本变形的情况称为**组合变形**。

10.1.2 力的独立作用原理

对组合变形进行应力计算时,必须满足:材料服从胡克定律和小变形条件。因此,任一载荷作用所产生的应力都不受其他载荷的影响。这样,就可应用叠加原理进行计算。也就是说,当杆处于组合变形时,只要将载荷适当地简化或分解,使杆在简化或分解后的每组载荷作用下只产生一种基本变形,分别计算出各基本变形时所产生的应力,最后将所得结果进行叠加,就得到总的应力。

10.2 拉伸(压缩)与弯曲组合变形的强度计算

拉伸(压缩)与弯曲的组合变形,是工程实际中常见的组合变形情况。现以矩形截面梁为例说明其应力的分析方法。

设一悬臂梁如图 10-3(a)所示,外力 F 位于梁的纵向对称面 Oxy 内且与梁的轴线 x 成一角度 φ。

1. 外力分析

将外力 F 沿 x 轴和 y 轴方向分解,可得两个分力 F_x 和 F_y,如图 10-3(b)所示,即

$$F_x = F\cos\varphi, \quad F_y = F\sin\varphi$$

其中分力 F_x 为轴向拉力,在此力单独作用下将使梁产生轴向拉伸,在任一横截面上的轴力 F_{N_x} 为常量,其值为

$$F_{N_x} = F_x = F\cos\varphi$$

横向力 F_y 将使梁在纵向对称面内产生平面弯曲,在距左端为 x 的截面上,其弯矩为

$$M_x = -F_y(l-x)$$

于是,梁的变形为轴向拉伸和平面弯曲的组合。

2. 内力分析

图 10-3(c)、(d)所示为分力 F_x、F_y 单独作用下的梁的轴力图和弯矩图(剪力略去)。由图可见,固定端截面是危险截面,在此截面上的轴力和绝对值最大的弯矩分别为

$$F_{N_x} = F\cos\varphi, \quad M_{max} = F_y \cdot l$$

3. 应力分析

在危险截面上的各点处与轴力 F_{N_x} 相对应的拉伸正应力 σ' 是均匀分布的,其值为

$$\sigma' = \frac{F_N}{A}$$

而在危险截面上各点处与弯矩 M_{max} 相对应的弯曲正应力 σ'' 是按线性分布的,其值为

$$\sigma'' = \frac{M_{max} \cdot y}{I}$$

应力 σ' 和 σ'' 的正、负号可根据变形情况直观确定。拉应力时取正号,压应力时取负号,例如图 10-3(a)中的 K 点,其 σ'、σ'' 均为拉应力,故应取正号。

应力 σ'、σ'' 沿截面高度方向的分布规律如图 10-3(e)、(f)所示。若将危险截面上任一点处的两个正应力 σ'、σ'' 叠加,可得在外力 F 作用下危险截面上任一点处总的应力为 $\sigma = \sigma' + \sigma''$,

第 10 章 组合变形构件的强度计算

图 10-3

或

$$\sigma = \frac{F_N}{A} + \frac{My}{I_z} \tag{10-1}$$

式(10-1)表明:正应力 σ 是距离 y 的一次函数,故正应力 σ 沿截面高度按直线规律变化,若最大弯曲正应力 σ''_{max} 大于拉伸正应力 σ' 时,应力叠加结果如图 10-3(g)所示。显然,中性轴向下平移了一段距离,危险点位于梁固定端的上、下边缘处[例如图 10-3(a)中的 a、b 两点处]且为单向应力状态[图(h)],其最大拉应力 $\sigma_{T,max}$ 和最大压应力 $\sigma_{C,max}$ 分别为

$$\sigma_{T,max} = \frac{F_N}{A} + \frac{M_{max}}{W_z} \tag{10-2}$$

$$\sigma_{C,max} = \frac{F_N}{A} - \frac{M_{max}}{W_z} \tag{10-3}$$

当轴向分力 F_x 为压力时,式(10-2)和(10-3)中等号右边第一项均应冠以负号。

4. 强度计算

拉伸(压缩)与弯曲组合时的强度计算有以下两种情况:

(1) 对抗拉、抗压强度相同的塑性材料,例如低碳钢等,可只验算构件上的应力绝对值最大处的强度。其强度条件为

$$\sigma_{\max} = \left| \pm \frac{F_N}{A} \pm \frac{M_{\max}}{W_z} \right| \leqslant [\sigma] \tag{10-4}$$

(2) 对抗拉、抗压强度不同的脆性材料,例如铸铁、混凝土等应分别验算构件上的最大拉应力和最大压应力的强度,即

$$\left. \begin{aligned} \sigma_{T,\max} &= \left| \pm \frac{F_N}{A} + \frac{M_{\max}}{W_T} \right| \leqslant [\sigma_T] \\ \sigma_{C,\max} &= \left| \pm \frac{F_N}{A} - \frac{M_{\max}}{W_C} \right| \leqslant [\sigma_C] \end{aligned} \right\} \tag{10-5}$$

例 10-1 AB 梁的横截面为正方形,其边长 $a=100$ mm,受力及长度尺寸如图 10-4(a) 所示。若已知 $F=3$ kN,材料的拉、压许用应力相等,且 $[\sigma]=10$ MPa,试校核梁的强度。

解:画出 AB 梁的受力图[见图 10-4(b)],将外力 F 沿 x、y 轴方向分解,得

$$F_x = F\cos\theta = 3 \text{ kN} \times \frac{1\,000}{1\,250} = 2.4 \text{ kN}$$

$$F_y = F\sin\theta = 3 \text{ kN} \times \frac{\sqrt{1\,250^2 - 1\,000^2}}{1\,250} = 1.8 \text{ kN}$$

在轴向力 F_{xA} 和 F_x 作用下,梁 AC 段产生轴向压缩,轴力图如图 10-4(c)所示;在横向力 F_{yA}、F_{yB}、F_y 作用下,梁产生平面弯曲,弯矩图如图 10-4(d)所示。于是,梁 AC 段承受压缩与弯曲的组合变形,由内力图可以看出,C 截面为危险截面,其内力为

$$F_N = -2.4 \text{ kN}, \quad M_{\max} = 1\,125 \text{ kN} \cdot \text{m}$$

图 10-4

计算后得出截面面积为 $A = 1.0 \times 10^4 \text{ mm}^2$,抗弯截面模量 $W_z = \dfrac{100 \times 100^2}{6} \text{ mm}^3$。由于材料的拉、压许用应力相等,且 F_N 为压力。按式(10-5)进行强度计算

$$|\sigma_{C,\max}| = \left| -\dfrac{F_N}{A} - \dfrac{M_{\max}}{W_z} \right| = \left| \dfrac{-2.4 \times 10^3 \text{ N}}{1.0 \times 10^4 \text{ mm}^2} - \dfrac{1\,125 \times 10^3 \text{ N} \cdot \text{m}}{100^3/6 \text{ mm}^3} \right| = 6.99 \text{ MPa} < [\sigma]$$

故梁是安全的。

例 10-2 图 10-5 所示为一起重支架。已知:$a = 3$ m,$b = 1$ m,$F = 36$ kN,AB 梁材料的许用应力 $[\sigma] = 140$ MPa,试选择槽钢型号。

图 10-5

解: 作 AB 梁的受力图如图 10-5(b)所示。由平衡条件

$$\sum M_A(\boldsymbol{F}) = 0, \qquad F_C \sin 30° a - F(a+b) = 0$$

得

$$F_C = \dfrac{2(a+b)}{a} F = \dfrac{2(3 \text{ m} + 1 \text{ m})}{3 \text{ m}} \times 36 \text{ kN} = 96 \text{ kN}$$

将力 F_C 分解为 F_{xC},F_{yC},这样力 F_{xA} 和 F_{xC} 使梁 AC 产生轴向拉伸变形,而力 F_{yA}、F 和 F_{yC} 将使梁 AB 产生弯曲变形,于是梁在外力作用下产生拉伸与弯曲的组合变形。画出梁 AB 的轴力图和弯矩图[见图 10-5(c)、(d)],由内力图可看出 C 处为危险截面,其内力为

$$F_N = 83.1 \text{ kN}, \qquad M_{\max} = 36 \text{ kN} \cdot \text{m}$$

危险点在该截面上侧边缘各点,其强度条件为

$$\sigma_{\max} = \dfrac{F_N}{A} + \dfrac{M_{\max}}{W_z} = \left(\dfrac{83.1 \times 10^3}{A} + \dfrac{36 \times 10^6}{W_z} \right) \text{MPa} \leqslant [\sigma] = 140 \text{ MPa}$$

因上式中有两个未知量 A 和 W_z,故要用试凑法求解。计算时可先只考虑弯曲变形求得 W_z,然后再进行校核。由

$$\dfrac{M_{\max}}{W_z} = \dfrac{36 \times 10^6}{W_z} \text{MPa} \leqslant 140 \text{ MPa}$$

得

$$W_z \geqslant \dfrac{36 \times 10^6}{140} \text{ mm}^3 = 257 \times 10^3 \text{ mm}^3 = 257 \text{ cm}^3$$

查型钢表,选二根 №18A 槽钢,$W_z = 141 \times 2 \text{ cm}^3 = 282 \text{ cm}^3$,其相应的截面面积为 $A = 25.7 \times 2 \text{ cm}^2 = 51.4 \text{ cm}^2$,校核强度得

$$\sigma_{\max} = \left(\frac{83.1 \times 10^3 \text{ N}}{51.4 \times 10^2 \text{ mm}^2} + \frac{36 \times 10^6 \text{ N} \cdot \text{mm}}{282 \times 10^3 \text{ mm}^3} \right) \text{MPa} = 143 \text{ MPa} > [\sigma] = 140 \text{ MPa}$$

但最大应力不超过许用应力的 5 %,工程上许可,故选取二根 №18A 槽钢可以。若得 $\sigma_{\max}$ 与 σ 相差较大,则应重新选择钢型,并再进行强度校核。

在工程实际中,有些构件所受外力的作用线与轴线平行,但不通过横截面的形心,这种情况通常称为偏心拉伸(压缩),它实际上是拉伸(压缩)与弯曲组合变形的另一种形式。现通过例题来说明这类问题的计算。

例 10-3 图 10-6(a)所示为一压力机,机架由铸铁制成,许用拉应力$[\sigma]_T = 35$ MPa,许用压应力$[\sigma]_C = 140$ MPa,已知最大压力 $F = 1\,400$ kN,立柱横截面的几何性质为:$y_C = 200$ mm,$h = 70$ mm,$A = 1.8 \times 10^5$ mm^2,$I_z = 8.0 \times 10^9$ mm^4。试校核该立柱的强度。

图 10-6

解:用 $m-n$ 平面将立柱截开,取上半部分为研究对象,由平衡条件可知,在 $m-n$ 平面上既有轴力 F_N,又有弯矩 M[见图 10-6(b)],其值分别为

$$F_N = F = 1\,400 \text{ kN}$$

$$M = F(500 + y_C) = 1\,400 \text{ kN} \times (500 + 200) \text{mm} = 980 \times 10^3 \text{ kN} \cdot \text{mm}$$

故为拉弯组合变形。

立柱各横截面上的内力相等。横截面上应力 σ_N 均匀分布,σ_M 线性分布,总应力 σ 由两部分叠加。最大拉应力在截面内侧面边缘处,其值为

$$\sigma_{T,\max} = \sigma_N + \sigma_M = \frac{F_N}{A} + \frac{My_C}{I_z}$$

$$= \frac{1\,400 \times 10^3 \text{ N}}{1.8 \times 10^5 \text{ mm}^2} + \frac{980 \times 10^6 \text{ N} \cdot \text{mm} \times 200 \text{ mm}}{8 \times 10^9 \text{ mm}^4} = 32.3 \text{ MPa} < [\sigma]_T$$

最大压应力在截面外侧边缘处,其值为

$$|\sigma_{C,\max}| = |\sigma_N + \sigma_M| = \left|\frac{F_N}{A} + \frac{-M(h - y_c)}{I_z}\right|$$

$$= \left|\frac{1\,400 \times 10^3 \text{ N}}{1.8 \times 10^5 \text{ mm}^2} - \frac{980 \times 10^6 \text{ N} \cdot \text{mm}(700 - 200)\text{mm}}{8 \times 10^9 \text{ mm}^4}\right| = 53.5 \text{ MPa} < [\sigma]_C$$

故立柱满足强度要求。

10.3 弯曲与扭转组合变形的强度计算

机械中的传动轴、曲柄轴等除受扭转外,还经常伴随着弯曲,这是机械工程中最为重要的一种组合变形情况。

本节主要以圆截面曲拐轴 ABC[见图 10-7(a)]为例,说明弯曲与扭转组合变形时的强度计算方法。当分析外力作用时,在不改变构件内力和变形的前提下,可以用等效力系来代替原力系的作用。因此,在研究 AB 杆时,可以将作用于曲拐轴 C 点上的力 F 向 B 点平移,得一力 F' 和一力矩为 M_0 的力偶[见图 10-7(b)],其值分别为

$$F' = F, \quad M_0 = Fa$$

力 F' 使杆 AB 产生平面弯曲,力偶矩 M_0 使杆 AB 产生扭转。于是,AB 杆为弯曲与扭转变形的组合。图 10-7(c)、(d)分别表示 AB 杆的扭矩图和弯矩图(弯曲时的剪力可略去)。由此二图可判断,固定端截面内力最大,是危险截面,危险截面上的弯矩、扭矩值(均为绝对值)分别为

$$M_{\max} = Fl$$
$$M_T = M_0 = Fa$$

下面分析危险截面上的应力。与弯矩 $M_{\max}$ 相对应的弯曲正应力为 $\sigma = \dfrac{M_{\max}y}{I}$;与扭矩 M_T 相对应的扭转切应力为 $\tau = \dfrac{M_T\rho}{I_p}$。它们的分布规律如图 10-7(e)所示。

图 10-7

现将 $y=d/2$, $\rho=d/2$ 分别代入后可求得圆轴边缘上 a 点或 b 点处最大弯曲正应力 σ 和最大扭转切应力 τ。由于 a、b 两点处的弯曲正应力和扭转切应力同时为最大值,故 a、b 两点就是危险点。

对于塑性材料制成的杆件,因其拉、压许用应力相同,故强度计算时可只校核其中一点,例如 a 点即可。为此,从 a 点处取一单元体,作用在该单元体各面上的应力如图 10-7(f)所示。现将 a 点的 σ、τ 值代入公式(9-4)中可求出该点的主应力。知道了主应力后,就可按强度理论的强度条件进行强度计算。如用最大切应力理论,可由公式(9-14)得出强度条件为

$$\sigma_{eq3} = \sigma_1 - \sigma_3 \leqslant [\sigma], \quad \text{或} \quad \sigma_{eq3} = \sqrt{\sigma^2 + 4\tau^2} \leqslant [\sigma] \tag{10-6}$$

现将应力 $\sigma = \dfrac{M}{W_z}$ 和 $\tau = \dfrac{M_T}{W_T}$ 代入式(10-6),并考虑到圆截面杆的 $W_T = 2W_z$,于是又可得到以弯矩 M、扭矩 M_T 和抗弯截面模量 W_z 表示的强度条件为

$$\sigma_{eq3} = \frac{\sqrt{M^2 + M_T^2}}{W_z} \leqslant [\sigma] \tag{10-7}$$

如果用最大歪形能理论,经过和上面相仿的步骤后,可得强度条件为

$$\sigma_{eq4} = \sqrt{\sigma^2 + 3\tau^2} \tag{10-8}$$

对圆截面杆则为

$$\sigma_{eq4} = \frac{\sqrt{M^2 + 0.75M_T^2}}{W_z} \leqslant [\sigma] \tag{10-9}$$

式(10-7)、(10-9)同样适用于空心圆轴。对于拉伸(或压缩)与扭转组合变形情况(见图 10-8),由于危险点处的应力状态与弯扭组合变形时完全相同。因此,只要把拉伸(或压缩)正应力代入式(10-6)或(10-8)中就得出其相应的强度条件为

图 10-8

$$\sigma_{eq3} = \sqrt{\left(\frac{F_N}{A}\right)^2 + 4\left(\frac{M_T}{W_T}\right)^2} \leqslant [\sigma] \tag{10-10}$$

$$\sigma_{eq4} = \sqrt{\left(\frac{F_N}{A}\right)^2 + 3\left(\frac{M_T}{W_T}\right)^2} \leqslant [\sigma] \tag{10-11}$$

例 10-4 图 10-9(a)所示的传动轴由电动机带动,轴长 $l=1.2$ m,中间安装一带轮,重力 $G=5$ kN,半径 $R=0.6$ m,平带紧边张力 $F_1=6$ kN,松边张力 $F_2=3$ kN。如轴直径 $d=100$ mm,材料的许用应力 $[\sigma]=50$ MPa,试按第三理论校核轴的强度。

解:(1) 外力分析

将作用在带轮上的平带拉力 F_1 和 F_2 向轴线简化[见图 10-9(b)],传动轴受铅锤力为
$$F = G + F_1 + F_2 = (5+6+3) \text{ kN} = 14 \text{ kN}$$

图 10-9

此力使轴在铅锤面内产生弯曲变形。

其外力矩为

$$M_1 = F_1 R - F_2 R = (6 \times 0.6 - 3 \times 0.6) \text{kN} \cdot \text{m} = 1.8 \text{ kN} \cdot \text{m}$$

此力偶矩与电动机传给轴的扭矩 M 相平衡，使轴产生扭转变形，故此轴产生弯扭组合变形。

(2) 内力分析

分别作出轴的弯矩图和扭矩图[见图 10-9(c)、(d)]，由内力图可以判断 C 截面为危险截面，C 截面上的 $M_{\max}$ 和 M_T 分别为

$$M_{\max} = 42 \text{ kN} \cdot \text{m} \qquad M_T = M = 1.8 \text{ kN} \cdot \text{m}$$

(3) 强度计算

按第三强度理论校核，得

$$\sigma_{eq3} = \frac{\sqrt{M_{\max}^2 + M_T^2}}{W_Z}$$

$$= \frac{\sqrt{(4.2 \text{ kN} \cdot \text{m} \times 10^6) + (1.8 \text{ kN} \cdot \text{m} \times 10^6)}}{\frac{\pi \times 100^3 \text{ mm}^3}{32}} = 46.6 \text{ MPa} < [\sigma]$$

该轴强度足够。

例 10-5 齿轮轴 AB 如图 10-10(a)所示，已知轴转速 $n = 265$ r/min，输入功率 $P = 10$ kW，两齿轮节圆直径 $D_1 = 396$ mm，$D_2 = 168$ mm，齿轮压力角 $\alpha = 20°$，轴材料的许用应力 $[\sigma] = 50$ MPa，试按第三理论设计轴的直径 d。

解：(1) 外力分析

将外力向轴线简化，其简化结果如图 10-10(b)所示。力 F_{r1} 和 F_{r2} 使轴在垂直平面内弯曲，力 F_{t1} 和 F_{t2} 使轴在水平平面内弯曲，力偶矩 M_{T1} 和 M_{T2} 使轴在 CD 段发生扭转，故该轴为弯扭组合变形。

轴的外力偶矩 $\quad M_T = 9\,550 \dfrac{P}{n} = 9\,500 \times \dfrac{10}{265} \text{ N} \cdot \text{m} = 360 \text{ N} \cdot \text{m}$

由平衡条件得 $\quad M_{T1} = M_{T2} = M_T = 360 \text{ N} \cdot \text{m}$

图 10-10

即
$$F_{t1}\frac{D_1}{2} = F_{t2}\frac{D_2}{2} = M_T = 360 \text{ N·m}$$

由上式可求得
$$F_{t1} = \frac{2M_T}{D_1} = \frac{2\times 360\times 10^3 \text{ N·mm}}{396 \text{ mm}} = 1820 \text{ N}$$

$$F_{t2} = \frac{2M_T}{D_2} = \frac{2\times 360\times 10^3 \text{ N·mm}}{160 \text{ mm}} = 4290 \text{ N}$$

$$F_{r1} = F_{t1}\tan 20° = 1280 \text{ N}\tan 20° = 662 \text{ N}$$

$$F_{r2} = F_{t2}\tan 20° = 42900 \text{ N}\tan 20° = 1560 \text{ N}$$

(2) 内力分析

根据外力作用分别作出 AB 轴的扭矩图[见图 10-10(c)]，而两个相互垂直平面上的弯矩图 M_x、M_y[见图 10-10(d)、(e)]，并按下式将 M_x 和 M_y 合成

$$M = \sqrt{M_x^2 + M_y^2}$$

作出合成弯矩图[见图 10-10(f)]，由内力图可见 D 截面为危险截面。

(3) 按第三理论设计轴的直径 d

由 $\sigma_{eq3} = \dfrac{\sqrt{M_{max}^2 + M_t^2}}{W_z} \leqslant [\sigma]$ 得

$$W_z \geqslant \frac{\sqrt{M_{max}^2 + M_T^2}}{[\sigma]} = \frac{\sqrt{(293\times 10^3)^2 + (360\times 10^3)^2} \text{ N·mm}}{50 \text{ MPa}} = 9290 \text{ mm}^3$$

由 $W_z = \dfrac{\pi d^3}{32}$ 得
$$d \geqslant \sqrt[3]{\frac{32W_z}{\pi}} = 45.6 \text{ mm}$$

因此取
$$d = 46 \text{ mm}$$

例 10-6 锥齿轮传动轴如图 10-11(a)所示，其中 A 为径向轴承，B 为径向止推轴承。已知作用在左锥齿轮上的轴向力 $F_x = 16.5$ kN，径向力 $F_y = 0.414$ kN，切向力 $F_z = 4.55$ kN，作用在右端直齿轮上的径向力 $F'_y = 5.25$ kN，切向力 $F'_z = 14.49$ kN，若轴的直径 $d = 40$ mm，

$[\sigma] = 300$ MPa,试按第四理论校核该轴的强度。

解:(1) 外力分析

将外力向轴线 C、D 处简化,其简化结果如图 10-11(b)所示,其中

$$M_0 = F_z \times \frac{172}{2} = F'_z \times \frac{54}{2} = 4.55 \text{ kN} \times \frac{172 \text{ mm}}{2} = 391 \text{ kN} \cdot \text{mm}$$

$$M_{cy} = F_x \times \frac{172}{2} = 16.5 \text{ kN} \times \frac{172 \text{ mm}}{2} = 1\,420 \text{ kN} \cdot \text{mm}$$

由轴的受力情况可知,次轴为拉伸、弯曲和扭转的组合变形。

图 10-11

(2) 内力分析

C、D 处的一对力偶 M_0 使轴产生扭转,其扭矩图如图 10-11(g)所示。

由 F_y、M_{cx}、F_y' 画出铅锤面内的弯矩图[见图 10-11(d)],由 F_z、F_z' 画出水平面内的弯矩图[见图 10-11(e)],将铅锤面内和水平面内的弯矩图合成,画合成弯矩图[见图 10-11(f)]。且

$$M_{A合} = \sqrt{M_{Ay}^2 + M_{Az}^2} = \sqrt{1436^2 + 182^2}\ \text{kN}\cdot\text{mm} = 1447\ \text{kN}\cdot\text{mm}$$

$$M_{B合} = \sqrt{M_{By}^2 + M_{Bz}^2} = \sqrt{444^2 + 1217^2}\ \text{kN}\cdot\text{mm} = 1296\ \text{kN}\cdot\text{mm}$$

轴向力 F_x 和轴承 B 的轴向反力使轴拉伸,其轴力图如图 10-11(c)所示。

由内力图可知 A 截面为危险截面。A 截面上的最大正应力为

$$\sigma = \sigma_\text{N} + \sigma_\text{M} = \frac{F_\text{N}}{A} + \frac{M_{\max}}{W_z} = \frac{16.5 \times 10^3\ \text{N}}{\dfrac{\pi \times 40^2\ \text{mm}^2}{4}} + \frac{1447 \times 10^3\ \text{N}\cdot\text{mm}}{\dfrac{\pi \times 40^3\ \text{mm}}{32}} = 243\ \text{MPa}$$

A 截面上的最大切应力为

$$\tau = \frac{M_\text{T}}{W_\text{T}} = \frac{391 \times 10^3\ \text{N}\cdot\text{mm}}{\dfrac{\pi \times 40^3\ \text{mm}^3}{16}} = 31.1\ \text{MPa}$$

(3) 强度计算

按第四强度理论校核,得

$$\sigma_{\text{eq}4} = \sqrt{\sigma^2 + 3\tau^2} = \sqrt{243^2 + 3 \times 31.1^2}\ \text{MPa} = 249\ \text{MPa} < [\sigma]$$

该轴的强度足够。

思 考 题

1. 何谓组合变形?当构件处于组合变形时,其应力分析的理论依据是什么?

2. 分析图 10-12(a)、(b)中杆 AB、BC 和 CD 分别是哪几种基本变形的组合?

图 10-12

3. 分析图 10-13 所示槽钢受力 F 作用于 A 点时,其危险截面和危险点在何处?

4. 截面杆如图 10-14 所示,试写出固定端截面上 A 点和 B 点处的应力表达式;确定出危

险点的位置并画出它的应力状态。

图 10-13

图 10-14

5. 弯扭组合变形时，为什么要用强度理论进行强度计算？可否用 $\sigma_{\max} = \dfrac{\sqrt{M_y^2 + M_z^2}}{W_z} \leqslant [\sigma]$，$\tau_{\max} = \dfrac{M_\mathrm{T}}{W_\mathrm{T}} \leqslant [\tau]$ 分别校核？

6. 比较拉(压)扭组合与弯扭组合变形时，构件的内力、应力和强度条件有何异同？

7. 截面悬臂梁如图 10-15 所示，若梁同时受到轴向拉力 F、横向力 q 和转矩 M_0 作用，试指出：

图 10-15

(1) 危险截面、危险点的位置；(2) 危险点的应力状态；(3) 下面两个强度条件哪一个正确？

$$\dfrac{F}{A} + \sqrt{\left(\dfrac{M}{W_z}\right)^2 + 4\left(\dfrac{M_0}{W_\mathrm{T}}\right)^2} \leqslant [\sigma], \qquad \sqrt{\left(\dfrac{F}{A} + \dfrac{M}{W_z}\right)^2 + 4\left(\dfrac{M_0}{W_\mathrm{T}}\right)^2} \leqslant [\sigma]$$

习 题

10-1 题 10-1 图示吊架的横梁 AC 是由 16 号工字钢制成，已知力 $F = 10$ kN，若材料的许用应力 $[\sigma] = 160$ MPa。试校核横梁 AC 的强度。

答：$\sigma_{\max} = 126$ MPa $< [\sigma]$。

10-2 题 10-2 图示构件为中间开有切槽的短柱，未开槽部分的横截面是边长为 $2a$ 的正方形，开槽部分的横截面为图中有阴影线的 $a \times 2a$ 矩形。若沿未开槽部分的中心线作用轴向压力，试确定开槽部分横截面上的最大正应力与未开槽时的比值。

题 10-1 图

答:$\sigma_2/\sigma_1 = 8$。

10-3 压力机框架如题10-3图所示,材料为铸铁,许用拉应力$[\sigma]_T = 30$ MPa,许用压应力$[\sigma]_C = 80$ MPa,已知力$F = 12$ kN。试校核该框架的强度。

答:$\sigma_{T,max} = 26.8$ MPa,$\sigma_{C,max} = 32$ MPa。

题10-2图   题10-3图

10-4 链环直径$d = 50$ mm,受到拉力$F = 10$ kN作用,如题10-4图所示。试求链环的最大正应力及其位置。如果链环的缺口焊好后,则链环的正应力将是原来最大正应力的几分之几?

答:$\sigma_{max} = 54$ MPa,$\sigma = 2.55$ MPa,$\sigma/\sigma_{max} = 4.72\%$。

10-5 题10-5图示一梁AB,其跨度为6 m,梁上铰接一桁架,力$F = 10$ kN平行于梁轴线且作用于桁架E点,若梁横截面为100 mm×200 mm,试求梁中最大拉应力。

答:$\sigma_{max} = 10.5$ MPa。

题10-4图   题10-5图

10-6 矩形截面梁如题10-6图所示,已知$F = 10$ kN,$\varphi = 15°$,求最大正应力。

答:$\sigma_{max} = 9.83$ MPa。

10-7 在题10-7图示的轴AB上装有两个轮子,作用在轮子上的力有$F = 3$ kN和G,设此两力系处于平衡状态,轴的许用应力$[\sigma] = 60$ MPa,试按最大切应力强度理论选择轴的直径d。

答:$d = 111$ mm。

10-8 题10-8图示为一传动轴,直径为$d = 6$ cm,$[\sigma] = 140$ MPa,传动轮直径$D =$

题 10-6 图

题 10-7 图

80 cm,重量为 2 kN,设传动轮拉力均为水平方向,其值分别为 8 kN 和 2 kN。试按最大切应力理论校核该轴的强度,并画出危险点的应力状态。

答：$\sigma_{eq3}=134$ MPa$<[\sigma]$。

10-9 题 10-9 图示的轴 AB 由电动机带动,在斜齿轮的齿面上,作用径向力 $F_r=740$ N,切向力 $F_t=1.9$ kN 和平行于轴线的外力 $F_x=660$ N。若许用应力$[\sigma]=160$ MPa。试按最大歪形能理论校核该轴的强度。

答：$\sigma_{eq4}=119.5$ MPa$<[\sigma]$。

题 10-8 图　　　　　　题 10-9 图

10-10 图示传动轴 AD,已知 C 轮上的传动带拉力方向都是铅直的,D 轮上的传动带拉力方向都是水平的,轴的许用应力$[\sigma]=160$ MPa,不计自重,试按第四强度理论选择实心圆轴的直径 d。

答：$d\geqslant 65.4$ mm。

10-11 折杆 $OABC$ 如题 10-11 图所示,已知 $F=20$ kN,其方向与折杆平面垂直,杆 OA 的直径 $d=125$ mm,许用应力$[\sigma]=80$ MPa,试按第三强度理论校核圆轴 OA 的强度。

答:$\sigma_{eq3}=50.5$ MPa$<[\sigma]$。

题 10-10 图

题 10-11 图

***10-12** 圆截面的水平折杆受力如题 10-12 图所示。已知直径 $d=40$ mm,$a=500$ mm。当在自由端加荷载 F 时,测得危险点处的主应变 $\varepsilon_1=237\times10^{-6}$,$\varepsilon_3=-67.3\times10^{-6}$。已知材料的弹性模量 $E=209\times10^9$ Pa,泊松比 $\mu=0.26$。

(1) 计算危险点处的主应力及相当应力 σ_{eq3},σ_{eq4};

(2) 计算主应变 ε_2;

(3) 计算外力 F 的值。

题 10-12 图

答:(1) $\sigma_1=49.2$ MPa,$\sigma_2=0$,$\sigma_3=-1.3$ MPa,$\sigma_{eq3}=50.5$ MPa,$\sigma_{eq4}=49.9$ MPa;

(2) $\varepsilon_2=-59.6\times10^{-6}$;

(3) $F=200$ N。

第11章 压杆稳定

本章主要介绍压杆稳定、临界力、临界应力的概念及其计算公式。详细介绍柔度的概念及欧拉公式及其适用范围。着重介绍压杆的稳定性计算。最后分析提高压杆稳定的主要措施。

11.1 压杆稳定的概念

11.1.1 问题的提出

前面讨论的受压杆件,是从强度方面考虑的,根据压缩强度条件来保证压杆的正常工作。事实上,这仅仅对于短粗的压杆才是正确的,而对于细长的压杆,就不能单纯从强度方面考虑了。例如,有一根 $3 \times 0.5 \text{ cm}^2$ 的矩形截面木杆,其压缩强度极限是 $\sigma_b = 40 \text{ MPa}$,承受轴向压力,如图 11-1 所示。根据实验可知,当杆很短时(高为 3 cm 左右),将它压坏所需的力 F_1 为

$$F_1 = \sigma_b A = 40 \times 10^6 \text{ Pa} \times 3 \times 0.5 \times 10^{-4} \text{ m}^2 = 6 \times 10^3 \text{ N}$$

但若杆长达到 100 cm 时,则只要用 $F_2 = 27.8 \text{ N}$ 的力(后面用公式进行计算),就会使杆突然产生显著的弯曲变形而丧失其工作能力。在此例中,F_2 与 F_1 的数值相差很远。这也说明,细长压杆的承载能力并不取决于其轴向压缩时的抗压强度,而是与它受压时突然变弯有关。细长杆受压时,其轴线不能维持原有直线形状的平衡状态而突然变弯这一现象,称为丧失稳定,简称**失稳**。由此可见,两根材料和横截面都相同的压杆,只是由于杆长不同,其破坏性质将发生质的改变。对于短粗压杆,只须考虑其强度问题;对于细长压杆,则应考虑其原有直线形状平衡状态的稳定性问题。

图 11-1

11.1.2 平衡的稳定性

为了对平衡稳定性的概念有个清楚的了解,现在来看两个例子。

例一 考察一个放在光滑面上的小球,如图 11-2(a)、(b)和(c)所示。在平衡位置 O 处,小球都能在重力 W 和约束反力 F_R 作用下处于平衡状态,但若小球受到轻微的扰动而稍微偏离其平衡位置时,则作用在小球上的力不一定平衡,这时将出现不同的情况。在图 11-2(a) 中,重力 W 和反力 F_R 成为一个**恢复力**,能使小球回到平衡位置 O 处。这时,小球原来在 O 处的平衡称为**稳定平衡**。在图 11-2(c)中,情况正好相反,重力 W 和反力 F_R 合成为一个倾复力,使小球继续偏离。这时,小球原来在 O 处的平衡称为**不稳定平衡**。图 11-2(b)表示上述两种情况的分界线。当小球偏离原有平衡位置时,它将再次处于平衡状态,既没有恢复的趋势,也没有偏离的趋势。这时,小球原来在 O 处的平衡称为**随遇平衡**。这个例子说明,要判别小球原来在 O 处的平衡状态稳定与否,必须使小球从原有平衡位置稍有偏离,然后再考虑它是否有恢复的趋势或继续偏离的趋势,以区分小球原来处于稳定平衡还是处于不稳定平衡。这种分析方法,是研究平衡稳定性的必要途径。

图 11-2

例二 考察一受载荷 F 作用的无重刚性杆件 AB,杆长为 L,如图 11-3(a)所示。杆下端 B 处为固定铰支座,杆可以绕 B 点转动,在杆上端 A 处装有两个弹簧常数为 C 的弹簧,以维持杆 AB 的铅锤位置。

为了研究受 F 力作用的 AB 杆在铅锤位置平衡的稳定性,同上例一样,使杆上端有一个微小的侧向偏移 δ,并画出杆的受力图如图 11-3(b)所示。这时,左边弹簧受拉而右边弹簧受压,两个弹簧施加给杆的力为 $2C\delta$,这种弹性力对 B 点的力矩为恢复力矩,其值为 $2C\delta L$;而力 F 对 B 点力矩为倾复力矩,其值为 $F\delta$。这样,对于微小偏移 δ,AB 杆在铅锤位置的稳定性将取决于上述两个力矩值的大小,即

$$F\delta < 2C\delta L \text{ 或 } F < 2CL \quad (稳定), \quad F\delta > 2C\delta L \text{ 或 } F > 2CL \quad (不稳定)$$

由上两式稳定性与不稳定性可见,在 C 和 L 为定值的情况下,杆在铅锤位置的稳定与否,取决于载荷 F 的数值。对于较小的 F 值,弹簧可维持杆的稳定;对于较大的 F 值,杆的平衡是不稳定的。稳定和不稳定的分界线发生在 $F=2CL$ 时,这个值称为**临界力或临界载荷**。

由上例可见,要研究杆件在载荷 F 作用下平衡的稳定性,也必须使杆件从原有平衡位置稍有偏离,再考虑它的运动趋势。同时,杆件平衡的稳定与否,与所受载荷 F 有关。

图 11 - 3

11.1.3 压杆的弹性稳定问题

上面研究了刚性小球和刚性杆的稳定问题,现在回到弹性杆的稳定问题上来。取一根下端固定、上端自由的细长杆,在其上端沿杆轴方向施加压力 F,杆受轴向压缩而处于直线平衡状态[见图 11 - 4(a)]。为了考察这种平衡状态是否稳定,可暂加一微小的横向干扰力,使杆原来的直线平衡形状受到扰动而产生微弯[见图 11 - 4(b)]。然后解除干扰力,这时可以观察到,当压力 F 不大且小于某一临界值时,杆将恢复原来的直线形状[见图 11 - 4(c)],这表明杆在原有直线形状下的平衡是**稳定平衡**。但当压力 F 大到某一临界值时,杆将不再恢复原来的直线形状,而处于曲线形状的平衡状态[见图 11 - 4(d)]。此时,如 F 再微小增加,杆的弯曲变形将显著增大而最后趋向破坏,这表明,杆在原有直线形状下的平衡是**不稳定平衡**。

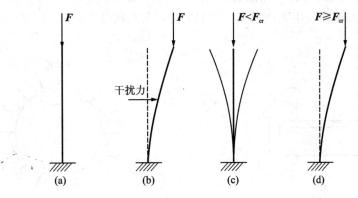

图 11 - 4

上面所观察到的现象,与前述装有弹簧的刚性杆的平衡问题相似,细长压杆原有直线状态是否稳定,与承受压力 F 的大小有关。当压力 F 增大到临界值 F_{cr} 时,弹性压杆将从稳定平衡过渡到不稳定平衡。压力的临界值 F_{cr} 称为压杆的临界力,或称**临界载荷**,它是压杆原有直线形状从稳定平衡过渡到不稳定平衡的分界点。

压杆,一般又称为柱。压杆在纵向力作用下的弯曲,也称为纵弯曲,压杆失稳的现象,有时也称为柱的屈曲。

在工程中,有很多较长的压杆常考虑其稳定性。例如,千斤顶的丝杠(见图 11-5)、托架中的压杆(见图 11-6)等。由于失稳破坏是突然发生的,往往会给机械和工程结构带来很大的危害,历史上就存在着不少由于失稳而引起的严重事故事例。因此,在设计细长压杆时,进行稳定计算是非常必要的。

图 11-5　　　　　　　　图 11-6

失稳现象并不限于压杆,其他如截面窄而高的梁受弯曲(见图 11-7),薄壁容器受外压作用(见图 11-8)等,都可能发生失稳现象。它们失稳后的形状分别如图 11-7 和图 11-8 中的虚线所示。

图 11-7　　　　　　　　图 11-8

本章只讨论压杆的稳定问题。在下面各节中,首先介绍细长压杆的临界力公式及其适用范围,然后讨论临界应力,以及压杆稳定的计算等内容。

11.2 细长压杆的临界力

11.2.1 两端铰支压杆的临界力

由上节可知,要判定细长压杆是否稳定,首先必须求出其临界力 F_{cr}。实验指出,压杆的临界力与压杆两端的支撑情况有关。我们先研究两端铰支情况下细长压杆的临界力。

现有一个长度为 l、两端铰支的压杆 AB,如图 11-9(a)所示。由于临界力是使压杆开始失去稳定时的压力,也就是使压杆保持微弯状态下处于平衡的压力,因此,可从研究压杆在 F 力作用下处于微弯状态的挠曲线入手。在图 11-9(a)所示的坐标系中,令距杆端为 x 处截面的挠度为 y,则可由图 11-9(b)可知,该截面的弯矩为

$$M(x) = -Fy \tag{11-1}$$

图 11-9

式(11-1)中,F 是个可以不考虑正负号的数值,而在所选定的坐标系中,当 y 为正值时 $M(x)$ 为负值;反之,当 y 为负值时 $M(x)$ 为正值。为了使等式两边的符号一致,所以在式(11-1)的右端加上了负号。这时,可列出挠曲线近似微分方程为

$$EI\frac{d^2 y}{dx^2} = M(x) = -Fy \tag{11-2}$$

在式(11-2)中,令

$$k^2 = \frac{F}{EI} \tag{11-3}$$

则式(11-2)经过移项后可写为

$$\frac{d^2 y}{dx^2} + k^2 y = 0 \tag{11-4}$$

因此,这一微分方程的通解是

$$y = C_1 \sin kx + C_2 \cos kx \tag{11-5}$$

式(11-5)中,C_1 和 C_2 是两个待定的积分常数。另外,从式(11-5)可见,因为 F 还不知道,所以 k 也是一个待定值。杆端的约束情况提供了两个边界条件,即

在 $x=0$ 处,$y=0$; 在 $x=l$ 处,$y=0$

将第一个边界条件代入式(11-5)可得 $C_2=0$。将第二个边界条件代入式(11-5)可得 $C_1 \sin kl=0$,即

$$C_1 = 0 \quad \text{或} \quad \sin kl = 0$$

若取 $C_1=0$,则由式(11-5)可知,$y=0$,即压杆轴线上各点处的挠度都等于零,表明杆没有弯曲。这与杆在微弯状态下保持平衡的前提相矛盾。因此,只能取 $\sin kl=0$,满足这一条件的 kl 值为

$$kl = n\pi \quad (n = 0, 1, 2, \cdots)$$

由此得到

$$k = \sqrt{\frac{F}{EI}} = \frac{n\pi}{l}, \quad \text{或} \quad F = \frac{n^2 \pi^2 EI}{l^2} \tag{11-6}$$

式(11-6)表明,无论 n 取何值,都有对应的 F 力,但实际使用时 F 应取最小值,以求得在压杆失稳时的最小轴向压力。所以应取 $n=1$(若取 $n=0$,则 $F=0$,与讨论的情况不符),相应的临界力为

$$F_{\text{cr}} = \frac{\pi^2 EI}{l^2} \tag{11-7}$$

式中:E 为压杆材料的弹性模量;I 为压杆横截面对中性轴的惯性矩;l 为压杆的长度。

上式称为两端铰支细长压杆临界力的欧拉公式。

从式(11-7)可以看出,临界力 F_{cr} 与杆的抗弯刚度 EI 成正比,与杆长 l 成反比。这就是说,杆愈细长,其临界力愈小,即愈易失去稳定。

应该注意:在杆件两端为球形铰链支撑的情况下,可认为杆端方向的支撑情况相同。这时,为了求出使压杆失稳的最小轴向压力,在式(11-7)中的惯性矩 I 应取最小值 $I_{\min}$。因为压杆失稳时,总是在抗弯能力最小的纵向平面(最小刚度平面)内弯曲失稳的。例如,图 11-10 所示的矩形截面压杆,若截面积尺寸 $b<h$,则 $I_y<I_z$,这时压杆将在与 z 轴垂直的 $x-y$ 平面内弯曲失稳,因而在求临界力的公式(11-7)中,应取 $I_{\min}=I_y$。

图 11-10

图 11-11

在上面的讨论中,都是把实际压杆抽象化为"轴向受压直杆",在这一理想模型的基础上进行研究的。实际上,由于压杆轴线不可避免地存在着初曲率,外力作用线不可能毫无偏差地与杆轴线重合,以及压杆材料的不均匀性等各种因素的影响,在较小的载荷作用下压杆就开始挠曲了。即只是当压力 F 值低于 F_{cr} 时,弯曲增大比较缓慢;当压力 F 接近 F_{cr} 时,弯曲增长很快,如图 11-11 中的 OD 曲线所示。如果压杆愈接近理想模型的情况,则实际曲线 OD 与理论曲线 OAB 将愈为靠近。

11.2.2 其他支撑情况压杆的临界力

上述确定压杆临界力的公式,是在两端铰支情况下推导出来的。当压杆端部支撑情况不同时,利用相似的推导方法,也可求得相应的临界力公式。结果如下:

(1) 一端固定、一端自由的压杆[见图 11-12(a)]

$$F_{cr} = \frac{\pi^2 EI}{(2l)^2} \qquad (11-8)$$

(2) 两端固定的压杆[见图 11-12(b)]

$$F_{cr} = \frac{\pi^2 EI}{(l/2)^2} \qquad (11-9)$$

(3) 一端固定、一端铰支的压杆[见图 11-12(c)]

$$F_{cr} \approx \frac{\pi^2 EI}{(0.7l)^2} \qquad (11-10)$$

综合起来,可以得到欧拉公式的一般形式为

$$F_{cr} = \frac{\pi^2 EI}{(\mu l)^2} \qquad (11-11)$$

式中,μ 称为**长度系数**,μl 称为**相当长度**。长度系数 μ 值,决定于杆端的支撑情况;对于两端铰支以及以上 4 种情况分别为:

两端铰支:$\mu=1$;   一端固定、一端自由:$\mu=2$;
两端固定:$\mu=0.5$; 一端固定、一端铰支:$\mu=0.7$。

由此可见,若杆端约束愈强,则 μ 值愈小,相应的压杆临界力愈高;反之,若杆端约束愈弱,则 μ 值愈大,压杆临界力愈低。

事实上,压杆的临界力与其挠曲线形状是有联系的,对于后 3 种支撑情况的压杆,如果将它们的挠曲线形状与两端铰支压杆的挠曲线形状加以比较,就可以直接定出它们的临界力。从图 11-12 中的挠曲线形状可以看出:长为 l 的一端固定、一端自由的压杆,与长为 $2l$ 的两端铰支压杆相当;长为 l 且两端固定的压杆(其挠曲线上有 A,B 两个拐点,该处弯矩为零),与长为 $l/2$ 的两端铰支压杆相当;长为 l 的一端固定、一端铰支的压杆,约与长为 $0.7l$ 的两端铰支压杆相当。

应该指出,上面所讨论的杆端约束,都是经过简化后典型的理想约束情况。在工程实际中,杆端部的约束情况往往是复杂的,有时很难简单地将其归结为哪一种理想约束。这时,就应该根据实际情况进行简化。下面通过几个实例加以说明。

1. 柱形铰约束

如图 11-13 所示的连杆，两端为柱形铰约束。在图 11-13(a)所示的平面内，这种约束相当于铰支端。在图 11-13(b)所示的平面内，这种约束接近于固定端；如果接头处的刚性较好，使杆端不能转动，就可简化为固定端。

图 11-12　　　　　　　　　　　　图 11-13

2. 焊接或铆接

对于杆端支撑处是焊接或铆接的压杆，例如图 11-14 所示的桁架中的压杆，工程上一般将它们简化为铰支端。因为杆件受力后，在其连接处仍能产生微小转动，故不能简化为固定端。

3. 螺母和丝杠连接

图 11-15 所示为螺母与丝杠连接。设支撑套（螺母）长度为 l_0，支撑套直径（螺母的螺纹平均直径）为 d_0，在机床设计中规定：若 $l_0/d_0 < 1.5$ 时，可简化为铰支端；若 $l_0/d_0 > 3$ 时，可简化为固定端；若 $1.5 < l_0/d_0 < 3$ 时，则视固定情况而定。在一端固定、另一端不完全固定的情况下，可取长度系数 μ 为 0.60；在两端不完全固定的情况下，可取 $\mu = 0.75$。

总之，在工程中理想的固定端和铰支端并不多见，实际杆端的约束情况，往往介于固定端和铰支端之间。在实际问题中，常将具有较低固定程度的杆端约束简化为铰支端，这样处理，既可使计算简单，又偏于安全。在各种实际的杆端约束情况下，压杆的长度系数 μ 值，一般都可以从有关的设计手册中或规范中查到。

图 11-14

图 11-15

11.3 临界应力及临界应力总图

11.3.1 临界应力和柔度

在临界力作用下压杆横截面上的应力,可用临界力 F_{cr} 除以压杆横截面积 A 而得到,称为压杆的临界应力,以 σ_{cr} 表示,即

$$\sigma_{cr} = \frac{F_{cr}}{A} \tag{11-12}$$

将式(11-11)带入上式得

$$\sigma_{cr} = \frac{\pi^2 EI}{(\mu l)^2 A} \tag{11-13}$$

上式中的 I 与 A 都是与截面有关的几何量,可用压杆截面的惯性半径 i 来表示。由公式(2-10)得

$$i = \sqrt{\frac{I}{A}}$$

于是式(11-13)可以写成

$$\sigma_{cr} = \frac{\pi^2 E i^2}{(\mu l)^2} = \frac{\pi^2 E}{\left(\frac{\mu l}{i}\right)^2}$$

令

$$\lambda = \frac{\mu l}{i} \tag{11-14}$$

可得压杆临界应力公式为

$$\sigma_{cr} = \frac{\pi^2 E}{\lambda^2} \tag{11-15}$$

式中,λ 表示压杆的相当长度 μl 与其惯性半径 i 的比值,称为压杆的**柔度或细长比**。它反映了杆端约束情况、压杆长度、截面形状和尺寸对临界应力的综合影响。例如,对于直径 d 的圆形截面半径,其惯性半径为

$$i = \sqrt{\frac{I}{A}} = \sqrt{\frac{\pi d^4/64}{\pi d^2/4}} = \frac{d}{4}$$

则柔度

$$\lambda = \frac{\mu l}{i} = \frac{4\mu l}{d} \tag{11-16}$$

由公式(11-15)及式(11-16)可以看出,如压杆愈细长,则其柔度 λ 愈大。压杆的临界应力愈小,这说明压杆愈容易失去稳定。反之,若为短粗压杆,则其柔度 λ 较小,而临界应力较大,压杆就不容易失稳。所以,柔度 λ 是压杆稳定计算中的一个重要参数。

11.3.2 欧拉公式的适用范围

欧拉公式是根据压杆的挠曲线近似微分方程推导出来的,而这个微分方程只有在材料服从胡克定律的条件下才成立。因此,只有当压杆的临界应力 σ_{cr} 不超过材料的比例极限 σ_p 时,欧拉公式才能适用。具体来说,欧拉公式的适用条件是

$$\sigma_{cr} = \frac{\pi^2 E}{\lambda^2} \leqslant \sigma_p \tag{11-17}$$

由式(11-17)可求得对应于比例极限 σ_p 的柔度值 λ_p 为

$$\lambda_p = \pi \sqrt{\frac{E}{\sigma_p}} \tag{11-18}$$

于是,欧拉公式的适用范围可用压杆的柔度 λ_p 来表示,即要求压杆的实际柔度 λ 不能小于对应于比例极限时的柔度值 λ_p,即

$$\lambda \geqslant \lambda_p$$

只有这样,才能满足式(11-17)中的 $\sigma_{cr} \leqslant \sigma_p$ 的要求。

能满足上述条件的压杆,称为**大柔度杆或细长杆**。对于常用的 Q235 钢制成的压杆,弹性模量 $E=200$ GPa,比例极限 $\sigma_p=200$ MPa,代入式(11-18)可得

$$\lambda_p = \pi \sqrt{\frac{E}{\sigma_p}} = 3.14 \sqrt{\frac{200 \times 10^9 \text{ Pa}}{200 \times 10^6 \text{ Pa}}} \approx 100$$

也就是说,以 Q235 钢制成的压杆,其柔度 $\lambda \geqslant \lambda_p = 100$ 时,才能用欧拉公式来计算临界应力。对于其他材料也可求得相应的 λ_p 值。

由临界应力公式(11-15)可知,压杆的临界应力随其柔度而变化,两者的关系可用一曲线来表示。如取临界应力 σ_{cr} 为纵坐标,柔度 λ 为横坐标,按公式(11-15)可画出如图 11-16 所示的曲线 AB,该曲线称为欧拉双曲线。在图上也可以表明欧拉公式的适用范围,即曲线上的实线部分 BC 才是适用的;而虚线部分 AC 是不适用的,因为对应于该部分的应力已超过了比

例极限 σ_p。图上，σ_p 对应于 C 点的柔度值为 λ_p。有关图中的 CD 和 DE 段，将在下面说明。

11.3.3 中、小柔度杆的临界应力

在工程实际中，也经常遇到柔度小于 λ_p 的压杆，这类压杆的临界应力已不能再用公式 (11-15) 来计算。目前多采用建立在实验基础上的经验公式，如直线公式和抛物线公式等。下面先介绍简便、常用的直线公式，即

$$\sigma_{cr} = a - b\lambda \qquad (11-19)$$

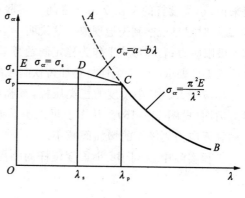

图 11-16

此式在图 11-16 中以倾斜直线 CD 表示。式中，a 及 b 是与材料性质有关的常数，其单位都是 MPa。某些材料的 a、b 值，可以从表 11-1 中查得。

表 11-1 直线公式的系数 a、b 及柔度值 λ_p、λ_s

材　料	a/MPa	b/MPa	λ_p	λ_s
Q235 钢	304	1.12	100	62
35 钢	461	2.568	100	60
45、55 钢	578	3.744	100	60
铸　铁	332.2	1.454	80	—
松　木	28.7	0.19	110	40

上述经验公式也有一个适用范围。对于塑性材料的压杆，还要求其临界应力不超过材料的屈服极限 σ_S，若以 λ_S 代表对应于 σ_S 的柔度值，则要求

$$\sigma_{cr} = a - b\lambda \leqslant \sigma_S$$

或

$$\lambda_S \geqslant \frac{a - \sigma_S}{b}$$

由上式即可求得对应于屈服极限 σ_S 的柔度值 λ_S 为

$$\lambda_S = \frac{a - \sigma_S}{b} \qquad (11-20)$$

当压杆的实际柔度 $\lambda \geqslant \lambda_S$ 时，直线公式才适用。对于 Q235 钢，$\sigma_S = 235$ MPa，$a = 304$ MPa，$b = 1.12$ MPa，可求得

$$\lambda_S = \frac{304 \text{ MPa} - 235 \text{ MPa}}{1.12 \text{ MPa}} \approx 62$$

柔度在 λ_S 和 λ_p 之间（即 $\lambda_S \leqslant \lambda \leqslant \lambda_p$）的压杆，称为**中柔度杆或中长杆**。实验指出，这种压杆的破坏性质接近于大柔度杆，也有较明显的失稳现象。

柔度较小（$\lambda \leqslant \lambda_S$）的杆，称为**小柔度杆或粗短杆**。对绝大多数碳素结构钢和优质碳素结构

钢来说,小柔度杆的 λ 在 0～60 之间。实验证明,这种压杆当应力达到屈服极限 σ_S 时才被破坏,破坏时很难观察到失稳现象。这说明小柔度杆是由强度不足而被破坏的,应该以屈服极限 σ_S 作为极限应力;若在形式上作为稳定问题考虑,则可认为临界应力 $\sigma_{cr}=\sigma_S$,在图 11-16 上以水平直线段 DE 表示。对于脆性材料如铸铁制成的压杆,则应取强度极限 σ_b 作为临界应力。

相应于大、中、小柔度的三类压杆,其临界应力与柔度关系的三部分曲线或直线,组成了临界应力图(见图 11-16)。从图上可以明显地看出,小柔度杆的临界应力与 λ 无关,而大、中柔度杆的临界应力则随 λ 的增加而减小。

工程实际中,对于中、小柔度压杆的临界应力,也有建议采用抛物线经验公式计算的,此公式为

$$\sigma_{cr} = a - b\lambda^2 \tag{11-21}$$

式中,a、b 为材料性质有关的常数。例如,在我国钢结构设计规范(TJ17-74)中,就采用了上述的抛物线公式。这时应该注意,式(11-21)中的 a、b 值与式(11-18)中的 a、b 值是不同的。本书主要采用直线公式。

图 11-17

例 11-1 图 11-17 所示为一两端铰支的压杆,材料为 Q235 钢,截面为一薄壁圆环。如材料的弹性模量 $E=206$ GPa,$l=3$ m,平均半径 $r_0=4$ cm,试计算其临界应力。

解: 对薄壁圆环而言,其面积 $A \approx 2\pi r_0 t$,惯性矩 $I = \pi r_0^3 t$,所以,其惯性半径为

$$i = \sqrt{\frac{\pi r_0^3 t}{2\pi r_0 t}} = \frac{r_0}{\sqrt{2}} = \frac{4 \text{ cm}}{\sqrt{2}} = 2.83 \text{ cm}$$

相应的柔度值为 $\lambda = \dfrac{\mu l}{i} = \dfrac{1 \times 3 \times 10^2 \text{ cm}}{2.83 \text{ cm}} = 106 > \lambda_p = 100$

为大柔度杆,用欧拉公式求解

$$\sigma_{cr} = \frac{\pi^2 E}{\lambda^2} = \frac{3.14^2 \times 206 \times 10^3}{106^2} \text{ MPa} = 108.77 \text{ MPa}$$

例 11-2 一个 12 cm×20 cm 的矩形截面木柱,长度 $l=7$ m,支撑情况是:在最大刚度平面内弯曲时为两端铰支[见图 11-18(a)],在最小刚度平面内弯曲时为两端固定[见图 11-18(b)]。木材的弹性模量 $E=10$ GPa,$\lambda_p=110$ 试求木柱的临界力和临界应力。

解: 由于木柱在最小和最大刚度平面内的支撑情况不同,所以,须分别计算其临界力和临界应力。

(1) 计算最大刚度平面内的临界力和临界应力 考虑木柱最大刚度平面内失稳时,如图 11-18(a)所示,截面对 y 轴的惯性矩和惯性半径分别为

$$I_y = \frac{12 \times 20^3}{12} \text{ cm}^4 = 8\,000 \text{ cm}^4$$

$$i_y = \sqrt{\frac{I_y}{A}} = \sqrt{\frac{8\,000 \text{ cm}^4}{12 \text{ cm} \times 20 \text{ cm}}} = 5.77 \text{ cm}$$

对两端铰支情形,长度系数 $\mu=1$,由公式(11-14)可算出其柔度为

$$\lambda_y = \frac{\mu l}{i_y} = \frac{1 \times 700 \text{ cm}}{5.77 \text{ cm}} = 121 > \lambda_p = 110$$

因柔度大于 λ_p,应该用欧拉公式计算临界力。由公式(11-11)得

$$F_{cr} = \frac{\pi^2 EI_y}{(\mu l)^2} = \frac{\pi^2 \times 10 \times 10^9 \text{ Pa} \times 8\,000 \times 10^{-8} \text{ m}^4}{(1 \times 7)^2 \text{ m}^2} =$$
$$161 \times 10^3 \text{ N} = 161 \text{ kN}$$

图 11-18

再由公式(11-15)计算临界应力,得

$$\sigma_{cr} = \frac{\pi^2 E}{\lambda_y^2} = \frac{\pi^2 \times 10 \times 10^3 \text{ MPa}}{(121)^2} = 6.73 \text{ MPa}$$

(2) 计算最小刚度平面内的临界力和临界应力 如图 11-18(b)所示,截面对 z 轴的惯性矩和惯性半径分别为

$$I_z = \frac{20 \times 12^3}{12} \text{ cm}^4 = 2\,880 \text{ cm}^4$$

$$i_z = \sqrt{\frac{I_z}{A}} = \sqrt{\frac{2\,880 \text{ cm}^4}{12 \text{ cm} \times 20 \text{ cm}}} = 3.46 \text{ cm}$$

对于两端固定情形,长度系数 $\mu=0.5$,由公式(11-14)可算出其柔度为

$$\lambda_z = \frac{\mu l}{i_z} = \frac{0.5 \times 700 \text{ cm}}{3.46 \text{ cm}} = 101 < \lambda_p = 110$$

在此平面内弯曲时,柱的柔度值小于 λ_p,应采用经验公式计算临界应力。查表 11-1 得,对于木材(松木),$a=28.7$ MPa,$b=0.19$ MPa,利用直线公式(11-19),得

$$\sigma_{cr} = a - b\lambda = 28.7 \text{ MPa} - 0.19 \text{ MPa} \times 101 = 9.5 \text{ MPa}$$

其临界力为

$$F_{cr} = \sigma_{cr} A = 9.5 \times 10^6 \text{ Pa} \times (0.12 \times 0.2) \text{m} = 228 \times 10^3 \text{ N} = 228 \text{ kN}$$

比较上述计算结果可知,第一种情形的临界力和临界应力都较小,所以木柱失稳时将在最大刚度平面内产生弯曲。此例说明,当在最小和最大刚度平面内的支撑情况不同时,木柱不一定在最小刚度平面内失稳,必须经过具体计算之后才能确定。

11.4 压杆的稳定计算

由前几节的讨论可知,压杆在使用过程中存在着失稳破坏,而失稳破坏时的临界应力往往

低于强度计算中的许用应力$[\sigma]$。因此为保证压杆能安全可靠地使用,必须对压杆建立相应的稳定条件,进行稳定性计算。下面对此问题进行讨论和研究。

11.4.1 安全系数法

显然,要使压杆不丧失稳定,就必须使压杆的轴向压力或工作应力小于其极限值,再考虑到压杆应具有适当的安全储备,因此,压杆的稳定条件为

$$F \leqslant \frac{F_{cr}}{[n_{st}]} \text{ 或 } \sigma \leqslant \frac{\sigma_{cr}}{[n_{st}]}$$

式中:$[n_{st}]$为规定的稳定安全系数。若令$n_{st} = \frac{F_{cr}}{F} = \frac{\sigma_{cr}}{\sigma}$为压杆实际工作的稳定安全系数。于是可得用安全系数表示的压杆稳定条件

$$n_{st} = \frac{F_{cr}}{F} \geqslant [n_{st}] \text{ 或 } n_{st} = \frac{\sigma_{cr}}{\sigma} \geqslant [n_{st}] \qquad (11-22)$$

稳定安全系数$[n_{st}]$一般要高于强度安全系数。这是因为一些难以避免的因素,如杆件的初弯曲、压力偏心、材料的不均匀和支座缺陷等,都严重地影响压杆的稳定,降低了临界应力。关于规定的稳定安全系数$[n_{st}]$,一般可从有关专业手册中或设计规范中查得。

11.4.2 折减系数法

为了方便计算,通常将稳定许用应力表示为压杆材料的强度许用应力$[\sigma]$乘以一个系数φ,即

$$\frac{\sigma_{cr}}{[n_{st}]} = \varphi[\sigma]$$

由此可得到

$$\sigma = \frac{F}{A} \leqslant \varphi[\sigma] \qquad (11-23)$$

式中φ是一个小于1的系数,称为折减系数。利用公式(11-23)可以为压杆选择截面,这种方法称为折减系数法。由于使用式(11-23)时要涉及与规范有关的较多内容,这里不再举例。

例 11-3 千斤顶如图 11-19 所示,丝杠长度$l = 37.5$ cm,内径$d = 4$ cm,材料为 45 钢,最大起重力为$F = 80$ kN,规定稳定安全系数$[n_{st}] = 4$。试校核该丝杠的稳定性。

解:(1)计算柔度 丝杠可简化为下端固定、上端自由的压杆,故长度系数$\mu = 2$。

由式(11-16)计算丝杠的柔度,因为$i = d/4$,所以

图 11-19

$$\lambda = \frac{\mu l}{i} = \frac{\mu l}{d/4} = \frac{2 \times 37.5 \text{ cm}}{4/4 \text{ cm}} = 75$$

(2) 计算临界力并校核稳定性　由表 11-1 中查得 45 钢相应于屈服极限和比例极限时的柔度值为 $\lambda_s = 60, \lambda_p = 100$。而 $\lambda_s < \lambda < \lambda_p$，可知丝杠是中柔度压杆，现在采用直线经验公式计算其临界力。在表 11-1 上查得 $a = 578$ MPa，$b = 3.744$ MPa，故丝杠的临界力为

$$F_{cr} = \sigma_{cr} A = (a - b\lambda)\frac{\pi d^2}{4} =$$

$$(578 \times 10^6 \text{ Pa} - 3.744 \times 10^6 \text{ Pa} \times 75)\frac{\pi \times 0.04^2 \text{ m}^2}{4} = 373 \times 10^3 \text{ N}$$

由式(11-22)校核丝杠的稳定性，即

$$n_{st} = \frac{F_{cr}}{F} = \frac{373\,000 \text{ N}}{80\,000 \text{ N}} = 4.66 > [n_{st}] = 4$$

从计算结果可知，此千斤顶丝杠是稳定的。

例 11-4　一根 25a 号工字钢支柱，长 7 m，两端固定，材料是 Q235 钢，$E = 200$ MPa，$\lambda_p = 100$，规定的稳定安全系数 $[n_{st}] = 2$，试求支柱的许可载荷 $[F]$。

解：(1) 计算柔度 λ

支柱是 25a 号工字钢，查型钢表可得：

$i_x = 10.2$ cm，$i_y = 2.4$ cm，$I_x = 5\,020$ cm^4，$I_y = 280$ cm^4，故

$$\lambda_x = \frac{\mu l}{i_x} = \frac{0.5 \times 7 \times 10^2 \text{ cm}}{10.2 \text{ cm}} = 34.3$$

$$\lambda_y = \frac{\mu l}{i_y} = \frac{0.5 \times 7 \times 10^2 \text{ cm}}{2.4 \text{ cm}} = 145.8$$

因为 $\lambda_y > \lambda_x$，故应按 y 轴为中性轴的弯曲进行稳定性计算。

(2) 计算临界力 F_{cr}

因为 $\lambda_y > \lambda_p$，故按欧拉公式计算临界力为

$$F_{cr} = \frac{\pi^2 E I_y}{(\mu l)^2} = \frac{3.14^2 \times 200 \times 10^3 \text{ MPa} \times 280 \times 10^4 \text{ mm}^4}{(0.5 \times 7 \times 10^3)^2 \text{ mm}^2}$$

$$= 451.2 \times 10^3 \text{ N} = 451.2 \text{ kN}$$

(3) 确定支柱的安全载荷 $[F]$，即

$$[F] = \frac{F_{cr}}{[n_{st}]} = \frac{451.2}{2} \text{ kN} = 225.6 \text{ kN}$$

11.5　提高压杆稳定性的措施

由以上各节的讨论可知，影响压杆临界力和临界应力的因素，或者说影响压杆稳定性的因素，包括有压杆截面的形状和尺寸、压杆的长度、压杆端部的支撑情况、压杆材料的性质等。因此，如要采取适当措施来提高压杆的稳定性，必须从以下几方面加以考虑。

11.5.1 选择合理的截面形状

由细长杆和中长杆的临界应力公式

$$\sigma_{cr} = \frac{\pi^2 E}{\lambda^2}, \quad \sigma_{cr} = a - b\lambda$$

可知,两类压杆临界应力的大小和柔度 λ 有关,柔度愈小,则临界应力愈高,压杆抵抗失稳的能力愈强。压杆的柔度为

$$\lambda = \frac{\mu l}{i} = \mu l \sqrt{\frac{A}{I}}$$

由上式可知,对于一定长度和支撑方式的压杆,在面积一定的前提下,应尽可能使材料远离截面形心,以加大惯性矩,从而减小压杆的柔度。

例如图 11-20 所示,采用空心的环形截面比实心的圆形截面更为合理。但这时应注意,若为薄壁圆筒,则其壁厚不能过薄,要有一定的限制,以防止圆筒出现局部失稳现象。

如果压杆在各个纵向平面内的支撑情况相同,例如球形铰支座和固定端,则应尽可能使截面的最大和最小两个惯性矩相等,即 $I_y = I_z$,这可使压杆在各纵向平面内有相同或接近相同的稳定性。上述的圆形和环形截面,还有方形截面等都能满足这一要求。显然,在图 11-21 中,图(b)的截面更能满足这一要求。

图 11-20   图 11-21

另外,在工程实际中,也有一类压杆,在两个互相垂直的纵向平面内,其支撑情况或相当长度(μl)并不相同,例如柱形铰支座。

这时,就相应要求截面对两个互相垂直的轴的惯性矩也不相同,即 $I_y \neq I_z$。理想的截面设计是使压杆在两个纵向平面内的柔度相同,即

$$\lambda_y = \lambda_z$$

或

$$(\mu l)_y \sqrt{\frac{A}{I_y}} = (\mu l)_z \sqrt{\frac{A}{I_z}}$$

经适当设计的组合截面,都有可能满足上述要求。

11.5.2 减小压杆的支撑长度

由前述细长杆和中长杆的临界应力计算公式可知,随着压杆长度的增加,其柔度 λ 增加而临界应力 σ_{cr} 减小。因此,在条件允许时,应尽可能减小压杆的长度,或者在压杆的中间增设支座,以提高压杆的稳定性。例如,图 11-22 所示无缝钢管的穿孔机,如在顶杆的中间增加一个抱辊装置,则可提高顶杆的稳定性,从而增加顶杆的穿孔压力 F。

图 11-22

11.5.3 改善杆端的约束情况

由压杆柔度公式可知,若杆端约束刚性愈强,则压杆长度系数 μ 愈小,即柔度愈小,从而临界应力愈高。因此,应尽可能改善杆端约束情况,加强杆端约束的刚性。

11.5.4 合理选用材料

由细长杆的临界应力计算公式可知,临界应力值与材料的弹性模量 E 有关;选用 E 值较大的材料,可以提高细长压杆的临界应力。但应注意,就钢材而言,各种钢材的 E 值大致相同,约在 200~210 GPa 左右,即使选用高强度钢材,其 E 值也增大不多。所以,对细长压杆来说,选用高强度钢做材料是不必要的。

但是,对于中柔度杆而言,情况有所不同。由实验可知,其破坏既有失稳现象,也有强度不足的因素。另外,在直线经验公式的系数 a、b 中,优质钢的 a 值较高。由此可知,中柔度压杆的临界应力与材料的强度有关,强度愈高的材料,临界应力也愈高。所以,对中柔度压杆而言,选用高强度钢做材料,将有利于提高压杆的稳定性。

最后指出,对于压杆,除了可以采取上述几方面的措施以提高其稳定性外,在可能的条件下,还可以从结构方面采取相应的措施。例如,将结构中比较细长的压杆转换成拉杆,这样,就可以从根本上避免失稳问题。例如对图 11-23 所示的托架,在可能的条件下,在不影响结构的承载能力时,如将图(a)所示的结构改换成图(b)所示的结构,则 AB 杆由承受压力变为承受拉力,从而避免了压杆的失稳问题。

图 11-23

思考题

1. 试述失稳破坏与强度破坏的区别。

2. 图 11-24 为两组截面,两截面面积相同,试问作为压杆时(两端为球铰),各组中哪一种截面形状合理?

图 11-24

3. 当压杆两端为柱铰支座时,宜采用_____截面形状,且柱销轴线应与截面的长边_____(填平行或垂直)。

4. 细长压杆的材料宜用高强度钢还是普通钢?为什么?

5. 何谓压杆的柔度?它与哪些因素有关?它对临界应力有什么影响?

6. 两根材料相同的压杆,_____值大的容易失稳。

7. 欧拉公式适用的范围是什么?如超过范围继续使用,则计算结果偏于危险还是偏于安全?

8. 如何判别压杆在哪个平面内失稳?图 11-25 所示截面形状的压杆,设两端为球铰。试问,失稳时其截面分别绕哪根轴转动?

9. "在材质、杆长、支撑情况相同条件下,压杆横截面面积 A 越大,则临界应力就越大。"试举例说明这个结论是否正确?为什么?

图 11-25

习 题

11-1 题 11-1 图示为三根材料相同、直径相等的杆件。试问,哪一根杆的稳定性最差?哪一根杆的稳定性最好?

11-2 铸铁压杆的直径 $d=40$ mm,长度 $l=0.7$ m,一端固定,另一端自由。试求压杆的临界力。已知 $E=108$ GPa。

答:68 kN。

11-3 如题 11-3 图中所示为某型飞机起落架中承受轴向压力的斜撑杆。杆为空心圆管,外径 $D=52$ mm,内径 $d=44$ mm,$l=950$ mm。材料为 30CrMnSiNi2A,$\sigma_b=1\,600$ MPa,$\sigma_p=1\,200$ MPa,$E=210$ GPa。试求斜撑杆的临界力 F_{cr} 及临界应力。

答:$F_{cr}=400$ kN;$\sigma_{cr}=665$ MPa。

题 11-1 图   题 11-3 图

11-4 三根圆截面压杆,直径均为 $d=160$ mm,材料为低碳钢,$E=200$ GPa,$\sigma_s=240$ MPa。两端均为铰支,长度分别为 l_1,l_2 和 l_3,且 $l_1=2l_2=4l_3=5$ m。试求各杆的临界力 F_{cr}。

答:2 450 kN;4 710 kN;4 802 kN。

11-5 某型柴油机的挺杆长度 $l=25.7$ cm,圆形横截面的直径 $d=8$ mm,钢材的 $E=210$ GPa,$\sigma_p=240$ MPa。挺杆所受最大力 $F=1.76$ kN。规定的稳定安全系数 $[n_{st}]=2.5$。试

校核挺杆的稳定性。

答：$n_{st}=3.57$。

11-6 题 11-6 图示压杆的材料为 Q235 钢，其 $E=210$ GPa，在正视图 a 的平面内，两端均为铰支，在俯视图（b）的平面内，两端为固定。试求此压杆的临界力。

答：257 kN。

11-7 题 11-7 图示为 25a 工字钢柱，柱长 $l=7$ m，两端固定，规定稳定安全系数 $[n_{st}]=2$，材料是 Q235 钢，$E=210$ GPa。试求钢柱的许可载荷。

答：$F \leqslant 237$ kN。

题 11-6 图

题 11-7 图

题 11-8 图

11-8 题 11-8 图示为一钢管柱，上端铰支、下端固定，外径 $D=7.6$ cm，内径 $d=6.4$ cm，长度 $l=2.5$ m，材料是铬锰合金钢，比例极限 $\sigma_p=540$ MPa，弹性模量 $E=215$ GPa，如承受的力 $F=150$ kN，规定稳定安全系数 $[n_{st}]=3.5$，试校核此钢管柱的稳定性。

答：$n_{st}=3.77>[n_{st}]$。

11-9 托架如题 11-9 图所示，AB 杆的直径 $d=4$ cm，长度 $l=80$ cm，两端铰支，材料是 Q235 钢，$E=200$ GPa。试求：

(1) 根据 AB 杆的失稳计算托架的临界载荷 F_{cr}；

(2) 若已知实际载荷 $F_Q=70$ kN，AB 杆的规定稳定安全系数 $[n_{st}]=2$，问此托架是否安全？

答：(1) 269 kN；　(2) $n_{st}=1.7<[n_{st}]$。

11-10 五根钢杆用铰链连接成正方形结构，杆的材料为 Q235 钢，$E=206$ GPa，许用应力 $[\sigma]=140$ MPa，各杆直径 $d=40$ mm，杆长 $l=1$ m。规定稳定安全系数 $[n_S]=2$，试求最大许可载荷 F。若题 11-10 图中两 F 力方向向内时，最大许可载荷 F 为多大？

答：65 kN；145 kN。

题 11-9 图

题 11-10 图

11-11 题 11-11 图中的横梁 AB 为矩形截面，竖杆截面为圆形，直径 $d=20$ mm，竖杆两端为柱销连接，材料为 Q235 钢，$E=206$ GPa，规定稳定安全系数 $[n_{st}]=3$，若测得 AB 梁的最大弯曲正应力 $\sigma=120$ MPa。试校核竖杆 CD 的稳定性。

答：$n_{st}=3.87>[n_{st}]$。

*11-12 一结构如题 11-12 图所示，AB 杆可视为刚体，两支柱的抗弯刚度 EI 相同，两端皆为铰支，试问当载荷 F_Q 多大时，该结构将因支柱失稳而毁坏？

答：$F_Q = \dfrac{3\pi^2 EI}{4l^2}$。

题 11-11 图

题 11-12 图

第12章 交变应力

本章介绍了交变应力的概念、疲劳破坏特征,以及确定材料疲劳极限的方法和影响构件疲劳极限的主要因素。

12.1 交变应力的概念

机器中很多构件在工作时,其应力往往随时间作周期性的变化,这种应力,称为**交变应力**。产生交变应力的原因,或因为构件受到周期性变化载荷的作用,或因构件本身的旋转所致。例如,轴 AB 在大小和方向不变的载荷 F 作用下[见图 12-1(a)],轴表面上任一点在横截面上的弯曲正应力,均随时间作周期性的变化。譬如,$n-n$ 截面上的 K 点[见图 12-1(b)],转到水平位置 1 和 3 时,正应力为零;转到最低位置 2 时,受最大拉应力 σ_{max};转到最高位置 4 时,受最大压应力 σ_{min}。K 点的正应力,在轴旋转一周期的过程中,将按 $0 \to \sigma_{max} \to 0 \to \sigma_{min}$ 的规律变化;轴不断地旋转,K 点的应力也就不断地重复上述的变化过程[见图 12-1(c)],所以 K 点的弯曲正应力为交变应力。

图 12-1

12.2 交变应力的循环特性及其类型

12.2.1 循环特性

现以梁的强迫振动为例[见图 12-2(a)],进一步讨论交变应力的变化规律。梁在电动机

的重力 G 作用下产生静弯曲变形而处于静平衡位置。当电动机以角速度 ω 旋转时,由于转子质量的偏心所引起惯性力为 F_Q,其方向随轴的旋转而变,因而使梁在静平衡位置附近作上、下强迫振动。在振动过程中,梁横截面上各点(中性轴除外)的应力 σ,均随时间 t 作周期性变化[见图 12-2(b)]。应力每重复变化一次,称为一个应力循环。应力重复变化的次数,称为应力循环次数。

图 12-2

最大应力与最小应力的代数平均值,称为平均应力,用 σ_m 表示,即

$$\sigma_m = \frac{1}{2}(\sigma_{max} + \sigma_{min}) \tag{12-1}$$

最大应力与最小应力的代数差之半,称为应力幅,用 σ_a 来表示,即

$$\sigma_a = \frac{1}{2}(\sigma_{max} - \sigma_{min}) \tag{12-2}$$

最小应力与最大应力的比值,称为应力循环特性,用 r 表示。

$$r = \frac{\sigma_{min}}{\sigma_{max}} \tag{12-3}$$

式中 σ_{min} 与 σ_{max} 均取代数值,拉应力为正,压应力为负。

应力循环特性 r 的值,表示了交变应力的变化特点,是交变应力的一个重要参数。

12.2.2 交变应力的类型

工程中常见的交变应力的类型有如下几种:

1. 对称循环交变应力

最大应力与最小应力数值相等而符号相反的交变应力,叫做对称循环交变应力,即 $\sigma_{max} = -\sigma_{min}$。其应力循环特性为

$$r = \frac{\sigma_{min}}{\sigma_{max}} = -1$$

图 12-3

譬如,车轮轴(见图 12-3)转动时,轴表面上任一点 C 的正应力,便是对称循环的交变应力。

2. 非对称循环交变应力

最大应力与最小应力数值不相等的交变应力称为非对称循环交变应力。例如,梁作强迫振动时[见图 12-2(a)],梁上各点的正应力就是非对称循环交变应力。

3. 脉动循环交变应力

最小应力 $\sigma_{\min}=0$ 的交变应力称为脉动循环交变应力。其应力循环特性为

$$r = \frac{\sigma_{\min}}{\sigma_{\max}} = 0$$

例如,一对齿轮作单向传动[见图 12-4(a)],当两齿开始接触时,F 由零迅速增加到最大值,然后又减小到零,齿根处 A 点的弯曲正应力也由零增加到最大值 $\sigma_{\max}$;脱离接触时为零。齿轮每转一周,A 点的应力按此规律重复变化一次,所以,A 点的正应力为脉动循环交变应力,其应力循环曲线如图 12-4(b)所示。

图 12-4

常见交变应力的类型、循环曲线及循环特性如表 12-1 所列。静应力可视为交变应力的特殊情况。由表可见,非对称循环可看成是平均应力 σ_m(静应力)与对称循环应力的叠加。

表 12-1 交变应力类型、循环曲线及特性

交变应力类型	应力循环图	$\sigma_{\min}$ 与 $\sigma_{\max}$	循环特性
对称循环		$\sigma_{\max} = -\sigma_{\min}$	$r = -1$

续表 12-1

交变应力类型	应力循环图	$\sigma_{\min}$ 与 $\sigma_{\max}$	循环特性
非对称循环		$\sigma_{\max} = \sigma_m + \sigma_a$ $\sigma_{\min} = \sigma_m - \sigma_a$	$-1 < r < +1$
脉动循环		$\sigma_{\max} \neq 0, \sigma_{\min} = 0$	$r = 0$
静应力		$\sigma_{\max} = \sigma_{\min}$	$r = 1$

以上所述的交变应力,若最大与最小应力值在整个工作过程中始终保持不变,则称之为稳定交变应力;如果并非保持不变,则称为不稳定交变应力。本章只讨论稳定交变应力的问题。对于扭转构件所产生的交变切应力 τ,上述概念和公式全部适用,只要把 σ 改成 τ 即可。

12.3 材料在交变应力下的疲劳破坏

12.3.1 疲劳破坏的特点

金属材料在交变应力作用下的破坏,习惯上称为疲劳破坏。它与静应力下的破坏截然不同。其特点是:

(1) 破坏时的最大应力低于材料的强度极限 σ_b,甚至低于屈服极限 σ_s。

(2) 即使是塑性较好的材料,经过多次应力循环后,也像脆性材料那样发生突然断裂,断裂前没有明显的塑性变形。

(3) 在断口上,有明显的两个区域:**光滑区和粗糙区**(见图 12-5)。在光滑区内有时可以看出以微裂纹为起始点(称为裂纹源)逐渐扩展的弧形曲线。

图 12-5

12.3.2 疲劳破坏原因解释

金属材料发生疲劳破坏的原因,目前一般的解释是:当交变应力超过一定的限度并经历了足够多次的反复作用后,便在构件的应力最大处或材料薄弱处产生细微裂纹,形成裂纹源。随着应力循环次数的增加,裂纹逐渐扩展;在扩展过程中,由于应力的交替变化,裂纹的两表面时而压紧,时而分离,类似研磨作用,形成断口表面的光滑区。随着裂纹的不断扩展,构件横截面的有效面积逐渐减小,应力随之增大。当有效的面积削弱到不足以承受外力时,便突然发生脆性断裂,形成断口的粗糙区。所以,疲劳破坏的过程,是裂纹产生和不断扩展的过程。

由于疲劳破坏是在没有明显的塑性变形的情况下突然发生的,因而极易造成重大事故,这在历史上已有教训。据统计,机械零件的损坏,80%以上属于疲劳破坏。因此,对于承受交变应力的构件,必须进行疲劳强度的计算。

12.4 材料的持久极限

由于疲劳破坏时,构件的最大应力往往低于静载下材料的屈服极限或强度极限。因此屈服极限 σ_s 或强度极限 σ_b 等静载强度指标,不能作为疲劳强度的指标,必须通过实验,测定材料在交变应力下的极限应力,作为疲劳强度指标。

材料的疲劳强度指标,在疲劳试验机上进行测定。由于大多数机械零件,都承受对称循环的弯曲应力,同时对称循环的弯曲疲劳试验,在技术上最为简单。所以,通常使用对称循环弯曲疲劳试验机,测定材料在对称循环弯曲交变应力下的极限应力。

图 12-6 表示弯曲疲劳试验原理。试件在载荷 F 作用下,其 CD 段为纯弯曲,横截面上弯矩 $M = Fa/2$,最大弯曲应力为

$$\sigma_{\max} = \frac{M}{W_z} = \frac{1}{2}\frac{Fa}{W_z}$$

试件每旋转一周,横截面上的点便经历一次对称循环的交变应力,试件旋转的转数,即为应力循环次数。

试验时,将一组(6~10 根)标准试件(直径 7~10 mm,表面磨光)逐根夹在试验机中,递减加载,第一根试件的最大应力 $\sigma_{\max}$ 约等于其材料强度极限 σ_b 的 50%~60%,以后各根试件的最大应力 $\sigma_{\max}$ 都比前一根的最大应力递减 20~40 MPa。加载后开动机器,使试件旋转,直至断裂,记下各根试件从开始旋转到断裂所经历的转数,即应力循环次数 N,便得一组试验数据。各根试件的最大应力 $\sigma_{\max}$ 与其对应的应力循环次数 N,如 $\sigma_{\max 1}$, N_1; $\sigma_{\max 2}$, N_2,…等。若以 $\sigma_{\max}$ 为纵坐标,N 为横坐标,便可描绘出最大应力 $\sigma_{\max}$ 与应力循环次数 N 的关系曲线,称为 $\sigma_{\max} - N$ 曲线(见图 12-7)或疲劳曲线。

图 12-6

图 12-7

由疲劳曲线可以看出，试件在给定的交变应力作用下，经过一定的循环次数后，才发生疲劳破坏。交变应力的最大应力值越大，破坏前能经历的应力循环次数就越少；反之，如降低最大应力值，则能经受的应力循环次数就增多。当最大应力降低到某一临界值时，疲劳曲线开始趋于水平，说明试件可经历无数次应力循环而不会发生疲劳破坏。最大应力的这一临界值，是材料能经受无数次应力循环而不破坏的最大应力，称为材料的**持久极限**（或疲劳极限），是材料在交变应力下的极限应力。在图中以疲劳曲线的水平渐近线的纵坐标表示。

若交变应力为对称循环，其持久极限用 σ_{-1} 表示；若为脉动循环，则用 σ_0 表示。

试验表明，钢试件在对称循环交变应力作用下，循环次数 $N_0 \geqslant 10^7$ 次（一千万次）时，疲劳曲线就趋于水平。因此，对于钢材，一般规定 $N_0 = 10^7$ 所对应的最大应力值作为持久极限。对于有色金属及其合金，疲劳曲线不出现水平部分。所以，只能根据实际需要，选取与某一循环次数 N_0（常取 $N_0 = 10^8$ 次）所对应的最大应力作为持久极限。

根据大量的试验结果，钢材的持久极限与其静强度极限 σ_b 和屈服极限 σ_s 之间，有如下近似关系：

弯曲对称循环　　　　　　　　　$\sigma_{-1} \approx 0.4 \sigma_b$

拉压对称循环　　　　　　　　　$\sigma'_{-1} \approx 0.28 \sigma_b$

扭转对称循环　　　　　　　　　$\tau_{-1} \approx 0.22 \sigma_b$

弯曲脉动循环　　　　　　　　　$\sigma_0 \approx 0.65 \sigma_b$

可见，相同材料，若变形形式或循环特性不同，持久极限也不同，其中对称循环交变应力的持久极限为最低，说明对称循环的交变应力最危险。

各种材料在对称循环交变应力下的持久极限，可从有关手册中查得。表 12-2 列出了几种材料的对称循环持久极限（表中为正火钢数据）。

表 12-2　几种材料的对称循环持久极限

材料	σ_{-1}^{l}/MPa	σ_{-1}/MPa	τ_{-1}/MPa
Q235 钢	120～160	170～220	100～130
45 钢	190～250	250～340	150～200
16Mn 钢	200	320	—

12.5　影响构件持久极限的主要因素

材料的持久极限由标准试件测得,但实际构件的几何形状、尺寸及表面加工质量等与标准试件往往不同。试验表明,构件持久极限的大小也因此不同于其材料持久极限的大小。因此,必须了解上述因素对持久极限的影响情况,以便将材料的持久极限进行适当的修正,作为实际构件的持久极限。下面介绍影响持久极限的主要因素。

12.5.1　构件外形的影响

很多构件常常做成带有孔、槽、台肩等各种外形,构件截面由此发生突然变化。实验指出,在截面突然变化处,将出现应力局部增大的现象,称为应力集中。例如,带有圆孔的受拉薄板[见图 12-8(a)],在远离孔的横截面 $A-A$ 上,拉伸正应力均匀分布[见图 12-8(b)];而在有孔的截面 $B-B$ 上,由于圆孔使板的截面发生突然变化,孔的边缘处,应力急剧增大,拉伸应力不再均匀分布[见图 12-8(c)],发生应力集中现象。

图 12-8

在静载荷作用下的塑性材料,由于产生塑性变形,可使应力集中得到缓和,故一般不考虑应力集中对其强度的影响。但是,在交变应力作用下,由于应力集中将促使疲劳裂纹的形成与扩展,使持久极限降低。所以,无论是塑性材料还是脆性材料,都必须考虑应力集中对疲劳强度的影响。应力集中对持久极限的影响程度,用应力集中系数 K_σ 表示。它是一个大于 1 的系数,具体数值可查表 12-3。

表 12-3 圆角处的有效应力集中系数

$\dfrac{D-d}{r}$	$\dfrac{r}{d}$	K_σ							
		σ_b/MPa							
		392	490	588	686	784	882	980	1 176
2	0.01	1.34	1.36	1.38	1.40	1.41	1.43	1.45	1.49
	0.02	1.41	1.44	1.47	1.49	1.52	1.54	1.57	1.62
	0.03	1.59	1.63	1.67	1.71	1.76	1.80	1.84	1.92
	0.05	1.54	1.59	1.64	1.69	1.73	1.78	1.83	1.93
	0.10	1.38	1.44	1.50	1.55	1.61	1.66	1.72	1.83
4	0.01	1.51	1.54	1.57	1.59	1.62	1.64	1.67	1.72
	0.02	1.76	1.81	1.86	1.91	1.96	2.01	2.06	2.16
	0.03	1.76	1.82	1.88	1.94	1.99	2.05	2.11	2.28
	0.05	1.70	1.76	1.82	1.88	1.95	2.01	2.07	2.19
6	0.01	1.86	1.90	1.94	1.99	2.03	2.08	2.12	2.21
	0.02	1.90	1.96	2.02	2.08	2.13	2.19	2.25	2.37
	0.03	1.89	1.96	2.03	2.10	2.16	2.23	2.30	2.44
10	0.01	2.07	2.12	2.17	2.23	2.28	2.34	2.39	2.50
	0.02	2.09	2.16	2.23	2.30	2.38	2.45	2.52	2.66

12.5.2 构件尺寸的影响

持久极限一般用 $d=7\sim 10$ mm 的小试件测定。实验表明,弯曲或扭转的对称循环的持久极限将随截面尺寸的增大而降低,截面尺寸的大小对持久极限的影响程度,用尺寸系数 ε_σ 或 ε_τ 表示。对于截面尺寸大于标准试件的构件,尺寸系数 $\varepsilon_\sigma<1$,具体数值,可查表 12-4。对于轴向拉压对称循环的持久极限,受尺寸影响不大,可取 $\varepsilon_\sigma=1$。

表 12-4 尺寸系数

直径 d/mm		>20~30	>30~40	>40~50	>50~60	>60~70	>70~80	>80~100	>100~120	>120~150	>150~500
ε_σ	碳 钢	0.91	0.88	0.84	0.81	0.78	0.75	0.73	0.70	0.68	0.60
	合金钢	0.83	0.77	0.73	0.70	0.68	0.66	0.64	0.62	0.60	0.54
ε_τ	各种钢	0.89	0.81	0.78	0.76	0.74	0.73	0.72	0.70	0.68	0.64

12.5.3 构件表面质量的影响

构件的持久极限随其表面光洁度降低而变小,因光洁度低,其表面缺陷(刀痕、擦伤等)就多,使应力集中加剧,所以持久极限降低;相反,若对构件表面进行淬火、氮化、喷丸等强化处理,则将有效地提高构件的持久极限。因构件的最大应力往往发生在构件表面,故提高表面强度,使裂缝难以形成或扩张,则持久极限就会提高。表面质量对持久极限的影响程度,用表面质量系数 β 表示。当构件表面质量低于标准试件时,$\beta<1$;若构件表面经过强化处理,则 $\beta>1$。具体数值,可查表 12-5。

表 12-5 表面质量系数

加工方法	表面粗糙度	σ_b/MPa		
		400	800	1 200
磨 削	0.32~0.16	1	1	1
车 削	2.5~0.63	0.95	0.90	0.80
粗 车	2.0~5	0.85	0.80	0.65
未加工表面		0.75	0.65	0.45

综合考虑上述三个主要因素,构件在弯曲或拉压对称循环下的持久极限可表示为

$$\sigma_{-1}^0 = \frac{\varepsilon_\sigma \beta}{K_\sigma} \cdot \sigma_{-1} \tag{12-4}$$

式中,σ_{-1} 是标准试件的持久极限。

以上所述,是弯曲与拉压对称循环的情况,而对于扭转对称循环交变应力,只要把式(12-4)中的 σ 改成 τ 即可。

12.6 对称循环交变应力下构件的强度校核

计算对称循环下构件的疲劳强度时,应以构件的持久极限 σ_{-1}^0 为极限应力。选定适当的

安全系数 n 后,便得到对称循环交变应力下构件的弯曲或拉、压许用应力为

$$[\sigma_{-1}] = \frac{\sigma_{-1}^0}{n} = \frac{\varepsilon_\sigma \beta \sigma_{-1}}{K_\sigma n} \quad (12-5)$$

构件弯曲或拉、压的疲劳强度条件为

$$\sigma_{\max} \leqslant [\sigma_{-1}] \quad (12-6)$$

式中 $\sigma_{\max}$ 为构件危险点上交变应力的最大值。

在疲劳强度计算中,常常采用由安全系数表示的强度条件,由式(12-6)

$$\sigma_{\max} \leqslant [\sigma_{-1}] = \frac{\sigma_{-1}^0}{n}$$

可得

$$\frac{\sigma_{-1}^0}{\sigma_{\max}} \geqslant n \quad (12-7)$$

构件的持久极限 σ_{-1}^0 与构件的最大工作应力 $\sigma_{\max}$ 之比,是构件工作时的实际安全储备,称为构件的安全系数。用 n_σ 表示,即

$$n_\sigma = \frac{\sigma_{-1}^0}{\sigma_{\max}} \quad (12-8)$$

将式(12-8)代入式(12-7),得到对称循环下的安全系数表示的疲劳强度条件为

$$n_\sigma = \frac{\varepsilon_\sigma \beta \sigma_{-1}}{K_\sigma \sigma_{\max}} \geqslant n \quad (12-9)$$

式中 n 称为规定的安全系数,其数值可从有关的设计规范查得。

图 12-9

例 12-1 合金钢制成的阶梯轴,如图 12-9 所示。该阶梯轴承受对称循环弯矩 $M = 1.5$ kN·m,材料的 $\sigma_b = 980$ MPa,$\sigma_{-1} = 550$ MPa,表面为磨削加工,若规定的安全系数 $n = 1.7$,试校核此轴的疲劳强度。

解: (1) 计算工作时的最大应力 $\sigma_{\max}$ 为

$$\sigma_{\max} = \frac{M_{\max}}{W_z} = \frac{1.5 \times 10^6 \text{ N} \cdot \text{mm}}{\frac{\pi}{32} \times 50^3 \text{ mm}^3} = 122.3 \text{ MPa}$$

(2) 计算各影响系数
由轴的尺寸得

$$\frac{D-d}{r} = \frac{60-50}{5} = 2 \qquad \frac{r}{d} = \frac{5}{50} = 0.1$$

根据 $\sigma_b = 980$ MPa,查表 12-3 得 $K_\sigma = 1.72$
由 $d = 50$ mm,查表 12-4 得 $\varepsilon_\sigma = 0.73$
由表面为磨削加工,查表 12-5 得 $\beta = 1$
(3) 校核该轴的疲劳强度   由公式(12-9)得此轴的工作安全系数为

$$n_\sigma = \frac{\varepsilon_a \beta \sigma_{-1}}{K_\sigma \sigma_{\max}} = \frac{0.73 \times 1 \times 550 \text{ MPa}}{1.72 \times 122.3 \text{ MPa}} = 1.91$$

因 $n=1.7$,所以 $n_0 > n$,故此轴的疲劳强度足够。

12.7 提高构件疲劳强度的措施

综上所述,为了提高构件的疲劳强度,应尽量减缓应力集中和提高表面质量。

12.7.1 减缓应力集中

设计构件外形时,应尽量避免带有尖角的孔和槽。在截面尺寸突然变化处(如阶梯轴的轴肩处),宜用圆角过渡,并应尽量增大圆角半径 r[见图 12-10(a)]。当结构需要直角时,可在直径较大的轴段上开减荷槽[见图 12-10(b)]或退刀槽[见图 12-10(c)],则应力集中明显减弱。当轴与轮毂采用静配合时,可在轮毂上开减荷槽[见图 12-10(d)]或增大配合部分轴的直径,并用圆角过渡[见图 12-10(e)],这样便可缩小轮毂与轴的刚度差距,减缓配合边缘处的应力集中。

图 12-10

12.7.2 降低表面粗糙度

构件表层的应力一般较大(如构件弯曲或扭转时),加上构件表面的切削刀痕又将引起应力集中,故容易形成疲劳裂纹。降低表面粗糙度,可以减弱切削刀痕引起的应力集中,从而提高构件的疲劳强度。特别是高强度构件,对应力集中较敏感,则更应具有较低的表面粗糙度。此外,应尽量避免构件表面的机械损伤和化学腐蚀。

12.7.3 提高构件表面强度

提高构件表面层的强度,是提高构件疲劳强度的重要措施。生产上通常采用表面热处理(如高频淬火)、化学处理(如表面渗碳或氮化)和表面机械强化(如滚压、喷丸)等方法,使构件表面层强度提高。

思 考 题

1. 何谓交变应力？试列举交变应力的工程实例，并指出其循环特性。

2. 判别图 12-11 所示构件上 K 点的交变应力的类型，指出其循环特性。图 (a) 圆轴作等角速 ω 转动时，当

(1) 力 F 的大小和方向不变；

(2) 力 F 的大小不变，但方向改变（随轴一起转动）。

图 (b) 主动齿轮 1 以等角速 ω_1 转动，带动从动轮 2 以 ω_2 转动。

图 12-11

3. 判别构件的破坏是否为疲劳破坏的依据是什么？

4. 试区分下列概念：

(1) 材料的强度极限与持久极限；

(2) 材料的持久极限与构件的持久极限；

(3) 静应力下的许用应力与交变应力下的许用应力；

(4) 脉动循环与对称循环交变应力。

5. 如图 12-12 所示的 4 根材质相同的轴，其尺寸或运动状态不同，试指出哪一根轴能承受的载荷 F 最大？哪一根轴能承受的载荷 F 最小？为什么？

图 12-12

习　题

12-1　火车轮轴受力情况如题 12-1 图所示。已知 $a=500$ mm，$l=1\,435$ mm，轮轴中段直径 $d=150$ mm，若 $F=50$ kN，试求轮轴中段截面边缘上一点的最大应力 $\sigma_{\max}$、最小应力 $\sigma_{\min}$ 和循环特性 r，并作出 $\sigma-t$ 曲线。

答：$\sigma_{\max}=-\sigma_{\min}=75.5$ MPa，$r=-1$。

12-2　有一桥式吊车的卷筒轴，受力情况如题 12-2 图所示，转动时承受对称循环的弯曲交变应力。已知 $F_Q=20$ kN，材料的强度极限 $\sigma_b=600$ MPa，持久极限 $\sigma_{-1}=260$ MPa，轴的规定安全系数 $n=2$，有效应力集中系数 $K_\sigma=1.86$，尺寸系数 $\varepsilon_\sigma=0.75$，表面质量系数 $\beta=1$，试校核该轴 $n-n$ 截面的疲劳强度。

题 12-1 图　　　　题 12-2 图

12-3　用铬镍合金钢磨削精加工制成的阶梯形圆轴，如题 12-3 图所示，承受对称交变弯矩 $M_{\max}=400$ N·m，轴的直径 $D=48$ mm，$d=40$ mm，其轴肩圆弧半径 $r=2$ mm，材料的机械特性 $\sigma_b=882$ MPa，$\sigma_{-1}=400$ MPa，试求此轴的工作安全系数 n_σ。

答：$n_\sigma=2.4$。

12-4　某减速器第一轴如题 11-4 图所示，键槽为端铣加工，$A-A$ 截面上的弯矩 $M=860$ N·m，轴的材料为 Q235 钢，$\sigma_b=520$ MPa，$\sigma_{-1}=220$ MPa，若规定安全系数 $n=4$，试校核 $A-A$ 截面强度（注：不计键槽对抗弯截面模量的影响）。

答：$n_\sigma=1.5$。

题 12-3 图　　　　　　题 12-4 图

第13章 能量法

本章围绕用能量法求构件位移这一内容,着重介绍了变形能的计算、莫尔定理及其应用。同时,也介绍了卡氏定理、功的互等定理和位移互等定理,以及用能量法解超静定问题。

13.1 概述

弹性体在外力作用下要发生弹性变形。随着变形的产生,外力在其相应的位移上作了功,同时弹性体因变形而储存了能量,这种能量叫做变形能,这在 3.1 节中已经知道,在弹性范围内,外力 F 与其相应的位移 Δl 是成正比的。因此,在加载过程中外力功为 $W = \frac{1}{2} F \cdot \Delta l$。根据能量守恒定律可知,在整个加载过程中,储存在弹性体内的变形能 U 在数值上等于外力功,即

$$U = W$$

利用上述功、能关系去分析和计算构件或结构物的位移以及与位移有关的问题的方法称为**能量法**。

由于能量法是利用功、能关系来求弹性体某点或某截面位移的,因此,它能适合于任何弹性体的位移计算,而且还往往使计算过程更加简捷有效。例如,变截面梁、曲杆、刚架、桁架的位移计算以及用能量法解超静定问题等。

本章主要介绍用能量法计算构件位移的一般原理和方法。下面首先介绍变形能的计算。

13.2 变形能的计算

变形能的计算是能量法的基础,本节先研究构件基本变形时的变形能,然后再研究组合变形时的变形能。

13.2.1 拉伸或压缩

在 3.1 节中已知直杆轴向拉伸或压缩时的变形能为

$$U = W = \frac{1}{2} F_N \Delta l = \frac{F_N^2 l}{2EA}$$

或

$$U = \frac{EA}{2l}(\Delta l)^2$$

若轴力 F_N 沿轴线为变量,则可先计算长为 dx 的微段杆内所储存的变形能,即

$$dU = \frac{F_N^2(x)dx}{2EA}$$

积分后可得整个杆件的变形能,即

$$U = \int_l \frac{F_N^2(x)dx}{2EA} \tag{13-1}$$

13.2.2 扭 转

圆轴扭转时的变形能也可以通过外力功来计算。如图 13-1(a)所示的轴,设轴两端作用有转矩 M_0,两端面的相对扭转角为 φ,与拉伸时相似,在弹性范围内的转矩与扭转角保持线性关系,如图 13-1(b)所示,其力偶矩 M_0 在角位移 φ 上所做的功为

$$W = \frac{1}{2}M_0\varphi$$

因这时轴各截面上的扭矩 $M_T = M_0$,且 $\varphi = \dfrac{M_T l}{GI_p}$,根据功能关系,储存在圆轴内的变形能为

$$U = W = \frac{M_T^2 l}{2GI_p}$$

或

$$U = W = \frac{GI_p}{2l}\varphi^2$$

图 13-1

当扭矩沿轴线作为变量时,可先截取微段轴 dx 来研究。如图 13-1(c)所示,略去微段两端扭矩的微小增量,可认为作用于微段轴两端面上的扭矩为 $M_T(x)$,设两端面的相对转角为 $d\varphi$,此时对微段轴来说,均可视为外力偶矩,在缓慢加载过程中它在 $d\varphi$ 上所做的功为

$$dW = \frac{1}{2}M_T(x)d\varphi$$

即微段轴所储存的变形能为

$$dU = dW = \frac{1}{2}M_T(x)d\varphi$$

以 $d\varphi = \dfrac{M_T(x)dx}{GI_p}$ 代入上式,并沿轴长 l 积分,可得整个轴的扭转变形能为

$$U = W = \int_l \frac{M_T^2(x)dx}{2GI_p} \tag{13-2}$$

13.2.3 弯 曲

直梁弯曲时梁内储存的变形能可分两种情况讨论:

1. 纯弯曲

纯弯曲时梁被弯成圆弧形,其任一横截面上的弯矩均为 M。设梁长为 l,两端面的相对转角为 θ[见图 13-2(a)]。

用第 8 章求弯曲变形的方法可以求出 $\theta = Ml/EI$。可见在弹性范围内,若弯曲力偶由零逐渐加到最终值,则 M 与 θ 的关系也是斜直线[见图 13-2(b)]。

在静载条件下外力功均为 $W = M \cdot \theta/2$,根据功能关系可算出弯曲时的弯曲变形能为

$$U = W = M \cdot \theta/2$$

将 θ 代入上式得

$$U = \frac{M^2 l}{2EI} \tag{13-3}$$

或

$$U = \frac{EI}{2l} \cdot \theta^2$$

2. 横力弯曲

梁在横力弯曲时存在着两部分变形能,即剪切变形能和弯曲变形能[见图 13-3(a)、(b)]。

由于横力弯曲时梁的内力沿杆长度方向是变化的,故计算梁的变形能应截取微段梁 dx 来研究。设作用在微段梁 dx 两端面上的剪力为 $F_Q(x)$,弯矩为 $M(x)$ 和 $M(x)+dM(x)$,其中弯矩在相应的弯曲变形 $d\theta$ 上做功[见图 13-3(c)],而剪力 $F_Q(x)$ 在相应的剪切变形 dr 上做功[见图 13-3(d)]。但是在一般细长梁中,剪力所作的功远小于弯矩所作的功,一般可忽略不计。另外再略去弯矩增量 $dM(x)$ 所作的微功,则微段梁 dx 就可视为纯弯曲情况,应用式(13-3)来计算其变形能,即

$$dU = \frac{M^2(x)dx}{2EI}$$

将上式对梁长 l 积分后,可得横力弯曲时储存在整个梁内的弯曲变形能为

图 13-2

$$U = \int_l \frac{M^2(x)\,dx}{2EI} \tag{13-4}$$

若整个梁的弯矩不连续或截面形状和尺寸有突变，则式(13-4)的积分应分段进行，然后求其总和。

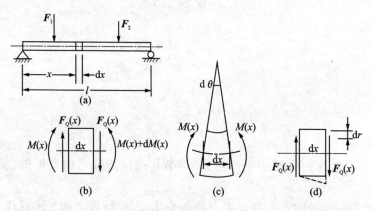

图 13-3

13.2.4 组合变形

(1) 计算变形能　计算组合变形杆的变形能可取微段杆 dx 来研究(见图 13-4)。设作用在微段杆 dx 两端截面上的内力有轴力 $F_N(x)$ 和弯矩 $M(x)$、扭矩 $M_T(x)$，其中，剪力 $F_Q(x)$ 已经略去。这些内力对微段杆而言均可以视为外力且只在其相应的位移上做功。例如，轴力

图 13-4

$F_N(x)$ 在扭角 $d\varphi$ 或转角 $d\theta$ 上不做功,扭矩 $M_T(x)$ 或弯矩 $M(x)$ 在轴向位移 $d(\Delta l)$ 上也不做功。由于各外力做功相互独立而不互相影响,于是,作用在 dx 微段上的外力总功可以写成三部分外力功之和,即

$$dW = \frac{1}{2}F_N(x)d(\Delta l) + \frac{1}{2}M(x)d\theta + \frac{1}{2}M_T(x)d\varphi$$

根据功与能的关系,此功在数值上又等于储存在微段杆内的变形能 dU,考虑到

$$d(\Delta l) = \frac{F_N(x)d(x)}{EA}, \quad d\theta = \frac{M(x)d(x)}{EI}, \quad d\varphi = \frac{M_T(x)d(x)}{GI_p}$$

于是可得

$$dU = dW = \frac{F_N^2(x)d(x)}{2EA} + \frac{M^2(x)d(x)}{2EI} + \frac{M_T^2(x)d(x)}{2GI_p}$$

若将上式对全梁长 l 积分,可以得全梁在组合变形时的变形能为

$$U = \int_l \frac{F_N^2(x)d(x)}{2EA} + \int_l \frac{M^2(x)d(x)}{2EI} + \int_l \frac{M_T^2(x)d(x)}{2GI_p} \tag{13-5}$$

例 13-1 阶梯杆 AB 如图 13-5 所示,B 点受轴向拉力 F 作用,设杆的各段弹性模量 E 相同,横截面面积分别为 A 和 $2A$,求杆的变形能并计算 B 点的轴向位移 δ_B。

图 13-5

解:(1) 计算变形能 由于 AC 和 CB 两段轴 $F_N(x)$ 相同,且等于 F,而截面尺寸 A 不同,故应分段计算其变形能,然后相加得整个杆的变形能。即

$$U = \int_l \frac{F_N^2(x)dx}{2EA} + \int_l \frac{F_N^2(x)dx}{2E(2A)} = \frac{F^2 l}{2EA} + \frac{F^2 l}{4EA} = \frac{3F^2 l}{4EA}。$$

(2) 计算 B 点位移 设 B 点处的位移为 δ_B,则外力功

$$W = \frac{1}{2}F \cdot \delta_B$$

根据 $U=W$ 的关系,可得

$$\frac{3F^2 l}{4EA} = \frac{1}{2}F \cdot \delta_B$$

由此解出

$$\delta_B = \frac{3Fl}{2EA}$$

图 13-6

例 13-2 简支梁 AB 如图 13-6 所示,C 点受集中力 F 作用,设梁的抗弯刚度 EI 为常量,求梁的变形能 U 并计算梁 C 点的挠度 y_C 值。

解： 求出支反力 $F_{R_A} = \dfrac{Fb}{l}$，$F_{R_B} = \dfrac{Fa}{l}$ 后，就可分别写出各段梁的弯矩方程，即 AC 段 $(0 \leqslant x_1 \leqslant a)$ 内

$$M_1 = F_{R_A} x_1 = \frac{Fb}{l} x_1$$

BC 段 $(0 \leqslant x_2 \leqslant b)$ 内

$$M_2 = F_{R_B} x_2 = \frac{Fa}{l} x_2$$

由于 AC、BC 两段梁的弯矩方程不同，故整个梁的变形能应分段计算，然后求其总和，即

$$U = \int_0^a \frac{M_1^2 \mathrm{d}x_1}{2EI} + \int_0^b \frac{M_2^2 \mathrm{d}x_2}{2EI}$$

$$= \frac{1}{2EI} \int_0^a \left(\frac{Fb}{l} x_1\right)^2 \mathrm{d}x_1 + \frac{1}{2EI} \int_0^b \left(\frac{Fa}{l} x_2\right)^2 \mathrm{d}x_2$$

$$= \frac{F^2 b^2 a^3}{6EI l^2} + \frac{F^2 a^2 b^3}{6EI l^2} = \frac{F^2 b^2 a^2}{6EI l}$$

而外力功为

$$W = \frac{1}{2} F y_C$$

根据 $U = W$，故

$$\frac{F^2 b^2 a^2}{6EI l} = \frac{1}{2} F y_C$$

由此解得

$$y_C = \frac{F a^2 b^2}{3EI l}$$

例 13-3 拉杆如图 13-7(a)、(b)和(c)所示，在其下端分别有力 F_1、F_2 及 $(F_1 + F_2)$ 作用。已知杆的抗拉刚度为 EA，杆长为 l，试计算三种情况下杆的变形能。

解： 由图知(a)、(b)两种情况下杆的轴力分别为 $F_{Na} = F_1$，$F_{Nb} = F_2$。于是，可根据式 (13-1) 得图(a)、(b)两种情况下杆的变形能分别为

$$U_a = \frac{F_1^2 l}{2EA} \tag{13-6}$$

$$U_b = \frac{F_2^2 l}{2EA} \tag{13-7}$$

而第三种情况下杆的轴力为 $F_{NC} = (F_1 + F_2)$，故其变形能为

$$U_c = \frac{(F_1 + F_2)^2 l}{2EA} = \frac{F_1^2 l}{2EA} + \frac{F_2^2 l}{2EA} + \frac{F_1 F_2 l}{EA} \tag{13-8}$$

通过此例可以看出：

(1) 变形能 U 是外力 F 的二次函数，故在计算变形能时叠加原理是不能用的。也就是说，载荷 F_1、F_2 单独作用时产生的变形能之和不等于两载荷同时作用时产生的变形能，即

$$U_a + U_b \neq U_c$$

事实上式(13-8)中的前两项可认为是力 F_1、F_2 单独作用时杆的变形能，而第三项则是由于先加的载荷 F_1 在后加的载荷 F_2 所产生的位移 Δ_2 上所做的功，此时 F_1 为常力，故所做的功为 $F_1 \cdot \dfrac{F_2 l}{EA}$。由于两力做功相互影响，所以不能用叠加原理计算变形能。

图 13-7

(2) 变形能的大小只与载荷的最终值有关而与加载的次序无关。例如，图 13-7(c)所示的两力 F_1 和 F_2，可以采用两种加载次序计算其变形能：

① 力 F_1 和 F_2 同时加载 根据式(13-8)可知，此时杆的变形能为

$$U = \frac{F_1^2 l}{2EA} + \frac{F_2^2 l}{2EA} + \frac{F_1 F_2 l}{EA}$$

② 力 F_1 和 F_2 先后加载 设 Δ_1、Δ_2 分别表示杆在力 F_1、F_2 单独作用时的伸长，此时外力为

$$W = \frac{1}{2} F_1 \Delta_1 + \frac{1}{2} F_2 \Delta_2 + F_1 \Delta_2$$

由于 $U=W$，故

$$U = W = \frac{1}{2} F_1 \Delta_1 + \frac{1}{2} F_2 \Delta_2 + F_1 \Delta_2 =$$

$$\frac{F_1^2 l}{2EA} + \frac{F_2^2 l}{2EA} + \frac{F_1 F_2 l}{EA}$$

显然，对于两种加载次序其变形能是完全相同的。变形能只取决于载荷的最终值而与加载次序无关，这一结论对于其他变形情况也是成立的。

13.3 莫尔定理

从以上各例可以看出，直接利用变形能等于外力功这一关系来求弹性体某点的位移时，要求该点必须有相应的力作用。否则，在外力功的表达式中就不会出现所求点的位移。为了使能量法能用于求弹性体任一点的位移，现以梁为例介绍莫尔定理。

例如，梁 AB[见图 13-8(a)]在逐渐增大至最终值的外力 F_1、F_2 和 F_3 作用下产生弯曲变形。现假定所研究的梁处于小变形情况并且材料服从胡克定律，求梁上任一点 C 处的挠度 y_C。

设梁由外力 F_1、F_2 和 F_3 共同作用下所引起的弯矩 $M(x)$，此时梁的变形能为

$$U = \int_l \frac{M^2(x)\,\mathrm{d}x}{2EI} \tag{13-9}$$

图 13-8

若在各力未加之前，在 C 沿所求位移 y_C 方向先加一个力 F 作用[见图 13-8(b)]，梁在力 F 单独作用下所储存的变形能为

$$U_F = \int_l \frac{M_F^2\,\mathrm{d}x}{2EI} \tag{13-10}$$

式中，M_F 表示梁在力 F 单独作用下所产生的弯矩。

现在若先加力 F，然后再加 F_1、F_2 和 F_3 各力，这时梁所储存的变形能将由三部分组成：一部分是由力 F 作用时储存在梁内的变形能 U_F，即式(13-10)；另一部分由力 F_1、F_2 和 F_3 作用时储存在梁内的变形能。由于梁处于小变形情况，先加力 F 并不影响后加各力作用时产生的位移，故其变形能仍由式(13-9)计算；最后还有一部分变形能，即梁在后加各力作用时 C 点又有一相应的位移[见图 13-8(c)]，因此原先已作用在 C 点的力 F 又做功 Fy_C，此功为常力做功，故在表达时中无系数 1/2。这一部分也将转化为变形能而储存在杆内。这样，在加载的全过程中梁所储存的变形能共为三部分之和，即

$$U_{总} = U_F + U + Fy_C$$

另一方面，设力 F 和力 F_1、F_2、F_3 同时作用于梁上，此时梁上任一截面的弯矩为 $M(x) + M_F$，由式(13-4)可知，此时梁的变形能为 $\int_l \frac{[M(x)+M_F]^2}{2EI}\,\mathrm{d}x$。

因变形能只取决于载荷的最终值而与加载的最终次序无关，故

$$U_F + U + Fy_C = \int_l \frac{[M(x)+M_F]^2}{2EI}\,\mathrm{d}x$$

考虑到

$$U_F = \int_l \frac{M_F^2\,\mathrm{d}x}{2EI},\quad U = \int_l \frac{M^2(x)\,\mathrm{d}x}{2EI}$$

于是上式可简化为

$$Fy_C = \int_l \frac{M(x)M_F}{EI}\,\mathrm{d}x \tag{13-11}$$

若将上式两边同时除以 F,则可得

$$\left(\frac{F}{F}\right)y_C = \int_l \frac{M(x)\left(\frac{M_F}{F}\right)}{EI}dx \tag{13-12}$$

式(13-12)左端可以认为是一个单位力 $F_0 = \left(\frac{F}{F}\right) = 1$(大小等于 1 的无量纲力)所做的功,式(13-12)右边积分中的 $\left(\frac{M_F}{F}\right)$ 可以理解为单位力所产生的弯矩(量纲为长度)并以 M^0 表示。于是式(13-12)又可以转化为直接计算挠度的形式,即

$$y_C = \int_l \frac{M(x)M^0}{EI}dx \tag{13-13}$$

式中:$M(x)$ 为梁在外力作用下任一截面上的弯矩;M^0 为梁在单位力 $F_0 = 1$ 作用下任一截面上的弯矩。

式(13-13)就是莫尔定理的表达式,又称为莫尔积分。

同理,如果需要计算梁内某截面的转角 θ_C,可以在该截面处加一个单位力偶 $M_0 = 1$,于是,与其相应的莫尔定理就可以写成

$$\theta_C = \int_l \frac{M(x)M^0}{EI}dx \tag{13-14}$$

这时,式中的 M^0 应表示为梁在单位力偶 $M_0 = 1$ 作用下任一截面上的弯矩。

为了便于应用,可将式(13-13)、式(13-14)写成统一的形式,即

$$\Delta = \int_l \frac{M(x)M^0}{EI}dx \tag{13-15}$$

式中:Δ 为广义位移(线位移或角位移)。

莫尔定理的应用可以通过下面的例题加以说明。

例 13-4 悬臂梁 AB 如图 13-9(a)所示,已知梁的抗弯刚度 EI 为常量,试求梁端 A 点的挠度 y_A 和 A 截面的转角 θ_A。

解:(1)求 A 点的挠度 y_A 在 A 点沿竖直方向加单位力 F_0[见图 13-9(b)],分别写出梁在外力、单位力作用下的弯矩方程

$$M(x) = -Fx - \frac{qx^2}{2}, \quad M^0 = -1 \cdot x$$

代入莫尔积分式(13-13),得

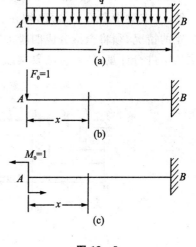

图 13-9

$$y_A = \int_l \frac{M(x)M^0}{EI}\mathrm{d}x = \int_l \frac{-\left(Fx + \frac{qx^2}{2}\right)(-x)}{EI}\mathrm{d}x = \frac{1}{EI}\left(\frac{Fl^3}{3} + \frac{ql^4}{8}\right)(\downarrow)$$

(2) 求 A 截面的转角　在 A 截面加单位力偶 $M_0=1$[见图 13-9(c)]，设为逆时针转向，分别写出梁在外力单位力偶作用下的弯矩方程，即

$$M(x) = -Fx - \frac{qx^2}{2}$$

$$M^0 = -1$$

代入式(13-14)中得

$$\theta_A = \int_l \frac{M(x)M^0}{EI}\mathrm{d}x = \int_l \frac{-\left(Fx + \frac{qx^2}{2}\right)(-1)}{EI}\mathrm{d}x = \frac{1}{EI}\left(\frac{Fl^2}{2} + \frac{ql^3}{6}\right)(\uparrow)$$

通过此例应注意到：

(1) 当求某点的位移或某截面的转角时，应在该点或该截面沿所求位移方向加单位力或单位力偶。

(2) 所得结果为正时，说明实际位移与单位力方向一致，单位力做正功；若所得结果为负，说明实际位移与单位力方向相反，单位力做负功。

例 13-5　变截面梁 AB 如图 13-10(a)所示，已知 $F=30$ kN，弹性模量 $E=200$ GPa，$I_1=6\,550$ cm^4，$I_2=12\,430$ cm^4，求梁中点 E 的挠度 y_E。

解：求梁中点 E 的挠度，须在 E 处加一单位力[见图 13-10(b)]。根据弯矩方程和截面惯性矩的情况，须将全梁分成四段进行积分并求其总和，但考虑到外力和结构的对称性，可以取半根梁进行计算，然后将结果乘以 2 倍即可。

图 13-10

为此，首先求出支座反力 $F_{R_A} = F_{R_B} = F = 30$ kN，然后分段写出梁在外力和在 E 点加单位力时的弯矩方程，即

AC 段 $(0 \leqslant x \leqslant 2$ m$)$

$$M_1 = F_{R_A}x_1 = Fx_1, \qquad M_1^0 = \frac{1}{2}x_1$$

CE 段($2\leqslant x\leqslant 4$ m)

$$M_2 = F_{R_A}x_2 - F(x_2-2) = 2F, \qquad M_2^0 = \frac{1}{2}x_2$$

将上述方程代入式(13-13),并将结果乘以 2 倍得

$$y_E = 2\left(\int_0^2 \frac{1}{EI_1}Fx_1 \cdot \frac{1}{2}x_1 dx_1 + \int_2^4 \frac{1}{EI_2} \cdot 2F \cdot \frac{1}{2}x_2 dx_2\right) = 2\left(\frac{F}{6EI_1}x_1^3\Big|_0^2 + \frac{F}{2EI_2}x_2^2\Big|_2^4\right) =$$

$$2\left(\frac{30\times10^3\text{ N}\times2^3\text{ m}^3}{6\times200\times10^9\text{ Pa}\times6\,550\times10^{-8}\text{ m}^4} + \frac{30\times10^3\text{ N}\cdot\text{m}(4^2-2^2)\text{m}^2}{2\times200\times10^9\text{ Pa}\times12\,430\times10^{-8}\text{ m}^4}\right) =$$

$$2(0.003\,05 + 0.007\,24)\text{m} = 0.020\,5\text{ m} = 2.05\text{ cm}(\downarrow)$$

y 点的挠度结果为正,说明挠度方向与单位力方向一致,即方向向下。

13.4 莫尔定理的应用举例

莫尔定理是在外力功等于变形能这一基础上导出来的。因此,只要材料服从胡克定理和小变形情况,对于任何弹性杆件的位移计算,莫尔积分都能应用。

例如,图 13-11 所示的桁架,由于各杆仅受拉力或压力作用且轴力为常量,于是可得求节点位移的莫尔公式为

$$\Delta = \sum_{i=1}^n \frac{F_{Ni}F_{Ni}^0}{EA_i}l_i \qquad (13-16)$$

式中 F_{Ni}、F_{Ni}^0 分别表示桁架在外力、单位力作用下第 i 根杆的轴力。

对于图 13-12 所示的小曲率曲杆,可以忽略其轴力和剪力的影响,参照式(13-15)写出相应的莫尔积分为

$$\Delta = \int_s \frac{M(x)M^0}{EI}ds \qquad (13-17)$$

图 13-11

图 13-12

式中 ds 表示曲杆微段长度,积分应该遍及曲杆全长 s。在利用式(13-17)计算曲杆位移时,通常规定使杆的曲率增大的弯矩为正弯矩,反之为负弯矩。

对于圆截面杆处于组合变形时,设其任一截面上的内力有轴力 $F_N(x)$、弯矩 $M(x)$、扭矩 $M_T(x)$(略去剪力影响),于是,其轴线上任一点的线位移或某截面角位移的莫尔积分为

$$\Delta = \int_l \frac{F_N(x) F_N^0}{EA} dx + \int_l \frac{M(x) M^0}{EI} dx + \int_l \frac{M_T(x) \cdot M_T^0}{GI_p} dx \qquad (13-18)$$

若结构是由 n 个圆杆组成,则结构的总变形能应该包括 n 个杆件的变形能总和,于是其相应的莫尔积分表达式为

$$\Delta = \sum_{i=1}^n \int_{li} \frac{F_{Ni} F_{Ni}^0}{EA_i} dx + \sum_{i=1}^n \int_{li} \frac{M_i M_i^0}{EI_i} dx + \sum_{i=1}^n \int_{li} \frac{M_{Ti} M_{Ti}^0}{GI_{pi}} dx \qquad (13-19)$$

下面举例说明其应用。

例 13-6 图 13-13(a)所示,刚架 ABC 受载荷集度为 q 的均布力作用,设轴力、剪力均略去不计,试求 A 点竖向位移 y_A 和 B 截面转角 θ_B。

图 13-13

解:(1)求 A 点竖向位移 在 A 点沿竖直方向加单位力 $F_0=1$,分段写出刚架在外力和单位力作用下得弯矩方程(见图 13-13):

AB 段($0 \leqslant x_1 \leqslant a$)

$$M_1 = -\frac{q x_1^2}{2}, \qquad M_1^0 = -x_1$$

BC 段($0 \leqslant x_2 \leqslant a$)

$$M_2 = \frac{q a^2}{2}, \qquad M_2^0 = a$$

将上式代入式(13-19)得 A 点竖向位移为

$$y_A = \int_0^a \frac{M_1 M_1^0}{EI_1} dx + \int_0^a \frac{M_2 M_2^0}{EI_2} dx$$

$$= \int_0^a \frac{1}{EI_1} \left(-\frac{q x_1^2}{2}\right)(-x_1) dx + \int_0^a \frac{1}{EI_2} \left(\frac{q a^2}{2}\right) a \, dx_2$$

$$= \frac{q a^4}{8 EI_1} + \frac{q a^4}{2 EI_2} (\downarrow)$$

(2) 求 B 截面转角　在 B 截面处加一单位力偶 $M_0=1$，其方向为顺时针转向，分段写出刚架在外力 q 及单位力偶 M_0 作用下的弯矩方程：

AB 段 ($0 \leqslant x_1 \leqslant a$)

$$M_1 = -\frac{qx_1^2}{2}, \qquad M_1^0 = 0$$

BC 段 ($0 \leqslant x_2 < a$)

$$M_2 = \frac{qa^2}{2}, \qquad M_2^0 = 1$$

代入式 (13-19) 得 B 点位移为

$$\theta_B = \int_0^a \frac{M_1 M_1^0}{EI_1} dx_1 + \int_0^a \frac{M_2 M_2^0}{EI_2} dx_2 = 0 + \int_0^a \frac{1}{EI_2} \frac{qa^2}{2} dx_2 = \frac{qa^3}{2EI_2}(\downarrow)$$

例 13-7　一支架如图 13-14(a) 所示，节点 B 处受一竖直方向的集中力 F 作用，已知两杆 AB、BC 的抗拉刚度 EA 相等，试求节点 B 的竖向位移 y_B。

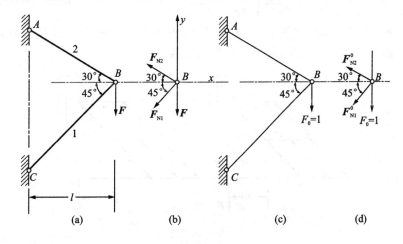

图 13-14

解：(1) 计算支架各杆轴力　支架为拉、压杆组成，可利用式 (13-16) 计算其位移。为此，首先计算支架在外力 F 作用下各杆的轴力。

设两杆轴力分别为 F_{N1}、F_{N2} 且为拉力 [见图 13-14(b)]，由节点 B 的平衡条件

$$\sum F_x = 0, \qquad -F_{N1}\cos 45° - F_{N2}\cos 30° = 0$$

$$\sum F_y = 0, \qquad F_{N2}\sin 30° - F_{N1}\sin 45° - F = 0$$

解得

$$F_{N1} = -0.897 F (压力)$$

$$F_{N2} = 0.732 F (拉力)$$

(2) 计算支架各杆在单位力作用下的轴力　将外力 F 去掉而在 B 点竖直方向加一单位

力 $F_0=1$[见图 13-14(c)],然后计算支架梁杆在此单位力作用下的轴力[见图 13-14(d)]为

$$F_{N1}^0 = -0.897\ F_0(压力)$$
$$F_{N2}^0 = 0.732\ F_0(拉力)$$

将上述结果代入式(13-16),可求得 B 点的竖向位移为

$$y_B = \sum_{i=1}^{n} \frac{F_{Ni}F_{Ni}^0}{EA}l_i = \frac{F_{N1}F_{N1}^0}{EA}\left(\frac{1}{\cos 45°}\right) + \frac{F_{N2}F_{N2}^0}{EA}\left(\frac{l}{\cos 30°}\right)$$

$$= \frac{(-0.897\ F)(-0.897\ F_0)}{EA}\left(\frac{1}{\cos 45°}\right)$$

$$+ \frac{(0.732\ F)(0.732\ F_0)}{EA}\left(\frac{l}{\cos 30°}\right) = \frac{1.76}{EA}Fl(\downarrow)$$

B 点的竖向位移结果为正,表示实际位移与单位力方向相同。

若设 $l=600$ cm,$F=40$ kN,$E=200$ GPa,两横截面面积均为 $A=1.43$ cm^2,代入上式后可得

$$y_B = \frac{1.76}{EA}Fl = \frac{1.76 \times 40 \times 10^3\ \text{N} \times 0.6\ \text{m}}{200 \times 10^9\ \text{Pa} \times 1.43 \times 10^{-4}\ \text{m}^2} = 147.5 \times 10^{-4}\ \text{m} = 1.475\ \text{cm}(\downarrow)$$

＊例 13-8 刚架 ABC 如图 13-15(a)所示,力 F 作用于端点 C 处且与刚架平面垂直,设各杆材料和截面尺寸完全相同,求 C 点的竖向位移 y_C。

图 13-15

解：求 C 点竖向位移是弯扭组合变形时的位移计算问题。为此,在竖直方向加单位力 $F_0=1$,如图 13-15(b)所示,分别写出各杆在外力 F 和单位力 F_0 作用下所产生的弯矩和扭矩方程。

BC 杆:弯矩　　$M_1 = Fx_1$,　　$M_1^0 = 1x_1$

AB 杆:弯矩　　$M_2 = Fx_2$,　　$M_2^0 = 1x_2$

　　　　扭矩　　$M_{T2} = Fl_1$,　　$M_{T2}^0 = 1l_1$

将上述方程代入公式(13-19)得

$$y_C = \sum_{i=1}^{n}\int_l \frac{M_i M_i^0}{EI_i}\mathrm{d}x + \sum_{i=1}^{n}\int_l \frac{M_{Ti}M_{Ti}^0}{GI_p}\mathrm{d}x$$

$$= \left(\frac{1}{EI} \cdot \int_0^{l_1} Fx_1 \cdot x_1 \mathrm{d}x_1 + \frac{1}{EI}\int_0^{l_2} Fx_2 \cdot x_2 \mathrm{d}x_2\right) + \frac{1}{GI_p}\int_0^{l_2} Fl_1 \cdot l_1 \mathrm{d}x_2$$

$$= \frac{Fl_1^3}{3EI} + \frac{Fl_2^3}{3EI} + \frac{Fl_1^2 l_2}{GI_p} = \frac{F}{3EI}(l_1^3 + l_2^3) + \frac{Fl_1^2 l_2}{GI_p}$$

*13.5　卡氏定理

卡氏定理和莫尔定理一样,也是计算弹性体任一点位移的普遍方法。

现以梁的弯曲为例加以说明。设梁在外力 $F_1, F_2, \cdots, F_n$ 作用下产生的弯曲变形(见图 13-16(a)),求对应于任一外力 F_n 作用点处的位移(挠度)y_n 值。

由于作用在梁上各外力是逐渐增大至最终值的,因此,在小变形条件下,储存在梁内的变形能 U 等于外力功 W,即

$$U = W = \frac{1}{2}(F_1 y_1 + F_2 y_2 + F_3 y_3 + \cdots + F_n y_n + \cdots)$$

式中 $y_1, y_2, y_3, \cdots, y_n$ 是梁在外力 $F_1, F_2, F_3, \cdots F_n$ 同时作用下各外力作用点处沿外力方向的位移。因为各挠度值是随外力大小而变化的,因此,变形能是外力 $F_1, F_2, F_3, \cdots, F_n$ 的函数,即

$$U = f(F_1, F_2, F_3, \cdots, F_n)$$

若在此基础上让任一力 F_n 有一增量 $\mathrm{d}F_n$[见图 13-16(b)],则变形能也有一个相应的增量 $\mathrm{d}U$。于是,梁的总变形能为

$$U + \mathrm{d}U = U + \frac{\partial U}{\partial F_n}\mathrm{d}F_n \tag{13-20}$$

图 13-16

现将加力次序颠倒一下,即先加微力 $\mathrm{d}F_n$ 后再施加力 $F_1, F_2, F_3, \cdots, F_n$[见图 13-16(c)],此时,力 $\mathrm{d}F_n$ 首先做功 $\frac{1}{2}\mathrm{d}F_n \cdot \mathrm{d}y_n$,其中 $\mathrm{d}y_n$ 为力 $\mathrm{d}F_n$ 单独作用时与其相对应的位移。当后加各力 $F_1, F_2, F_3, \cdots, F_n$ 时,根据小变形条件,梁在这些力作用下所产生的挠度 $y_1, y_2, y_3, \cdots, y_n$ 不因已作用了力 $\mathrm{d}F_n$ 而受影响。因此,这些力所做的功仍由式(13-19)表示。但是,当后加各力的作用时,原先已作用在梁上的微力 $\mathrm{d}F_n$ 又对位移 y_n 做功。这样,在加载过程中梁的总变形能为三部分之和,即

$$\frac{1}{2}\mathrm{d}F_n\mathrm{d}y_n + U + \mathrm{d}F_n y_n \qquad (13-21)$$

由于变形能只与载荷的最终值有关,而与加载的先后次序无关,故式(13-20)、式(13-21)两式应相等,即

$$U + \frac{\partial U}{\partial F_n}\mathrm{d}F_n = \frac{1}{2}\mathrm{d}F_n\mathrm{d}y_n + U + \mathrm{d}F_n y_n$$

略去高阶微量,最后可得卡氏定理为

$$y_n = \frac{\partial U}{\partial F_n} \qquad (13-22)$$

式(13-22)说明,某一外力作用点沿力方向的位移,等于弹性体的总变形能对该力的偏导数。

用同样的方法可以证明,某一集中力偶 M_n 作用处的转角 θ_n,等于总变形能对该力偶的偏导数,即

$$\theta_n = \frac{\partial U}{\partial M_n} \qquad (13-23)$$

若将弯曲变形能 $U = \int_l \dfrac{M^2(x)\mathrm{d}x}{2EI}$ 代入式(13-23),可得挠度的计算公式为

$$y_n = \frac{\partial U}{\partial F_n} = \frac{\partial}{\partial F_n}\int_l \frac{M^2(x)\mathrm{d}x}{2EI}$$

由于上式的积分是以 x 为变量的,而求偏导数是对某外力 F_n 进行的,因此可先求偏导数后再积分,这样上式就可改写成常用的形式,即

$$y_n = \int_l \frac{M(x)}{EI}\frac{\partial M(x)}{\partial F_n}\mathrm{d}x \qquad (13-24\mathrm{a})$$

同理,对应于力偶 M_n 作用处的转角可写成

$$\theta_n = \int_l \frac{M(x)}{EI}\frac{\partial M(x)}{\partial M_n}\mathrm{d}x \qquad (13-24\mathrm{b})$$

若用 F 表示广义力(集中力或集中力偶),Δ 表示广义位移(线位移或角位移),则式(13-24a)、(13-24b)两式可写成统一的形式,即

$$\Delta = \int_l \frac{M(x)}{EI}\frac{\partial M(x)}{\partial F}\mathrm{d}x \qquad (13-25)$$

式(13-25)的积分应遍及于全梁。如果梁的各段弯矩或截面尺寸不同,则该积分就应分段进行,然后求其总和。

必须指出,用卡氏定理求弹性体某一点或某截面位移时,在该点或该截面必须有相应的力或力偶作用。否则,就必须在该点或该截面沿所求位移方向假想附加一集中力 F_i 或集中力偶 M_i,在完成偏导数之后再令它为零。

例 13-9 悬臂梁 AB 受力如图 13-17(a)所示,设梁的抗弯刚度 EI 为常量,求 A 点挠度 y_A 和 A 截面转角 θ_A。

解：（1）求挠度 y_A 写出梁的弯矩方程并求其偏导数，即

$$M(x) = -Fx - \frac{qx^2}{2} \quad (0 \leqslant x < l), \qquad \frac{\partial M(x)}{\partial F} = -x$$

将上述结果代入式(13-24a)中得

$$y_A = \int_0^l \frac{-1}{EI}\left(Fx + \frac{qx^2}{2}\right)(-x)\mathrm{d}x = \frac{1}{EI}\left(\frac{Fl^3}{3} + \frac{ql^4}{8}\right)(\downarrow)$$

所得结果为正，说明位移方向与该点处集中力方向相同，即方向向下。

（2）求转角 θ_A 在 A 截面处由于无集中力偶作用，故在此处先附加一力偶 M_i，方向如图 13-17(b)所示，写出梁在外载荷及 M_i 共同作用下的弯矩方程，并求出偏导数，即

图 13-17

$$M(x) = -Fx - \frac{qx^2}{2} - M_i \quad (0 < x < l), \qquad \frac{\partial M(x)}{\partial M_i} = -1$$

将上式代入式(13-24(b))中并令 $M_i = 0$ 得

$$\theta_A = \int_0^l \frac{-1}{EI}\left(Fx + \frac{qx^2}{2}\right)(-1)\mathrm{d}x = \frac{1}{EI}\int_0^l\left(Fx + \frac{qx^2}{2}\right)\mathrm{d}x = \frac{1}{EI}\left(\frac{Fl^2}{2} + \frac{ql^3}{6}\right)(\uparrow)$$

结果为正，说明转角方向与附加力偶方向相同。

上述结果与用莫尔积分所得结果（例 13-4）是完全一致的。

例 13-10 刚架 ABC 如图 13-18(a)所示，设刚架的抗弯强度 EI 为常量且不计轴力影响，求 A 点竖向位移 y_A。

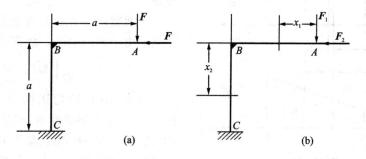

图 13-18

解： 由卡氏定理知，整个刚架的变形能对 A 点竖直方向的力 F 取偏导数就等于 A 点竖向位移。但 A 点水平方向的力也为 F，为避免求偏导时混淆，应将这两个力 F 加以区别，例如设竖向力为 F_1，水平力为 F_2[见图 13-18(b)]，于是有

$$M_1 = F_1 x_1 \quad (0 \leqslant x_1 \leqslant a), \qquad \frac{\partial M_1}{\partial F_1} = x_1$$

$$M_2 = F_1 a - F_2 x_2 \quad (0 \leqslant x_2 \leqslant a), \qquad \frac{\partial M_2}{\partial F_1} = a$$

将上述结果代入式(13-25)得

$$y_A = \int_0^a \frac{1}{EI} F_1 x_1 \cdot x_1 \mathrm{d}x_1 + \int_0^a \frac{1}{EI}(F_1 a - F_2 x_2) a \mathrm{d}x_2 =$$

$$\frac{F_1 a^3}{3EI} + \frac{F_1 a^3}{EI} + \frac{F_2 a^3}{2EI}$$

最后再令上式中的 $F_1 = F_2 = F$,可得结果为

$$y_A = \frac{5Fa^3}{6EI}(\downarrow)$$

通过上述两例可以看出,卡氏定理中的偏导数 $\frac{\partial M(x)}{\partial F}$ 就相当于莫尔定理中的单位力(或单位力偶)所产生的弯矩 M^0,两定理只是在形式上有所不同而已。

*13.6 图乘法

在运用莫尔积分 $\Delta = \int \frac{M(x)M^0}{EI} \mathrm{d}x$ 计算等截面直杆的位移时,由于 EI 是常量且 M^0 是在单位力(或单位力偶)作用下的弯矩,其图形必定是直线或折线。于是,可运用 $M(x)$、M^0 的几何图形来计算莫尔积分,这样可使计算工作更加简便。

图 13-19

下面就以等直杆的弯曲为例说明其计算方法。由于 EI 为常量,故莫尔积分可写成

$$\Delta = \frac{1}{EI}\int_l M(x)M^0 \mathrm{d}x \qquad (13-26)$$

设梁 AB 段的弯矩图形为任一曲线(见图 13-19(a)),而单位力(或单位力偶)作用下的弯矩图形为一斜直线[见图 13-19(b)],取斜直线与 x 轴之交点作为坐标原点,斜直线与 x 轴之夹角为 α。由图可见,M^0 图上任一点的纵坐标为

$$M^0 = x \tan \alpha$$

于是积分

$$\int_l M(x) M^0 \mathrm{d}x = \int_l M(x) x \tan \alpha \mathrm{d}x = \tan \alpha \int_l M(x) x \mathrm{d}(x) \qquad (13-27)$$

式(13-27)中积分符号内的 $M(x)\mathrm{d}x \cdot x$ 为 M 图形中阴影线的微面积对 y 轴的静矩,故 $\int_l M(x)x\mathrm{d}x$ 就是 M 图的面积对 y 轴的静矩。若以 ω 表示 M 图的面积,则该积分就等于 M 图的面积 ω 乘以 M 图面积形心 C 点到 y 轴的距离 x_C,即

$$\int_l M(x)\mathrm{d}x \cdot x = \omega \cdot x_C$$

于是

$$\int_l M(x)M^0 \mathrm{d}x = \tan\alpha \cdot \omega \cdot x_C = \omega \cdot M_C^0 \qquad (13-28)$$

式中 M_C^0 表示 M 图面积的形心 C 点所对应 M^0 图上的纵坐标值[见图 13-19(b)]。

上式说明:弯矩 $M(x)$ 与 M^0 乘积的积分,等于弯矩 $M(x)$ 图形的面积 ω 乘以该图面积形心 C 点所对应的另一直线弯矩图形的纵坐标值 M_C^0。

若将式(13-28)代入式(13-26),最后可得图乘法的计算公式为

$$\Delta = \frac{\omega \cdot M_C^0}{EI} \qquad (13-29)$$

上述把莫尔积分化作图形相乘的计算方法称为图形互乘法,简称图乘法。

在使用式(13-29)时应注意:

(1) 弯矩图面积 ω 及 M_C^0 值均带有正负号。当 $M(x)$ 与 M^0 图形在 x 轴同侧时,其乘积结果为正,正值表示位移方向与单位力同向;若 $M(x)$、M^0 图形在 x 轴之异侧,其乘积结果为负,负值表示位移方向与单位力反向。

(2) 当 $M(x)$ 图形为任一曲线而图形 M^0 图形为折线时,应以折线的转折点为界将 $M(x)$ 图分成几段,使得每段中的 M^0 图的直线倾角为常量,最后求其总和。此时公式(13-29)可改写为

$$\Delta = \sum_{i=1}^n \frac{\omega_i \cdot M_{Ci}^0}{EI_i} \qquad (13-30)$$

式中 i 表示分段数目。

(3) 同理可证,对于等直杆的拉压或扭转变形的情况,也可仿照上述方法用图乘来代替相应的积分 $\int_l F_N(x)F_N^0\mathrm{d}x$ 及 $\int_l M_T(x)M_T^0\mathrm{d}x$ 计算,从而也能得到与式(13-29)相似的公式。

为便于图乘法计算,在图 13-20 中给出四种常见图形的面积公式及其形心 C 点的位置。

例 13-11 简支梁 AB 如图 13-21(a)所示,设梁的抗弯刚度 EI 为常量,求中点 C 的挠度 y_C 和 A 截面转角。

解:

(1) 求梁中点挠度 y_C:

(a) 三角形 $\omega = \frac{1}{2}lh$

(b) 二次抛物线 $\omega = \frac{2}{3}lh$

(c) 二次抛物线 $\omega = \frac{2}{3}lh$

(d) 二次抛物线 $\omega = \frac{1}{3}lh$

图 13-20

图 13-21

① 作梁在外力作用下的弯矩图[见图 13-21(a)]。

② 在 C 点加一向下的单位力 F_0,并作梁在单位力作用下的弯矩图[见图 13-21(b)]。

③ 用图乘公式计算挠度。由于图(b)在 C 点有转折,故将 AB 梁的 M 图以 C 点为界分成两段,考虑到左右对称,不难求得

$$\omega_1 = \omega_2 = \frac{1}{2} \cdot \frac{l}{2} \cdot \frac{Fl}{4} = \frac{Fl^2}{16},$$

$$M_{C1}^0 = M_{C2}^0 = \frac{2}{3} \cdot \frac{l}{4} = \frac{l}{6}$$

代入式(13-30)得

$$y_C = \sum_{i=1}^n \frac{\omega M_C^0}{EI} = \frac{2}{EI}\left(\frac{Fl^2}{16} \times \frac{l}{6}\right) = \frac{Fl^3}{48EI}(\downarrow)$$

y_C 结果为正,说明位移方向与单位力同向。

(2) 求转角 θ_A:

① 在 A 截面处加一单位力偶 M_0,并作梁在 M_0 作用下的弯矩图[见图 13-21(c)]。

② 对图(a)、(c)作图乘。考虑到图(c)在整个梁

AB 段内倾角为常数,故可按一段计算,即

由图(a)得

$$\omega = \frac{1}{2}l \cdot \frac{Fl}{4} = \frac{Fl^2}{8}$$

由图(c)得

$$M_C^0 = -\frac{1}{2}$$

代入式(13-30)得

$$\theta_A = -\frac{1}{EI}\left(\frac{Fl^2}{8} \times \frac{1}{2}\right) = -\frac{Fl^2}{16EI}(\downarrow)$$

θ_A 所求结果为负,说明实际转角与单位力偶相反。

13.7 功的互等定理和位移互等定理

利用变形能不仅可以求出杆件某点或某截面处的位移,而且还可以用来导出功的互等定理和位移互等定理,这两个定理在结构分析中占有重要的地位。

现以梁弯曲为例来证明这两个定理。如图 13-22(a)的悬臂梁,设作用于 A 点的力 $\boldsymbol{F}_A$ 在 A、B 两点处所产生的挠度分别为 y_{AA} 和 y_{BA} [见图 13-22(a)],而作用在 B 点的力 $\boldsymbol{F}_B$ 在 A、B 两点处所产生的挠度分别为 y_{AB} 和 y_{BB} [见图 13-22(b)],下面通过两种加载方式时外力所做的功,来证明这两个定理:

(1) 先加力 $\boldsymbol{F}_A$,然后再加力 $\boldsymbol{F}_B$ [见图 13-22(c)],这时两力所做的功 W_1 为三部分之和,即

$$W_1 = \frac{1}{2}F_A \cdot y_{AA} + \frac{1}{2}F_B \cdot y_{BB} + F_A \cdot y_{AB} \tag{13-31}$$

(2) 先加力 $\boldsymbol{F}_B$,然后再加力 $\boldsymbol{F}_A$ [见图 13-22(d)],这时两力所做的功 W_2 也为三部分之和,即

$$W_2 = \frac{1}{2}F_B \cdot y_{BB} + \frac{1}{2}F_A \cdot y_{AA} + F_B \cdot y_{BA} \tag{13-32}$$

由于变形能只能取决于力(或变形)的最终值而与加载的先后次序无关,所以,对上述两种加载方式,梁的变形能是相同的。由 $U=W$ 关系,可知 $W_1 = W_2$,即由式(13-31)及式(13-32)得

$$F_A \cdot y_{AB} = F_B \cdot y_{BA} \tag{13-33}$$

式(13-33)说明,力 $\boldsymbol{F}_A$ 在由力 $\boldsymbol{F}_B$ 引起的 A 点位移 y_{AB} 上所做的功,等于力 $\boldsymbol{F}_B$ 在由力 $\boldsymbol{F}_A$ 引起的 B 点位移 y_{BA} 上所做的功,这就是功的互等定理。

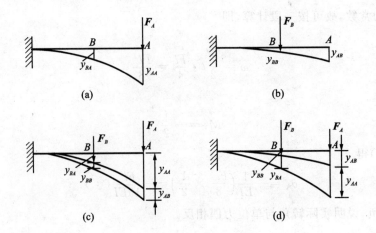

图 13-22

若令 $F_A = F_B = F$,则由式(13-33)得

$$y_{AB} = y_{BA} \tag{13-34}$$

式(13-34)说明,力 F 作用于 B 点时在 A 点所产生的位移,等于同一个力 F 作用于 A 点时在 B 点所产生位移(见图 13-23),这就是位移互等定理。

图 13-23

在上述推证过程中,虽然以梁为例,但这两个定理对任何弹性体都是成立的,只要满足力与位移成线性关系即可。

*13.8 用能量法解超静定问题

在拉压、弯曲各章中已经研究了拉压超静定问题和超静定梁,本节将介绍如何用能量法解超静定问题。

图 13-24(a)所示为一次超静定梁。解除 B 端的多余约束后,在基本静定梁上受有载荷 q 及多余约束反力 F_{R_B} 的作用[见图 13-24(c)]。根据莫尔定理可写出基本静定梁在 B 处的变形协调条件为

$$y_0 = \int_L \frac{M(x)M^0}{EI} dx = 0$$

下面分别写出基本静定梁在载荷(包括 q 及多余约束反力 F_{R_B})和在 B 处加单位力 $F_0=1$ [见图 13-24(d)]时所产生的弯矩方程,即

$$M(x) = F_{R_B}x - \frac{qx^2}{2} \quad (0 \leqslant x \leqslant l)$$

$$M^0 = 1x \quad (0 \leqslant x \leqslant l)$$

将上述结果代入变形协调条件中

$$y_B = \int_l \frac{1}{EI}\left(F_{R_B}x - \frac{qx^2}{2}\right)x\mathrm{d}x = 0$$

解得

$$F_{R_B} = \frac{3}{8}ql$$

其余反力可通过静力平衡条件求出,在此不再详述。

如用卡氏定理,可直接写出多余约束力 B 处的变形协调条件为

$$y_B = \int_l \frac{M(x)}{EI}\frac{\partial M}{\partial F_{R_B}}\mathrm{d}x = 0$$

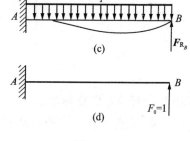

图 13-24

这里的多余约束力 F_{R_B} 应看作是载荷。于是,可写出基本静定梁弯矩方程并对 F_{R_B} 求偏导数,即

$$M(x) = F_{R_B} \cdot x - \frac{qx^2}{2} \quad (0 \leqslant x \leqslant l), \qquad \frac{\partial M}{\partial F_{R_B}} = x$$

将此结果代入变形协调条件中,即

$$y_B = \int_0^l \frac{1}{EI}\left(F_{R_B}x - \frac{qx^2}{2}\right)x\mathrm{d}x, \qquad \frac{1}{3EI}F_{R_B}l^3 - \frac{1}{8EI}ql^4 = 0$$

由此解得

$$F_{R_B} = \frac{3}{8}ql$$

其余反力仍由静力平衡条件求出。

显然,用卡氏定理和莫尔定理所得结果完全相同。

例 13-12 杆系结构如图 13-25(a)所示,各杆长均为 l,设各杆抗拉刚度 EA 为常量,D 点受拉力 F 作用,求各杆轴力。

解: 设 A、B、C 三点的约束反力分别为 F_{R_A}、F_{R_B}、F_{R_C},因为各力均汇交于 D 点,可列出两个平衡方程,故杆系为一次超静定问题。

设 B 处约束为多余约束,杆系的基本静定结构如图 13-28(b)所示。用卡氏定理可写出 B 点的位移条件为

$$\delta_B = \frac{\partial U}{\partial F_{R_B}} = 0$$

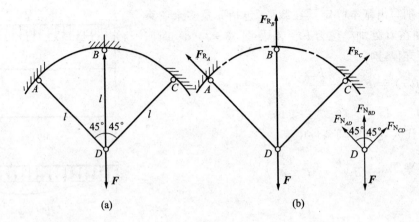

图 13 – 25

式中 U 是杆系的总变形能。

为此,首先求出基本静定结构在载荷 F 和 F_{R_B} 共同作用下的约束反力,即

由 $\sum F_x = 0$, $F_{R_C} \cos 45° - F_{R_A} \cos 45° = 0$

解得 $F_{R_A} = F_{R_C}$

由 $F_{R_A} \sin 45° + F_{R_C} \sin 45° + F_{R_B} - F = 0$

解得 $$F_{R_A} = \frac{F - F_{R_B}}{\sqrt{2}}$$

因各杆均为两力构件,故各杆轴力分别为

$$F_{N_{AD}} = F_{R_A} = \frac{F - F_{R_B}}{\sqrt{2}}, \quad F_{N_{BD}} = F_{R_B}, \quad F_{N_{CD}} = F_{R_C} = F_{R_A} = \frac{F - F_{R_B}}{\sqrt{2}}$$

于是,杆系的总变形能为

$$U = 2 \times \frac{F_{N_{AD}}^2 l}{2EA} + \frac{F_{N_{BD}}^2 l}{2EA} =$$

$$2 \left[\frac{\left(\frac{F - F_{R_B}}{\sqrt{2}} \right)^2 \cdot l}{2EA} \right] + \frac{F_{R_B}^2 l}{2EA} = \frac{1}{2EA} [(F - F_{R_B})^2 + F_{R_B}^2] l$$

将 U 对 F_{R_B} 求偏导数后并令其为零,则

$$\delta_B = \frac{\partial U}{\partial F_{R_B}} = \frac{l}{2EA} [-2(F - F_{R_B}) + 2 F_{R_B}] = 0$$

由此解得

$$F_{R_B} = \frac{1}{2} F$$

求出 F_{R_B} 后,F_{R_A},F_{R_C} 即可求出,即

$$F_{R_C} = F_{R_A} = \frac{F - F_{R_B}}{\sqrt{2}} = \frac{F - \dfrac{F}{2}}{\sqrt{2}} = \frac{F}{2\sqrt{2}} = 0.35F$$

所得结果为正,说明各杆受力方向与原设方向相同,即受拉力。

思 考 题

1. 计算构件的变形能,在什么情况下能叠加,在什么情况下不能叠加?试举例说明。

2. 莫尔积分中的单位力起什么作用?它的单位是什么?用任意力代替是否可以?

3. 推导莫尔定理时用了哪些原理和条件?

4. 用莫尔积分求位移时,若所得结果为正,为什么位移方向就与单位力方向相同?

5. 试比较莫尔定理和卡氏定理的异同点?

6. 附加力 F_i 或 M_i 起什么作用?在对它求偏导数后又令其为零,为什么还要把它加上去?

7. 梁 ABC 受力情况如图 13-26 所示,试问是否可以由 $\dfrac{\partial U}{\partial F}$ 来求 B 点的挠度?

图 13-26

8. 图乘法的使用条件是什么?

习 题

以下习题中,设定材料都是线弹性的。

题 13-1 图

13-1 两根圆截面直杆的材料相同,尺寸如题 13-1 图所示,其中一根为等截面杆,另一根为变截面杆。试比较两根杆件的变形能。

答:(a) $U = \dfrac{2F^2 l}{\pi E d^2}$, (b) $U = \dfrac{7F^2 l}{8\pi E d^2}$。

13-2 计算题 13-2 图示各构件的变形能。设 EI、GI_p 等均已知。

答:(a) $U = \dfrac{F^2 a^2}{EI}\left(\dfrac{l}{2} - \dfrac{2}{3}a\right)$;

(b) $U = \dfrac{l^3}{2EI}\left(\dfrac{F^3}{3} + \dfrac{Fql}{4} + \dfrac{q^2 l^2}{20}\right)$;

(c) $U = \dfrac{9.6 M_0^2 l}{\pi G d_1^4}$;

(d) $U = \dfrac{\pi F^2 R^3}{8 EI}$。

题 13-2 图

13-3 计算题 13-3 图示结构的变形能。设 EA、EI 均已知。

答：$U = \dfrac{F^2 l^3}{16EI} + \dfrac{3F^2 l}{4EA}$。

13-4 传动轴受力情况如题 13-4 图所示。轴的直径为 40 mm，材料为 45 号钢，$E = 210$ GPa，$G = 80$ GPa。试计算轴的变形能。

答：$U = 60.4$ N·mm。

题 13-3 图 题 13-4 图

13-5 试求题 13-5 图示各梁的截面 B 的挠度和转角。设 $EI =$ 常数。

答：(a) $y_B = \dfrac{qa^3}{24EI}(4l - a)(\downarrow)$；$\theta_B = \dfrac{qa^3}{6EI}(\downarrow)$；

(b) $y_B = \dfrac{5Fl^3}{384EI}(\downarrow)$; $\theta_B = \dfrac{Fl^2}{12EI}(\downarrow)$。

题 13-5 图

13-6 如题 13-6 图示为变截面梁。试求在力 F 作用下截面 B 的竖向位移和截面 A 的转角。

答:(a) $y_B = \dfrac{5Fa^3}{12EI}(\downarrow)$; $\theta_A = \dfrac{5Fa^2}{4EI}(\uparrow)$;

(b) $y_B = \dfrac{5Fa^3}{6EI}(\downarrow)$; $\theta_A = \dfrac{Fa^2}{EI}(\downarrow)$。

题 13-6 图

13-7 已知如题 13-7 图示刚架 AC 和 CD 两部分的 $I = 3 \times 10^3 \text{ cm}^4$,$E = 200 \text{ GPa}$。试求截面 D 的水平位移和转角。已知 $F = 10 \text{ kN}$,$l = 1 \text{ m}$。

答:$x_D = 21.1 \text{ mm}(\leftarrow)$;$\theta_D = 0.011\ 7 \text{ rad}(\downarrow)$。

13-8 如题 13-8 图示桁架各杆的材料相同,截面面积相等。试求节点 C 处的水平位移和垂直位移。

答:$x_C = 3.38\dfrac{Fl}{EA}(\leftarrow)$; $y_C = \dfrac{Fl}{EA}(\uparrow)$。

13-9 如题 13-9 图示桁架各杆的材料相同,截面面积相等。在载荷 F 的作用下,试求节点 B 与 D 间的相对位移。

答:$\delta_{BD} = 2.71\dfrac{Fl}{EA}$(靠近)。

13-10 如题 13-10 图中绕过无摩擦滑轮的钢索的截面面积为 76.36 mm²,$E_{索} = 177$ GPa,$F = 20$ kN。若不把 $ABCD$ 假设为刚体,且已知其抗弯刚度为 $EI = 1\ 440 \text{ kN} \cdot \text{m}^2$,试求 C 点的垂直位移。

答:$\delta_C = 0.937 \text{ mm}(\downarrow)$。

题 13-7 图　　　　　题 13-8 图　　　　　题 13-9 图

***13-11**　由杆系及梁组成的混合结构如题 13-11 图所示。设 F、a、E、A、I 均为已知。试求 C 点的垂直位移。

答：$\delta_C = \dfrac{Fa^3}{6EI} + \dfrac{3Fa}{4EA}(\downarrow)$。

13-12　平面刚架如题 13-12 图所示。若刚架各部分材料和截面相同，试求截面 A 的转角。

答：$\theta_A = 16.5\dfrac{Fl^2}{EI}(\curvearrowright)$。

题 13-10 图　　　　　题 13-11 图　　　　　题 13-12 图

***13-13**　等截面曲杆如题 13-13 图所示。试求截面 B 的垂直位移和水平位移以及截面 B 的转角。

答：$y_B = \dfrac{FR^3}{2EI}(\downarrow)$；$x_B = 0.356\dfrac{FR^3}{EI}(\rightarrow)$；$\theta_B = 0.571\dfrac{FR^2}{EI}(\curvearrowright)$。

***13-14**　等截面曲杆 BC 的轴线为四分之三的圆周，如题 13-14 图所示，若 AB 杆可视为刚性杆，试求在 F 力作用下，截面 B 的水平位移及垂直位移。

答：$x_B = \dfrac{FR^3}{2EI}(\leftarrow)$；$y_B = 3.36\dfrac{FR^3}{EI}(\downarrow)$。

13-15   在如题 13-15 图示曲拐的端点 C 上作用集中力 F。设曲拐两段材料相同且均为统一直径的圆截面杆，试求 C 点的垂直位移。

答：$\delta_C = \dfrac{2Fa^3}{3EI} + \dfrac{Fa^3}{GI_F}(\uparrow)$。

题 13-13 图

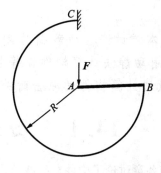

题 13-14 图

13-16   轴线为水平平面内四分之一圆周的曲杆如题 13-16 图所示，在自由端 B 作用垂直载荷 F。设 EI 和 GI_p 已知，试求截面 B 在垂直方向的位移。

答：$\delta_B = FR^3 \left(\dfrac{0.785}{EI} + \dfrac{0.356}{GI_F} \right)(\downarrow)$。

题 13-15 图

题 13-16 图

第 14 章 动荷应力

本章讨论在动载荷作用下构件内产生的动荷应力,主要介绍两类问题:用动静法计算构件作等加速直线运动或等角速转动时的动荷应力;用能量法计算构件受冲击时的动荷应力。

14.1 动载荷与动应力的概念

以前各章讨论了构件在静载荷作用下的强度、刚度和稳定性问题。所谓静载荷是指由零缓慢地增加到某一值后保持不变(或变动很小)的载荷。在静载荷作用下,构件内各点没有加速度,或加速度很小,可略去不计。此时,构件内的应力称为静应力。若作用在构件上的载荷随时间有显著的变化,或在载荷作用下,构件上各点产生显著的加速度,这种载荷称为**动载荷**。例如,加速度起吊重物时的钢索,高速旋转的飞轮,锻压工件时的汽锤锤杆等,都受到不同形式的动载荷作用。

构件中动载荷产生的应力,称为**动应力**。实验表明,在静载荷作用下服从胡克定律的材料,在动载荷作用下,只要动应力在材料的比例极限之内,胡克定律仍然成立,而且弹性模量也与静载荷下的数值相同。下面通过实例,讨论构件作匀加速直线运动和匀速转动的动应力计算问题。

14.2 构件作匀加速直线运动和匀速转动时的应力计算

14.2.1 构件作匀加速直线运动时的应力计算

吊车以匀加速度 a 提升重物[见图 14-1(a)]。设重物的重量为 G,钢绳的横截面面积为 A,重量不计。计求钢绳中的应力。

用截面法将钢绳沿 $n-n$ 面截开,取下半部分为研究对象[见图 14-1(b)]。按照动静法(达朗伯原理),对匀加速直线运动的物体,如加上惯性力,就可以作静力学平衡问题处理。设重物的惯性力为 F_d,其大小为重物的质量 m 与加速度 a 的乘积,即

$$F_d = ma = \frac{G}{g} \cdot a$$

第 14 章 动荷应力

图 14-1

方向与加速度 a 相反。F_{Nd} 为钢绳在动载荷作用下的轴力,则重量 G、轴力 F_{Nd} 和惯性力 F_d 在形式上构成平衡力系,由平衡方程

$$\sum F = 0, \quad F_{Nd} - G - \frac{G}{g} \cdot a = 0$$

得

$$F_{Nd} = G + \frac{G}{g} \cdot a = G\left(1 + \frac{a}{g}\right) \tag{14-1}$$

则钢绳横截面上的动应力为

$$\sigma_d = \frac{F_{Nd}}{A} = \frac{G}{A}\left(1 + \frac{a}{g}\right) \tag{14-2}$$

式中,$\frac{G}{A} = \sigma_j$(钢绳在重量 G 作用下的静应力)。令

$$K_d = 1 + \frac{a}{g} \tag{14-3}$$

则式(14-2)可表示为

$$\sigma_d = K_d \sigma_j \tag{14-4}$$

式中,K_d 称为**动荷系数**,它表示动应力 σ_d 与静应力 σ_j 的比值。由式(14-3)可知,K_d 值随加速度 a 而变。当 $a = 0$ 时,$K_d = 1$,此时,钢绳中的应力为静应力 $\sigma_j = \frac{G}{A}$。

式(14-4)表示了构件动应力与静应力的关系。在很多动载荷问题中,均可应用这一公式计算动应力。不过,在不同问题中,动荷系数的表达式不同。在简单情况下,动荷系数可通过分析计算求得;在复杂情况下,则需要用实验的方法测定。因此,构件动载下的强度条件可表示为

$$\sigma_{d,\max} = K_d \sigma_{j,\max} \leqslant [\sigma] \tag{14-5}$$

$$\sigma_{j,\max} \leqslant \frac{[\sigma]}{K_d} \tag{14-6}$$

式中:$\sigma_{d,max}$ 和 $\sigma_{j,max}$ 分别为构件的最大动应力与最大静应力;$[\sigma]$ 为材料在静载下的许用应力。

式(14-6)表明,若将材料在静载荷下的许用应力 $[\sigma]$ 除以动荷系数 K_d 作为许用应力,则动载强度问题便转换为静载强度问题。

例 14-1 矿井提升机构如图 14-2 所示,提升矿物的重量(包括吊笼重量)$G=40$ kN。启动时,吊笼上升,加速度 $a=1.5$ m/s²,吊索横截面面积 $A=8$ cm²,自重不计。试求启动过程中绳索横截面上的动应力。

图 14-2

解: 吊索横截面上的静应力为

$$\sigma_j = \frac{G}{A} = \frac{40 \times 10^3 \text{ N}}{8 \times 10^2 \text{ mm}^2} = 50 \text{ MPa}$$

动荷系数为

$$K_d = 1 + \frac{a}{g} = 1 + \frac{1.5 \text{ m/s}^2}{9.81 \text{ m/s}^2} = 1.153$$

将 σ_j 和 K_d 的值代入式(14-4),得吊索横截面上的动应力为

$$\sigma_d = K_d \sigma_j = 1.153 \times 50 \text{ MPa} = 57.7 \text{ MPa}$$

请读者分析,当装载矿石的吊笼以同样的加速度下降时,钢绳的动应力如何。

14.2.2 构件作匀速转动时的应力计算

在工程中有很多作旋转运动的构件。例如,飞轮、传动带轮和齿轮等。若不计其轮辐的影响,可近似地把轮缘看作定轴转动的圆环,进行应力计算。

设圆环绕通过圆心且垂直于圆环平面的轴作匀角速 ω 转动[见图 14-3(a)]。已知圆环的横截面面积为 A,平均直径为 D,体积质量为 ρ,求圆环横截面上的应力。

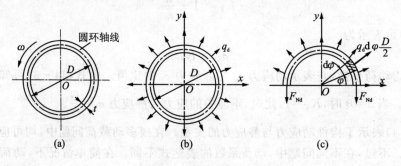

图 14-3

1. 求加速度

圆环以匀角速度 ω 转动时,圆环上各点只有法向加速度 a_n。若环的平均直径 D 远大于环壁厚度 t,则可近似地认为环上各点的 a_n 相同,且都等于 $D\omega^2/2$。

2. 求惯性力

因圆环线质量为 $\dfrac{\rho A}{g}$,所以,圆环单位长度(圆环平均直径上的单位圆弧长)上的惯性力为

$$q_\mathrm{d} = \frac{\rho A}{g} \cdot a_n = \frac{\rho A}{g} \cdot \frac{D}{2} \omega^2$$

其方向与 a_n 相反,沿圆环均匀分布[见图 14-3(b)]。

3. 求内力和应力

取半个圆环为研究对象[见图 14-3(c)],$\boldsymbol{F}_\mathrm{Nd}$ 为圆环横截面上的内力。根据动静法原理,列平衡方程

$$\sum F_y = 0 \qquad \int_0^\pi q_\mathrm{d} \cdot \mathrm{d}\varphi \cdot \frac{D}{2} \cdot \sin\varphi - 2F_\mathrm{Nd} = 0$$

得

$$F_\mathrm{d} = \frac{1}{2} D q_\mathrm{d} = \frac{1}{2} D \cdot \frac{\rho A}{g} \cdot \frac{D}{2} \cdot \omega^2 = \frac{\rho A}{g} v^2 \qquad \left(v = \omega \frac{D}{2}\right)$$

圆环横截面上的应力为

$$\sigma_\mathrm{d} = \frac{F_\mathrm{d}}{A} = \frac{\rho v^2}{g} \tag{14-7}$$

圆环强度条件为

$$\sigma_\mathrm{d} = \frac{\rho v^2}{g} \leqslant [\sigma] \tag{14-8}$$

由式(14-8)可以看出,圆环横截面上的动应力 σ_d 仅与圆环材料的体积质量 ρ 及线速度 v 有关,而与横截面面积无关。因此,为降低圆环的应力,应限制圆环的直径或转速,或选用体积质量 ρ 较小的材料。

例 14-2 钢质飞轮匀角速转动(见图 14-4),轮缘外径 $D=2$ m,内径 $D_0=1.5$ m,材料体积质量 $\rho=78$ kN/m³。要求轮缘内的应力不得超过许用应力 $[\sigma]=80$ MPa,轮辐影响不计。试计算飞轮的极限转速 n。

图 14-4

解: 由式(14-8)得

$$v = \sqrt{\frac{[\sigma] \cdot g}{\rho_l}} = \sqrt{\frac{80 \times 10^6 \text{ Pa} \times 9.81 \text{ m/s}^2}{78 \times 10^3 \text{ N/m}^3}} = 100.3 \text{ m/s}$$

根据线速度 v 与转速 n 的关系式

$$v = \frac{\pi(D+D_0)n}{2 \times 60}$$

得极限转速
$$n = \frac{120v}{\pi(D+D_0)} = \frac{120 \times 100.3 \text{ m/s}}{\pi(2+1.5)\text{m}} = 1\,094 \text{ r/min}$$

14.3 冲击应力

14.3.1 问题的提出

当运动物体（冲击物）以一定的速度作用到静止构件（被冲击物）上时，构件将受到很大的作用力（冲击载荷），这种现象称为**冲击**，被冲构件因冲击而引起的应力称为**冲击应力**。工程中冲击实例很多。例如汽锤锻造、落锤打桩、金属冲压加工、传动轴突然制动等，都是常见的冲击情况。

在冲击过程中，由于被冲构件的阻碍，使冲击物的速度在极短时间内发生急剧的改变，从而产生相当大的与运动方向相反的加速度。同时，由于冲击物的惯性，它将施加给被冲击物很大的惯性力，从而使构件内产生很大的应力与变形。假如我们能够计算这种惯性力，就可按上节所述的动静法来计算构件内的冲击应力。但是，由于冲击过程极为短促，且加速度及相应的惯性力又是迅速变化的，它们的数值都难以直接求得。因此，对于冲击问题，不宜采用动静法而须另觅途径。工程上多采用一种简化了的能量方法，先计算构件被冲击的变形，再通过变形计算应力。

14.3.2 能量法的基本方程

现以自由落体的冲击问题为例，说明计算冲击应力的思路以及能量法的原理。

图 14-5

如图 14-5(a)、(b)、(c)所示，设有一重力为 F 的冲击物，自高度 h 处自由下落到直杆的顶面上，并以一定的速度 v 开始冲击直杆。若冲击物与直杆接触后仍附着于杆上，由于杆的阻碍将使冲击物的速度逐渐降低至零，与此同时直杆在被冲击处的位移将达到最大值 Δ_d，与之相应的冲击载荷值为 F_d，冲击应力值为 σ_d。

如果能够设法求出冲击时的最大位移值 Δ_d，并假设冲击时杆仍在弹性范围内工作，则根据载荷、应力、变形间的正比关系，可进而求得冲击载荷 F_d 及冲击应力 σ_d，这就是求解冲击问题的基本思路。由此可见，关键在于 Δ_d 的确定。

可以用能量法求解上述问题。在求解过程中，作了下述假定：

(1) 冲击物的变形很小,可以将它视为刚体;
(2) 被冲击物的质量很小,可以略去不计;
(3) 略去冲击过程中的能量损失。

这样,根据能量守恒定律可知:在冲击过程中,冲击物所减少的动能 T 和势能 V 应等于被冲击物所增加的变形能 U_d,即

$$T + V = U_d \tag{14-9}$$

式(14-9)就是用能量法解冲击问题的基本方程。由此出发,可以解决杆件各种变形形式的冲击问题。在不同形式的冲击问题中,仅仅是 T、V 及 U_d 的表达式不同而已。

14.3.3 推导冲击应力的计算公式

在自由落体对直杆的冲击问题中,当直杆由原来位置被冲击而达到最大变形位置时[见图14-5(c)],冲击物所减少的势能为

$$V = F\Delta_d \tag{14-10}$$

冲击物开始冲击时所具有的初动能,可以通过重物在自由下落过程中重力所做的功 Fh 来计算。由于冲击后重物的速度降低为零,即其末动能为零。因此,在冲击过程中冲击物所减少的动能为

$$T = Fh \tag{14-11}$$

在冲击过程中,被冲杆件增加的变形能 U_d,可通过力 F_d 所做的功来表示。由于力 F_d 与位移 Δ_d 都由零增至最大值,当材料服从胡克定律时,可得

$$U_d = \frac{1}{2} F_d \Delta_d \tag{14-12}$$

另一方面,利用弹性范围内载荷与位移的正比关系可得

$$\frac{F_d}{\Delta_d} = \frac{F}{\Delta}$$

或

$$F_d = \frac{F}{\Delta} \Delta_d \tag{14-13}$$

式中:Δ 为将力 F 以静载荷的方式作用在杆件上时,杆在被冲击处的静荷位移。把式(14-13)代入式(14-12),可得杆件变形能的另一表达式为

$$U_d = \frac{1}{2} \frac{F}{\Delta} \Delta_d^2 \tag{14-14}$$

把式(14-10)、式(14-11)与式(14-14)代入公式(14-9),得到

$$F(h + \Delta_d) = \frac{1}{2} \frac{F}{\Delta} \Delta_d^2$$

由上式得

$$\Delta_d^2 - 2\Delta\Delta_d - 2\Delta h = 0$$

由此解出

$$\Delta_d = \Delta \pm \sqrt{\Delta^2 + 2h\Delta} = \Delta\left(1 \pm \sqrt{1 + \frac{2h}{\Delta}}\right)$$

为了求得位移的最大值,应保留上式中的根号前的正号,故有

$$\Delta_d = \Delta\left(1 + \sqrt{1 + \frac{2h}{\Delta}}\right) = K_d \Delta \tag{14-15}$$

式中,系数 K_d 为

$$K_d = 1 + \sqrt{1 + \frac{2h}{\Delta}} \tag{14-16}$$

由式(14-15)可知,K_d 为冲击时的最大位移与静荷位移之比值,称为冲击动荷系数。

式(14-16)中的 Δ,是指冲击物重力 F 以静载荷的方式作用在被冲杆件上时,杆件在被冲击处沿冲击方向的静荷位移。

确定该静荷位移时,应对具体问题作具体分析。例如,在图 14-5 所示的轴向冲击情况下,有

$$\Delta = \Delta l = \frac{Fl}{EA}$$

同理,如图 14-6 所示,当简支梁 AB 在跨度中点处受自由落体冲击时,Δ 应为该梁跨度中点处的静荷挠度,即

$$\Delta = y_C = \frac{Fl^3}{48EI}$$

由于冲击时变形与载荷成正比,故由式(14-15)及式(14-13)可以得到

$$F_d = K_d F \tag{14-17}$$

再通过应力与载荷的正比关系,可得

$$\sigma_d = K_d \sigma \tag{14-18}$$

式中,σ_d 即所需求的冲击应力,它可由相应的静荷应力乘以冲击动荷系数而得到。

杆件受冲击作用时的强度条件,一般情况下可以写成

$$\sigma_{d,\max} = K_d \sigma_{\max} \leqslant [\sigma] \tag{14-19}$$

图 14-6

式中:$\sigma_{d,\max}$ 及 $\sigma_{\max}$ 分别为构件内的最大冲击应力及最大静荷应力;$[\sigma]$ 仍取静载荷时的许用应力。

上面所得到的公式(14-16)、式(14-18)、式(14-19)等,同样也适用于自由落体冲击的其他变形形式的构件。

当载荷直接突然加在杆件上时,相当于物体自由下落 $h=0$ 的情况,此时,冲击动荷系数公式为

$$K_d = 1 + \sqrt{1+0} = 2$$

由上式可知,在突加荷重作用下,杆件内产生的位移和应力都比在静载荷作用时大一倍。

对于水平放置的系统,如图 14-7 所示,冲击过程中系统的势能不变,$V=0$,若冲击物与杆件接触时的速度为 v,则动能 $T=\dfrac{1}{2}\dfrac{G}{g}v^2$,将 V、T 和式(14-14)中的 U_d 代入式(14-9)得

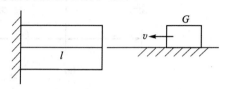

图 14-7

$$\frac{1}{2}\frac{G}{g}v^2 = \frac{1}{2}\frac{G}{\Delta}\Delta_d^2$$

$$\Delta_d = \sqrt{\frac{v^2 \Delta}{g}}$$

由式(14-13)得

$$F_d = \sqrt{\frac{v^2}{g\Delta}} G$$

动荷系数

$$K_d = \sqrt{\frac{v^2}{g\Delta}} \qquad (14-20)$$

因此 $\sigma_d = K_d \sigma = \sqrt{\dfrac{v^2}{g\Delta}} \sigma$。

应当注意,上面所得的有关公式是近似的。实际上,冲击物并非绝对刚体,而被冲击构件也不完全是没有质量的线弹性体。此外,冲击过程中还有其他的能量损失,即冲击物所减少的动能和位能并不会全部转化为被冲击构件的变形能。但经过简化而得出的近似公式,不但使计算简化,而且由于不计其他能量损失等因素,也使所得结果偏于安全方面,因此在工程中被广泛采用。

此外,还应指出:根据上述有关公式计算出来的最大冲击应力,只有在不超过材料的比例极限时,才能应用,因为在公式的推导过程中引用了胡克定律。

例 14-3 图 14-8(a)、(b)分别表示两个钢梁受重物 F 的冲击,一梁支于刚性支座上,另一梁支于弹簧常数 $C=0.001\ \mathrm{cm/N}$ 的弹簧支座上。已知 $l=3\ \mathrm{m}$,$h=0.05\ \mathrm{m}$,$F=1\ \mathrm{kN}$,$I_z = 3\ 400\ \mathrm{cm}^4$,$W_z = 309\ \mathrm{cm}^3$,$E=200\ \mathrm{GPa}$,试比较两者的冲击应力。

解: 首先求出两种情况下的冲击动荷系数值,由

$$K_d = 1 + \sqrt{1 + \frac{2h}{\Delta}}$$

可知,两种情况的差别在于静荷变形 Δ 不同。对刚性支撑的梁,其

图 14-8

$$\Delta = \frac{Fl^3}{48EI_z} = \frac{1\ 000\ \text{N} \times 3^3\ \text{m}^3}{48 \times 200 \times 10^9\ \text{Pa} \times 3\ 400 \times 10^{-8}\ \text{m}^4} = 8.28 \times 10^{-5}\ \text{m}$$

$$K_d = 1 + \sqrt{1 + \frac{2h}{\Delta}} = 1 + \sqrt{1 + \frac{2 \times 0.05\ \text{m}}{8.28 \times 10^{-5}\ \text{m}}} = 1 + \sqrt{1 + 1\ 210} = 35.8$$

$$\sigma = \frac{Fl}{4W_z} = \frac{1\ 000\ \text{N} \times 3\ \text{m}}{4 \times 309 \times 10^{-6}\ \text{m}^3} = 2.43\ \text{MPa}$$

可得
$$\sigma_d = 5.55 \times 2.43\ \text{MPa} = 135\ \text{MPa}$$

比较上述两种情况的结果可知,采用弹簧支座,可减少系统的刚度,降低动荷系数,从而减少冲击应力。

14.4 提高构件抗冲击能力的措施

由上节可知,冲击对构件应力和变形的影响,集中反映在冲击动荷系数上。因此,本节将结合对冲击动荷系数的分析,讨论提高构件抗冲击能力的一些措施。

由公式(14-18)已知

$$\sigma_d = \sigma K_d = \sigma\left(1 + \sqrt{1 + \frac{2h}{\Delta}}\right) \tag{14-21}$$

对受拉(压)的等直杆而言,有

$$\Delta = \Delta l = \frac{Fl}{EA} \tag{14-22}$$

将式(14-22)代入式(14-21)可得

$$\sigma_d = \sigma\left(1 + \sqrt{1 + \frac{2hEA}{Fl}}\right) = \frac{F}{A} + \sqrt{\left(\frac{F}{A}\right)^2 + \frac{2hEF}{Al}} \tag{14-23}$$

式(14-21)及(14-23)说明:

(1) 如构件的弹性模量 E 越大,则冲击应力也越大。因此,可以选择弹性模量 E 较低的材料制作受冲构件以降低冲击应力。但这时应注意,弹性模量 E 较低的材料,其许用应力也往往较低,所以在采取上述措施的同时还必须校核构件是否能满足强度条件。

(2) 如构件的静荷变形 Δ 越大,则动荷系数及相应的冲击应力越小。这是因为:静荷变形大,说明构件的刚度小,从而构件能够更多地吸收冲击物的能量,增加了缓冲能力。因此,应设法增加受冲构件的静荷变形。例如,在车辆的车架下都装有缓冲弹簧,以减少车架所受到的冲击作用。但这时应注意,在增加静荷变形 Δ 的同时,应尽可能避免增加静荷应力 σ;否则,虽降低了动荷系数 K_d,却增加了静荷应力 σ,最后不一定能达到降低动荷应力 $\sigma_d = K_d \sigma$ 的目的。

(3) 如构件的体积 Al 越大,则冲击应力越小。因此,工程上有时采用增加构件体积的方法达到降低冲击应力的目的。例如,对于承受活塞冲击的汽缸盖而言(见图 14-9),可将图(a)中的短螺钉改成图(b)中的长螺钉,即增加螺钉体积以降低冲击应力。

但是,上述结论是针对等截面杆而言的,不适用于变截面杆的情况。例如,图 14-10(a)、(b)表示材料相同的两杆,杆 a 的体积虽然比杆 b 的体积大,但杆 a 在危险截面上的冲击应力也比杆 b 的冲击应力大。事实上从图 14-10 可以看出,在载荷和材料相同的情况下,杆 a 的静荷变形比杆 b 的静荷变形小,所以杆 a 的冲击动荷系数比杆 b 的冲击动荷系数大。同时,在危险截面上,两杆的面积相等,从而使杆 a 的动荷应力大于杆 b 的动荷应力。

图 14-9

图 14-10

从上面的讨论中,又可以得出另外一个值得注意的结论,即对受冲击构件而言,应尽可能避免在很短的长度内削弱截面。例如图 14-10 中的杆 a,由于局部的截面削弱,将使它在受冲击时处于比杆 b 更为不利的地位。

在实际问题中,如果受冲杆件不能避免某些部分要被削弱(例如螺钉一类零件),这时,又应尽可能增加被削弱部分的长度。如图 14-10 所示,如杆 a 被削弱部分的长度愈大,则越接近于杆 b 的情况,即随着被削弱部分长度的增加,静荷变形加大而动荷应力减小。

思 考 题

1. 何谓静载荷?何谓动载荷?两者有什么差别?

2. 何谓动荷系数?它有什么物理意义?

3. 为什么转动飞轮都有一定的转速限制?如转速过高,将产生什么后果?

4. 冲击动荷系数与哪些因素有关?为什么刚度愈大的杆愈容易被冲坏?为什么缓冲弹簧可以承受很大的冲击荷重而不致损坏?

5. 提高构件抗冲击能力有哪几条基本措施?

6. 图 14-11 所示,悬臂梁受冲击载荷作用,试写出下列两种情况下梁内最大弯曲正应力比值的表达式。

图 14-11

习 题

14-1 如题 14-1 图所示,长为 l、横截面面积为 A 的杆以加速度 a 向上提升。若材料单位体积质量为 ρ,试求杆内的最大应力。

答:$\sigma_{d,max} = \rho l g \left(1 + \dfrac{a}{g}\right)$。

14-2 如题 14-2 图示,一起重机 A 重 20 kN,装在两根 32b 号工字钢上,起吊一重 $G = 60$ kN 的重物。若重物在第一秒内以等加速上升 2.5 m,试求绳内的拉力和梁内最大的应力。

答:$F = 90.6$ kN,$\sigma_{d,max} = 90.5$ MPa。

第 14 章 动荷应力

题 14-1   题 14-2

14-3 如题 14-3 图所示,一重物 $G=20$ kN 的载荷悬挂在钢绳上,钢绳由 500 根直径 $d=0.5$ mm 的钢丝所组成,鼓轮以角加速度 $\varepsilon=10(1/s^2)$ 反时针旋转,其长 $l=5$ m,外径 $D=50$ cm,弹性模量 $E=220$ GPa,求钢绳的最大正应力及伸长。

答:$\sigma_d=256$ MPa,$(\Delta l)_d=0.58$ cm。

14-4 如题 14-4 图所示,一铸铁飞轮作等角速转动,转速 $n=360$ r/min,材料的单位体重为 $\gamma=75$ N/m³,许用应力为 $[\sigma]=45$ MPa,飞轮内外直径分别为 $d=3.8$ m,$D=4.2$ m,设飞轮的轮辐影响不计,试校核其强度。

答:$\sigma_d=43.5$ MPa$<[\sigma]$,安全。

14-5 如题 14-5 图所示,一载荷 $G=500$ N,自高度 $h=1$ m 处下落至圆盘上,圆盘固结于直径 $d=20$ mm 的圆形横截面杆的下端,杆长 $l=2$ m,试计算杆的伸长及最大拉应力。已知 $E=200$ GPa。

答:$\Delta l_d=0.565$ cm,$\sigma_d=565$ MPa。

题 14-3 图   题 14-4 图   题 14-5 图

14-6 如题 14-6 图所示,一载荷 $G=1$ kN,自高度 $h=10$ cm 处下落,冲在 22a 号工字钢简支梁的中点上。设梁长 $l=2$ m, $E=200$ GPa,试求梁中点处的挠度及最大正应力。

答: $y_d=0.224$ cm, $\sigma_{d,max}=147.8$ MPa。

14-7 为降低冲击应力,设在题 14-6 图中梁的 B 支座处加一弹簧,其弹簧常数 $K=50$ kN/cm,此时梁的最大正应力又是多少?

答: $\sigma_{d,max}=85.5$ MPa。

14-8 重量为 $G=1$ kN 的重物自由下落在如题 14-8 图示的悬臂梁上,设梁长 $l=2$ m,弹性模量 $E=10$ GPa,试求冲击时梁内的最大正应力及梁的最大挠度(图中尺寸单位为 mm)。

答: $\sigma_{d,max}=15$ MPa, $y_{d,max}=2$ cm。

题 14-6 图　　　　　　　　题 14-8 图

14-9 材料相同、长度相等的变截面杆如题 14-9 图所示,若两杆的最大横截面面积相等,问哪一根杆件承受冲击的能力强?设变截面杆直径为 d 的部分长为 $\frac{2}{5}l$,为了便于比较,假设 h 较大,可以近似地把动荷系数取为 $K_d \approx \sqrt{\frac{2h}{\Delta}}$。

答: $\sigma_{da}=\sqrt{\dfrac{8hWE}{\pi l d^2\left[\dfrac{3}{5}\left(\dfrac{d}{D}\right)^2+\dfrac{2}{5}\right]}}$; $\sigma_{db}=\sqrt{\dfrac{8hWE}{\pi l D^2}}$。

14-10 如题 14-10 图所示,直径 $d=30$ cm,长 $l=6$ m 的圆木桩,下端固定,上端受重量 $G=2$ kN 的重锤作用。木材的 $E_1=10$ GPa。试求下列三种情况下,木桩内的最大正应力。

(a) 重锤以静载荷的方式作用于木桩上;
(b) 重锤从离桩顶 0.5 m 的高度自由落下;
(c) 在桩顶放置直径为 15 cm、厚为 40 mm 的橡皮垫,橡皮的弹性模量 $E_2=8$ MPa,重锤也是从离橡皮垫顶 0.5 m 的高度自由落下。

答:(a) $\sigma_{dj}=0.028\ 3$ MPa;

(b) $\sigma_d=6.9$ MPa;

(c) $\sigma_d=1.2$ MPa。

题 14-9 图

题 14-10 图

*第 15 章 断裂、损伤力学初步

本章初步介绍裂纹扩展的三种形式、应力强度因子、材料的断裂韧度等基本概念,同时也简要地介绍断裂判据及其应用。

15.1 概 述

长期以来,工程上对构件的设计计算一直采用常规的材料力学方法,认为只要满足强度条件 $\sigma_{max} \leqslant [\sigma]$,就能保证构件的安全。但是,随着现代科学技术的发展,高强度和超高强度的金属材料($\sigma_s \geqslant 1\,400$ MPa)以及大型构件、焊接结构有了广泛的应用。这时,按照常规设计出来的某些构件或结构,在工作中往往出现低应力脆断事故。也就是说在工作应力远低于屈服极限的情况下就发生了脆性断裂。通常称这种破坏方式为**低应力脆断**。

据统计,在 1938 年至 1942 年间,世界上约有 40 座焊接钢桥在低应力下突然脆断而倒塌;第二次世界大战时在美国 5 000 艘全焊自由轮中,出现了低应力脆断事故的约有 1 000 多起,其中 238 艘完全断为两截沉入大海;其他诸如飞机机翼大梁在飞行中突然断裂,大型发电机转子在高速运转中突然飞裂,高压容器发生爆炸等事故在工程中相继发生。这些情况的出现给传统的强度计算方法提出了新的课题。

经分析表明,构件的整体断裂,是由于构件内部存在着宏观裂纹(0.1 mm 以上)并在某些条件下得以高速扩展(失稳扩展)而造成的。从破坏的断口和碎片上可以看到这种裂纹的存在,它往往位于应力集中处或材料内部有缺陷处。例如,材料内部的夹渣、假焊、加工刀痕和损伤,以及疲劳裂纹的扩展等。大量的脆断事故表明:裂纹的扩展是导致脆断的主要因素。

为了避免低应力脆断,保证含裂纹构件在使用中的安全,近 30 年来,人们对含有裂纹材料的强度以及裂纹扩展规律作了大量的实验和研究,从而形成了一门新的力学分支——断裂力学。**断裂力学就是研究带裂纹体强度的科学。**

断裂力学的形成和发展并不否定和代替常规的材料力学计算方法。众所周知:在材料力学中,构件的材料被看作是均匀、连续的。作为材料的强度指标 σ_s、σ_b 等也是用无宏观裂纹的小试件(通常 $d \leqslant 10$ mm)测试出来的。因此,常规的强度指标只能反映无宏观裂纹材料的力学性能。如果实际构件不含有宏观裂纹,那么传统的设计计算方法在满足 $\sigma_{max} \leqslant [\sigma]$ 的条件下,构件的强度是可以得到保证的。相反,如构件中含有裂纹,则常规的强度指标就失去了代表性。在这种情况下,尽管满足了强度条件,却防止不了低应力脆断的可能性。因此,必须充分考虑到裂纹对材料强度的影响,以保证构件在工作中的安全。

由于在断裂力学中,把宏观裂纹对材料的影响给予了充分考虑,从而就使强度计算中所考虑的问题更加全面和完善。

在断裂力学中,材料的连续、均匀性假设照样被引用,只是在个别有裂纹的部位上这种连续性被破坏而已。

考虑到低应力脆断时,材料不会有明显的塑性变形,因此,可假定直到断裂之前材料始终符合胡克定律。这样,弹性力学的分析方法和结果仍然可以引用,这就形成了线弹性断裂力学。

线弹性断裂力学是断裂力学中比较成熟的一部分,它的成果已应用到许多工程技术领域之中。

本章将概括地介绍线弹性断裂力学方面的基本知识。

15.2 裂纹扩展形成·应力强度因子

在不同的受力情况下,裂纹扩展形式也不同。根据裂纹上、下两个表面的相对位移,可把裂纹扩展后分成3种基本形式:

1. 张开型或Ⅰ型

如图15-1(a)所示,在垂直于裂纹平面的拉应力作用下,使裂纹上、下两个表面产生相对张开的位移。

2. 滑开型或Ⅱ型

如图15-1(b)所示,在平行于裂纹平面的切应力作用下,使裂纹表面产生相对滑动的位移,而滑动的方向是垂直于裂纹前缘(裂纹尖端与厚度方向的连线)。

图 15-1

3. 撕开型或Ⅲ型

如图15-1(c)所示,这种形式也是在切应力作用下产生相对滑动的位移,但滑动的方向是平行于裂纹前缘。

在上述 3 种扩展形式中,以 I 型扩展最为常见,也是最危险,通常多研究这种类型的脆断问题,在本章中只介绍 I 型裂纹扩展的一些问题。

研究表明,断裂起始于裂纹前缘。裂纹能否扩展并导致整个构件断裂,与裂纹前缘区的应力有密切关系。

现取一块很大的薄板,中心有长为 $2a$ 的穿透性裂纹[见图 15-2(a)]。由于裂纹长 $2a$ 的尺寸远小于板宽 b 的尺寸,故可将该板视为无限大板。

在板的两端受到与裂纹垂直方向的拉应力 σ 作用,于是,裂纹扩展将是 I 型的。考虑到应力 σ 沿薄板厚度方向是均匀分布的,于是,可认为板内各点将处于平面应力状态,各点的应力不随板厚而改变。

现分析裂纹前缘区附近的各点处的应力。取直角坐标 Oxy 平行于板面,设裂纹尖端为坐标原点 O,x 轴沿裂纹方向。从裂纹前缘区附近任

图 15-2

一点 A 处取出一单元体,其各面应力如图 15-2(b)所示。若用极坐标 r、θ 表示 A 点的位置,可按弹性力学的方法导出该点各面上的应力表达式为

$$\sigma_x = \frac{\sigma\sqrt{\pi a}}{\sqrt{2\pi r}}\cos\frac{\theta}{2}\left(1 - \sin\frac{\theta}{2}\cdot\sin\frac{3\theta}{2}\right) \tag{15-1}$$

$$\sigma_y = \frac{\sigma\sqrt{\pi a}}{\sqrt{2\pi r}}\cos\frac{\theta}{2}\left(1 + \sin\frac{\theta}{2}\cdot\sin\frac{3\theta}{2}\right) \tag{15-2}$$

$$\tau_x = \tau_y = \frac{\sigma\sqrt{\pi a}}{\sqrt{2\pi r}}\sin\frac{\theta}{2}\cdot\cos\frac{\theta}{2}\cdot\cos\frac{3\theta}{2} \tag{15-3}$$

分析式(15-1)~式(15-3)可见,各应力表达式中都有两部分组成:一部分只与极坐标 r、θ 有关,而与板所受的拉应力、裂纹尺寸无关。例如式(15-1)中的因子 $\frac{1}{\sqrt{2\pi r}}\cos\frac{\theta}{2}\left(1 - \sin\frac{\theta}{2}\cdot\sin\frac{3\theta}{2}\right)$ 反映了裂纹前缘区各点应力的分布规律;另一部分是共同的常量因子 $\sigma\sqrt{\pi a}$,它与板所受的拉应力和裂纹尺寸有关,而与坐标位置无关。当因子 $\sigma\sqrt{\pi a}$ 增大时,裂纹前缘区附近各点处的应力分量都按统一比例增加。它反映了整个裂纹前缘区应力场的强弱程度,故将 $\sigma\sqrt{\pi a}$ 称为**应力强度因子**,用 K_I(下脚标 I 表示型 I 裂纹的应力强度因子),即

$$K_I = \sigma\sqrt{\pi a} \tag{15-4}$$

K_I 的量纲是:[力]·[长度]$^{\frac{3}{2}}$,它的常用单位是 $MN\cdot m^{-\frac{3}{2}}$,而工程制的常用单位是 $kgf\cdot mm^{-\frac{3}{2}}$。

$$1 \text{ kgf} \cdot \text{mm}^{-\frac{3}{2}} = 0.310 \text{ MN} \cdot \text{m}^{-\frac{3}{2}}$$

应力强度因子与构件的几何形状、裂纹尺寸和位置及载荷情况有关。实验表明,不论是外加应力和裂纹长度各为何值,只要应力强度因子达到某一临界值时,裂纹即可开始失稳扩展而导致整个构件的断裂。因此,用应力强度因子来表达裂纹尖端附近应力场的强弱程度,能客观地反映断裂破坏的本质,是决定裂纹能否失稳扩展的参数。

不同载荷方式及各种裂纹体的应力强度因子需要用复杂的数学解析式或数值计算求得,常用的应力强度因子可从有关书籍和手册中查得。

15.3 材料的断裂韧度

前已指出,随着构件的几何形状、裂纹尺寸以及载荷作用方式的不同,其相应的应力强度因子 K_I 也不同。当载荷增加时,应力强度因子 K_I 也随之增大。当载荷增加到一定程度时,裂纹尖端区的材料将要发生分离并开始失稳扩展,这就标志着 K_I 达到了临界值,这一临界值称为该**材料的断裂韧度**,用 K_C 表示,它表示使裂纹发生失稳扩展时的应力强度因子值。K_C 值是一个材料的常数,K_C 越高,说明材料抵抗裂纹失稳扩展的能力越强,越不容易发生脆断。

应力强度因子 K_I 与材料的断裂韧度 K_C 之间的关系,正像材料力学中的工作应力与极限应力之间的关系一样,两者既有密切联系又有不同的物理意义。应力强度因子 K_I 是表示裂纹前缘区应力场的强弱程度的量,它与载荷、裂纹等因素有关;而断裂韧度 K_C 是表示材料抵抗裂纹失稳扩展能力的一项新的力学性能,它与材料因素有关。

实验指出,试件厚度对断裂韧度有较大的影响,当厚度超过一定值时,材料的断裂韧度将趋于稳定的最低值(见图 15-3)。这是因为当厚度 δ 超过一定数值时,其中间部分材料受到前后两侧面部分材料的牵制,使其变形在厚度 B_z 方向难以发生。故可认为沿厚度 B_z 方向上的应变 ε_z 等于零,应变只能发生在平行于板面的平面内,这种情况称为平面应变状态。根据广义胡克定律可得

$$\varepsilon_z = \sigma_z - \mu(\sigma_x + \sigma_y) = 0$$

可以求得
$$\sigma_z = \mu(\sigma_x + \sigma_y)$$

由此可见,在厚度 B_z 方向虽然没有应变但应力 σ_z 却存在。这样,裂纹尖端区任一点 A 处(见图 15-4)将处于三向拉应力状态,厚板的断裂韧度 K_C 最低。我们把厚度 B 增大到某一数值时,断裂韧度趋于某一稳定的最小值称为**平面应变断裂韧度**,用 K_{IC} 表示,并将此值作为材料抵抗脆性断裂破坏的一项力学性能。

由于实际构件的裂纹前缘区不可能完全处于平面应变状态,故实际构件的断裂韧度值往往高于由实验测得的平面应变断裂韧度值。因此,将该值定为材料抵抗脆性断裂破坏能力的指标是偏于安全的。

K_{IC} 的测定,常采用图 15-5 所示的两种试样和加载方式。图 15-5(a)是单边穿透裂纹的

弯曲试样,简称三点弯曲试样;图15-5(b)是拉伸试样,简称紧凑拉伸试样。

图 15-3

图 15-4

图 15-5

试样必须有一个宏观裂纹。该裂纹的形成是先用电火花线切割等方法在试样上加工出一条狭缝,然后再将试样放到高频疲劳试验机上施加交变应力使裂纹进一步扩展,从而模拟出真实的尖端裂纹。最后再将这种带裂纹的试样装在试验机上加载,测得与失稳扩展相对应的临界载荷值,并将该值代入相应的应力强度因子计算式中,即可求得该材料的平面应变断裂韧度 K_{IC} 值。

为了保证测得的结果是平面应变断裂韧度 K_{IC} 值,因此,对试样厚度必须予以限制,在通常情况下板厚应满足下式,即

$$B_{min} = 2.5 \left(\frac{K_{IC}}{\sigma_s} \right)^2$$

式中 σ_s 为材料的屈服极限。

当然,在测试时还必须遵照有关规定和规范确定临界载荷值。此外,试验温度、加载速度、工作介质等因素都对 K_{IC} 产生影响,这里就不再一一叙述了。

15.4 断裂判据的应用

前两节已分别介绍了应力强度因子 K_I 和断裂韧度 K_{IC},在此基础上就可以讨论构件的断裂判据(或准则)了。

当实际构件的应力强度因子 K_I 值达到 K_{IC} 值时,裂纹将发生失稳扩展并导致整个构件的

脆断。因此，厚板 I 型裂纹发生脆断的判据是

$$K_I = K_{IC} \tag{15-5}$$

对具有穿透性裂纹受均匀拉应力作用的"无限大"平板，其断裂判据为

$$\sigma \sqrt{\pi a} = K_{IC} \tag{15-6}$$

由此可知，当已知初始裂纹尺寸 a 时，可由式(15-6)确定出与失稳扩展对应的临界应力值 σ_C，即得

$$\sigma_C = \frac{K_{IC}}{\sqrt{\pi a}} \tag{15-7}$$

若在 σ_C 中考虑一定的安全系数，就可得到含裂纹构件的许用应力值。

如果已知材料的断裂韧度和工作应力，又可以根据式(15-6)确定出临界裂纹尺寸 a_C 值，即得

$$a_C = \frac{K_{IC}^2}{\sigma^2 \pi} \tag{15-8}$$

这样，经探伤，实际裂纹尺寸 $a_0 < a_C$ 值时，构件将是安全的。由此又可相应地建立起质量验收标准。

由于断裂力学把材料的断裂韧度、构件实际存在的宏观裂纹以及工作应力等因素定量地联系起来，因此，断裂力学就弥补了常规材料力学之不足，使设计工作者不仅通过强度条件考虑了构件的强度方面的问题，而且还能通过断裂力学方面考虑了裂纹能否失稳扩展的问题。这样，就为构件的安全设计提供了更为可靠的依据。

必须指出，在静载荷应力作用下，如果构件中的裂纹尺寸小于临界裂纹尺寸时，裂纹是不会失稳扩展的，因而也不会发生断裂。但在交变应力作用下就有所不同。由于裂纹前缘的反复的加载和卸载而产生硬化，裂纹尺寸会因交变应力作用而缓慢地扩展，直至达到临界尺寸值。像这种缓慢扩展的现象称为裂纹的**亚临界扩展**。

近 30 年来断裂力学有了飞速的发展，在航空、动力、压力容器、大型焊接结构、大型铸件、机车、桥梁和船舶等方面有了广泛的应用，收到了良好的效果。此外，在事故分析、寿命计算以及合理选材等方面也有应用，在理论和实验方法上也取得了很大进展。

但是，断裂力学是近年来得到蓬勃发展的一门新兴学科，在某些方面还不够完善，在弹塑性断裂力学方面还在发展中。本书只简单介绍了一些线弹性断裂力学方面的基础知识，有兴趣的读者可参考有关论著，再深入学习。

附录 型钢表

一、热轧等边角钢(GB 9787—88)

符号意义：
- b——边宽；
- d——边厚；
- I——惯性矩；
- W——截面系数；
- i——惯性半径；
- z_0——重心距离；
- r——内圆弧半径；
- r_1——边端内圆弧半径。

| 角钢型号 | 尺寸/mm | | | 截面面积 A /cm² | 理论重量 G /kg·m⁻¹ | 外表面积 A /m²·m⁻¹ | 参考数值 | | | | | | | | | z_0/cm |
| | | | | | | | $x-x$ | | | x_0-x_0 | | | y_0-y_0 | | | x_1-x_2 | |
	b	d	r				I_x /cm⁴	i_x /cm	W_x /cm³	I_{x_0} /cm⁴	i_{x_0} /cm	W_{x_0} /cm³	I_{y_0} /cm⁴	i_{y_0} /cm	W_{y_0} /cm³	I_{x_1} /cm⁴	
2	20	3	3.5	1.132	0.889	0.078	0.40	0.59	0.29	0.63	0.75	0.45	0.17	0.39	0.20	0.81	0.60
		4		1.459	1.145	0.077	0.50	0.58	0.36	0.78	0.73	0.55	0.22	0.38	0.24	1.09	0.64
2.5	25	3	3.5	1.432	1.124	0.098	0.82	0.76	0.46	1.29	0.95	0.73	0.34	0.49	0.33	1.57	0.73
		4		1.859	1.459	0.097	1.03	0.74	0.59	1.62	0.93	0.92	0.43	0.48	0.40	2.11	0.76

附录 型钢表

角钢型号	尺寸/mm			截面面积 A /cm²	理论重量 G /kg·m⁻¹	外表面积 A /m²·m⁻¹	参考数值										z_0/cm
							$x-x$			x_0-x_0			y_0-y_0			x_1-x_1	
	b	d	r				I_x /cm⁴	i_x /cm	W_x /cm²	I_{x_0} /cm⁴	i_{x_0} /cm	W_{x_0} /cm³	I_{y_0} /cm⁴	i_{y_0} /cm	W_{y_0} /cm³	I_{x_1} /cm⁴	
3	30	3	4.5	1.749	1.373	0.117	1.46	0.91	0.65	2.31	1.15	1.09	0.61	0.59	0.51	2.71	0.85
		4		2.276	1.786	0.117	1.84	0.90	0.87	2.92	1.13	1.37	0.77	0.58	0.62	3.63	0.89
3.6	36	3	4.5	2.109	1.656	0.141	2.58	1.11	0.99	4.09	1.39	1.61	1.07	0.71	0.76	4.68	1.00
		4		2.756	2.163	0.141	3.29	1.09	1.28	5.22	1.38	2.05	1.37	0.70	0.93	6.25	1.04
		5		3.382	2.656	0.141	3.95	1.08	1.56	6.24	1.36	2.45	1.65	0.70	1.09	7.84	1.07
4	40	3	5	2.359	1.852	0.157	3.59	1.23	1.23	5.69	1.55	2.01	1.49	0.79	0.96	6.41	1.09
		4		3.086	2.422	0.157	4.60	1.22	1.60	7.29	1.54	2.58	1.91	0.79	1.19	8.56	1.13
		5		3.791	2.976	0.156	5.53	1.21	1.96	8.76	1.52	3.10	2.30	0.78	1.39	10.74	1.17
4.5	45	3	5	2.659	2.088	0.177	5.17	1.40	1.58	8.20	1.76	2.58	2.14	0.89	1.24	9.12	1.22
		4		3.486	2.736	0.177	6.65	1.38	2.05	10.56	1.74	3.32	2.75	0.89	1.54	12.18	1.26
		5		4.292	3.369	0.176	8.01	1.37	2.51	12.74	1.72	4.00	3.33	0.88	1.81	15.25	1.30
		6		5.076	3.985	0.176	9.33	1.36	2.95	14.76	1.70	4.64	3.89	0.88	2.06	18.30	1.33
5	50	3	5.5	2.971	2.332	0.197	7.18	1.55	1.96	14.37	1.96	3.22	2.98	1.00	1.57	12.50	1.34
		4		3.897	3.059	0.197	9.26	1.54	2.56	14.70	1.94	4.16	3.82	0.99	1.96	16.69	1.38
		5		4.803	3.770	0.196	11.21	1.53	3.13	17.79	1.92	5.03	4.64	0.98	2.31	20.90	1.42
		6		5.688	4.465	0.196	13.05	1.52	3.69	20.68	1.91	5.85	5.42	0.98	2.63	25.14	1.46

二、热轧工字钢(GB 706—88)

符号意义:

h——高度; b——腿宽;
d——边厚; t——平均腿厚度;
r——内圆弧半径; r_1——腿端圆弧半径;
I——惯性矩; W——截面系数;
i——惯性半径; S——半截面的静力矩。

型号	尺寸/mm						截面面积 A /cm²	理论重量 G /kg·m⁻¹	参考数值						
									$x-x$				$y-y$		
	h	b	d	t	r	r_1			I_x /cm⁴	W_x /cm³	i_x /cm	$I_x:S_x$	I_y /cm⁴	W_y /cm³	i_y /cm
10	100	68	4.6	7.6	6.5	3.3	14.345	11.261	245	49.0	4.14	8.59	33.0	9.72	1.62
12.6	126	74	5.0	8.4	7.0	3.5	18.118	14.273	488	77.5	5.20	10.8	46.9	12.7	1.61
14	140	80	5.5	9.1	7.6	3.8	21.516	16.890	712	102	5.76	12.0	64.4	16.1	1.73
16	160	88	6.0	9.9	8.0	4.0	26.131	20.513	1130	141	6.58	13.8	93.1	21.2	1.89
18	180	94	6.5	10.7	8.5	4.3	30.756	24.143	1160	185	7.36	15.4	122	26.0	2.00
20a	200	100	7.0	11.4	9.0	4.5	35.578	27.929	2370	237	8.15	17.2	158	31.5	2.12
20b	220	110	7.5	12.3	9.5	4.8	42.128	33.070	3400	309	8.99	18.9	225	40.9	2.31
22b	220	112	9.5	12.3	9.5	4.8	46.528	36.524	3570	325	8.78	18.7	239	42.7	2.27
25a	250	116	8.0	13.0	10.0	5.0	48.541	38.105	5020	402	10.2	21.6	280	48.3	2.40
25b	250	118	10.0	13.0	10.0	5.0	53.541	42.030	5280	423	9.94	21.3	309	52.4	2.40

型号	尺寸/mm						截面面积 A /cm²	理论重量 G /kg·m⁻¹	参考数值						
									$x-x$				$y-y$		
	h	b	d	t	r	r_1			I_x /cm⁴	W_x /cm³	i_x /cm	$I_x:S_x$	I_y /cm⁴	W_y /cm³	i_y /cm
28a	280	122	8.5	13.7	10.5	5.3	56.404	43.492	7110	508	11.3	24.6	345	56.6	2.50
28b	280	124	10.5	13.7	10.5	5.3	61.004	47.888	7480	534	11.1	24.2	379	61.2	2.49
32a	320	130	9.5	15.0	11.6	5.8	67.156	52.717	11 100	692	12.8	27.5	460	70.8	2.62
32b	320	132	11.6	15.0	11.6	5.8	78.556	57.741	11 600	726	12.6	27.1	502	76.0	2.61
32c	320	134	13.5	15.0	11.5	5.8	79.956	62.765	12 200	760	12.3	26.8	544	81.2	2.61
36a	360	136	10.0	15.8	12.0	6.0	76.480	60.037	15 800	865	14.4	30.7	552	81.2	2.69
36b	360	138	12.0	15.8	12.0	6.0	83.680	65.689	16 500	919	14.1	30.3	582	84.3	2.64
36c	360	140	14.0	15.8	12.0	6.0	90.880	71.341	17 300	962	13.8	29.9	612	87.4	2.60
40a	400	142	10.5	16.5	12.5	6.3	86.112	67.598	21 700	1090	15.9	34.1	660	93.2	2.77
40b	400	144	12.5	16.5	12.5	6.3	94.112	73.878	22 800	1140	15.6	33.6	692	96.2	2.71
40c	400	145	14.5	16.5	12.5	6.3	102.112	80.158	23 900	1190	15.2	33.2	727	99.6	2.65
45a	450	150	11.5	18.0	13.5	6.8	102.446	80.420	32 200	1430	17.7	38.6	855	114	2.89
45b	450	152	13.5	18.0	13.5	6.8	111.446	87.485	33 800	1500	17.4	38.0	894	118	2.84

三、热轧槽钢(GB 706—88)

h——高度； b——腿宽；
d——腰厚； t——平均腿厚度；
r——内圆弧半径； r_1——腿端圆弧半径；
I——惯性矩； W——截面系数；
i——惯性半径； z_0——$y-y$轴与y_0-y_0轴间距。

型号	尺寸/mm						截面面积 A /cm²	理论重量 W /kg·m⁻¹	参考数值							
									$x-x$			$y-y$			y_0-y_0	z_0 /cm
	h	b	d	t	r	r_1			W_x /cm³	I_x /cm⁴	i_x /cm	W_y /cm³	I_y /cm⁴	i_y /cm	I_{y0} /cm⁴	
5	50	37	4.5	7.0	7.0	3.5	6.928	5.438	10.4	26.0	1.94	3.55	8.30	1.10	20.9	1.35
6.3	63	40	4.3	7.5	7.5	3.8	8.451	6.634	16.1	50.8	2.45	4.50	11.9	1.19	28.4	1.36
8	80	43	5.0	8.0	8.0	4.0	10.248	8.046	25.3	101	3.15	5.79	16.6	1.27	37.4	1.43
10	100	48	5.3	8.5	8.5	4.2	12.748	10.007	39.7	198	3.95	7.80	25.6	1.41	54.9	1.52
12	126	53	5.5	9.0	9.0	4.5	15.692	12.318	62.1	391	4.95	10.2	38.0	1.57	77.1	1.59
14a	140	58	6.0	9.5	9.5	4.8	18.516	14.535	80.5	564	5.52	13.0	53.0	1.70	107	1.71
14b	140	60	8.0	9.5	9.5	4.8	21.316	16.733	87.1	609	5.35	14.1	61.0	1.69	121	1.67
16a	160	63	6.5	10.0	10.0	5.0	21.962	17.240	108	866	6.28	16.3	73.3	1.83	144	1.80
16	160	65	8.5	10.0	10.0	5.0	25.162	19.752	117	935	6.10	17.6	83.4	1.82	161	1.75
18a	180	68	7.0	10.5	10.5	5.2	25.699	20.174	141	1270	7.04	20.0	86.6	1.96	190	1.88
18	180	70	9.0	10.5	10.5	5.2	29.299	23.000	152	1370	6.84	21.5	111	1.95	210	1.84

附录 型钢表

型号	尺寸/mm						截面面积 A /cm²	理论重量 W /kg·m⁻¹	参考数值						
									$x-x$			$y-y$			y_0-y_0	z_0 /cm
	h	b	d	t	r	r_1			W_x /cm³	I_x /cm⁴	i_x /cm	W_y /cm³	I_y /cm⁴	i_y /cm	I_{y0} /cm⁴	
20a	200	73	7.0	11.0	11.0	5.5	28.837	22.637	178	1780	7.86	24.2	128	2.11	244	2.01
20	200	75	9.0	11.0	11.0	5.5	32.837	25.777	191	1910	7.64	25.9	144	2.09	268	1.95
22a	220	77	7.0	11.5	11.5	5.8	31.846	24.999	218	2390	8.67	28.2	158	2.23	298	2.10
22	220	79	9.0	11.5	11.5	5.8	36.246	28.453	234	2570	8.42	30.1	176	2.21	326	2.03
25a	250	78	7.0	12.0	12.0	6.0	34.917	27.410	270	3370	9.82	30.6	176	2.24	322	2.07
25b	250	80	9.0	12.0	12.0	6.0	39.917	31.385	282	3530	9.41	32.7	196	2.22	353	1.98
25c	250	82	11.0	12.0	12.0	6.0	44.917	35.260	295	3690	9.07	35.9	218	2.21	384	1.92
28a	280	82	7.5	12.5	12.5	6.2	40.034	31.427	340	4760	10.9	35.7	218	2.33	388	2.10
28b	280	84	9.5	12.5	12.5	6.2	45.634	35.822	366	5130	10.6	37.9	242	2.30	428	2.02
28c	280	86	11.5	12.5	12.5	6.2	51.234	40.219	393	5500	10.4	40.3	268	2.29	463	1.95
32a	320	88	8.0	14.0	14.0	7.0	48.513	38.083	475	7600	12.5	46.5	305	2.50	552	2.24
32b	320	90	10.0	14.0	14.0	7.0	54.913	43.107	509	8140	12.2	49.2	336	2.47	593	2.16
32c	320	96	12.0	14.0	14.0	7.0	61.313	48.131	543	8690	11.9	52.6	374	2.47	643	2.09
36a	360	96	9.0	16.0	16.0	8.0	60.910	47.814	566	11 900	14.0	63.5	455	2.73	818	2.44
36b	360	98	11.0	16.0	16.0	8.0	68.110	53.466	03	12 700	13.6	66.9	497	2.70	880	2.37

参 考 文 献

1. 单辉祖等编著.工程力学[M].北京:高等教育出版社,2006.
2. 刘鸿文等编著.材料力学[M].北京:高等教育出版社,1991.
3. 陈位官等编著.工程力学[M].北京:高等教育出版社,2001.
4. 陈继刚等编著.工程力学[M].徐州:中国矿大出版社,2002.
5. 范钦珊等编著.工程力学[M].北京:中央广播电视大学出版社,1991.
6. 蒋智翔等编著.材料力学[M].北京:清华大学出版社,1985.
7. 胡仰馨等编著.材料力学[M].北京:高等教育出版社,1989.
8. 邱家骏等编著.工程力学[M].北京:机械工业出版社,2002.
9. 顾志荣等编著.材料力学学习方法及解题指导[M].上海:同济大学出版社,2003.
10. 张流芳等编著.材料力学[M].武汉:武汉工业大学出版社,2000.
11. 于绶章等编著.材料力学[M].北京:高等教育出版社,1983.
12. 刘达等编著.材料力学常见题型解析及模拟题[M].西安:西北工业大学出版社,1997.